工业 5G 与 TSN 的场景化应用

史运涛　郭京承　编著

科学出版社

北京

内 容 简 介

工业 5G 以其高速、可靠的无线通信能力引领工业通信新潮流,为智能制造、自动化控制等提供强大技术支持,被认为是工业革命的重要驱动力。工业 5G 与时间敏感网络(TSN)结合,构建高效稳定通信网络,满足工业实时性和时序性要求。本书由北方工业大学工业互联网团队编写,分为四大部分共 15 章,分别探讨了工业 5G 网络、TSN 技术、工业 5G 与 TSN 协同技术及其在远程驾驶和智能物流方面的场景化应用,可作为工程技术人员的参考资料,旨在推动工业互联网人才培养和技术发展。

本书专为本科院校、职业院校学生及工业互联网领域的工程技术人员、学者设计,全面探讨工业 5G 网络、TSN 技术及其协同应用,通过丰富的案例和深入分析,助力学生掌握前沿技术,为工程师提供实战指南。

图书在版编目(CIP)数据

工业 5G 与 TSN 的场景化应用 / 史运涛,郭京承编著.

北京 : 科学出版社,2024. 6. -- ISBN 978-7-03-078755-2

Ⅰ. TN929.538

中国国家版本馆 CIP 数据核字第 2024971EF7 号

责任编辑:闫 悦 / 责任校对:胡小洁
责任印制:师艳茹 / 封面设计:蓝正设计

科 学 出 版 社 出版

北京东黄城根北街 16 号
邮政编码:100717
http://www.sciencep.com

北京天宇星印刷厂印刷

科学出版社发行 各地新华书店经销
*

2024 年 6 月第 一 版 开本:720×1000 1/16
2024 年 6 月第一次印刷 印张:16 1/4
字数:328 000

定价:149.00 元

前　　言

工业 5G，作为第五代移动通信技术在工业界的创新应用，以其高速、可靠的无线通信能力，引领着工业通信的新篇章。相较于传统的 4G 技术，工业 5G 不仅数据传输速度更快、延迟更低，而且网络容量更大，这些显著优势使得工业设备能够即时、高效地传输海量数据，进而为智能制造、自动化控制以及物联网应用提供了强大的技术支持。工业 5G 被普遍认为是推动工业革命的重要驱动力，它不仅能提升生产效率、降低成本，还能促进工业系统的智能化与灵活性。其特性，如支持大规模设备连接、先进的网络切片技术、低时延通信以及高可靠性通信，都为工业互联网的蓬勃发展奠定了坚实的基础。

在工业应用中，工业 5G 与时间敏感网络(time-sensitive networking，TSN)相互补充，共同构建了一个高效、稳定的通信网络。工业 5G 凭借其高速、低时延以及支持大规模连接的能力，成为工厂内设备实时数据传输和高容量通信的理想选择。而 TSN 则通过提供精确的时钟同步和时序保障，确保了实时性和时序性要求的严格满足。当这两者结合应用时，工业 5G 能够高效处理大量数据流，而 TSN 则在需要精确实时控制和时序保障的环境中发挥着不可替代的作用，大大提高了系统的同步性和稳定性。这种强大的联合应用为构建更加智能、高效、可靠的工业自动化系统提供了可能，进一步推动了制造业的数字化转型。

随着工业互联网的快速发展，其在职业教育中的重要性也日益凸显。2022 年，教育部发布的新版《职业教育简介》中，工业互联网被广泛关注。在《职业教育专业目录(2021)》的指引下，我们不断加强职业教育国家教学标准体系建设，积极响应职业教育专业的动态更新需求，推动专业升级与数字化改造。特别值得一提的是，目录中明确增设了工业互联网技术、工业互联网应用以及工业互联网工程等专业，这一举措对于满足工业互联网人才需求、引导专业建设方向以及优化数字化人才结构具有深远的意义。在这样的背景下，北方工业大学工业互联网团队的专家和学者共同编写了本书。

本书内容分为四大部分，共计 15 个章节，全面而深入地探讨了工业 5G 与 TSN 的融合应用。首先，第一部分(1～4 章)详细介绍了工业 5G 网络系统的基础知识与发展现状；接着，第二部分(5～9 章)深入解析了 TSN 的技术特点与应用；随后，第三部分(10～13 章)探讨了 5G 与 TSN 的协同技术及其发展前景；最后，第四部分(14 章和 15 章)通过具体场景应用案例，展示了 5G-TSN 在实际工业环境中的强大潜力。

　　本书既可作为本科及高等职业院校工业互联网相关专业的指导书籍，也可作为从事工业互联网相关工作的工程技术人员和管理人员的宝贵参考资料。我们衷心希望，通过本书的出版，能够为工业互联网领域的人才培养和技术发展贡献一份力量。

　　本书主要由北方工业大学的专家学者共同编写。其中，第 1、2 章由史运涛编写，第 3、4 章由刘大千编写，第 5、6 章由董哲编写，第 7、8、9 章由郭京承编写，第 10、11 章由王应应编写，第 12、13 章由雷振伍编写，第 14、15 章由李刚编写，全书由史运涛和郭京承统稿及修改。此外，北方工业大学电气与控制工程学院工业互联网课题组的多位同学参与了本书的资料整理、图表编辑等工作，在此对李丽娜、丁叶辉、张哲维、宋贺帅、蒋文帅、康贵淇、郑一健、成威、郝乘岳等同学一并表示感谢。

　　技术日新月异，我们的编写工作也难免存在疏漏和不足。我们诚挚地邀请广大读者提出宝贵意见和建议，共同推动本书内容的不断完善和优化。

作　者

2024 年 4 月

目　　录

第二部分　时间敏感网络技术

第三部分　5G 与 TSN 协同技术

第一部分　工业 5G 网络系统

工业 5G 网络，即第五代移动通信技术在工业领域的崭新应用，不仅承载着重要的战略价值，更昭示了无限的发展潜力。此技术的引入，预示着工业生产和物联网应用即将迈入一个崭新的时代，其中，生产效率和产品质量都将因此获得质的飞跃，为工业的智能化与自动化生产奠定基石。

随着工业互联网的日新月异，工业 5G 网络正逐步成为连接众多工业设备与传感器的关键性基础设施。其所带来的更高可靠性、更低时延以及更大带宽，将极大促进工业设备间的高效通信与协同作业。同时，该技术还能支持大规模设备连接与大数据传输，为工业生产引入更多智能化解决方案。

工业 5G 网络的高效运行，离不开其精妙的网络架构。该架构囊括了无线接入网、核心网及承载网，其设计必须同时满足高可靠性、低时延与大带宽的严苛要求，以适应工业生产对网络的高标准。值得一提的是，这一架构还支持网络切片技术，能够为不同的工业应用场景提供个性化的网络服务定制。

工业 5G 网络的核心，在于其相关技术。这涵盖了 5G 空口资源的管理、5G 空口协议栈、物理信道与信号、数据链路层、大规模 MIMO、SDN+NFV 以及网络切片技术等诸多领域。这些先进技术为工业 5G 网络提供了高效数据传输、低时延通信服务以及高度可靠的网络连接，成为工业生产智能化与自动化的强大后盾。

而对于确保工业 5G 网络高效运行至关重要的，还有时延分析及优化环节。通过深入分析网络通信的时延特性，我们能够优化网络结构和参数配置，从而提升网络的实时响应能力和可靠性。此外，为满足工业应用的特殊需求，我们还将对工业 5G 网络进行细致的定制化优化，旨在保障工业生产的安全、稳定和高效。

综上所述，工业 5G 网络在推动工业智能化和自动化生产中扮演着举足轻重的角色。随着工业 5G 网络的不断进步与完善，它将为工业生产带来前所未有的便利与效益，引领工业生产朝着更加智能、高效与环保的方向发展。

第 1 章　工业 5G 网络概述

本章主要围绕工业 5G 网络的发展展开阐述。首先，对工业 5G 网络的发展背景进行概述，移动通信技术的发展经历了从 1G 到 5G 的演进过程，5G 作为第五代移动通信技术，具有更高的速率、更低的时延和更大的带宽等特点，为工业 5G 网络的应用奠定了基础。然后，分析了工业 5G 与商业 5G 的区别，给出了工业 5G 的定义。随后，对工业 5G 十大典型场景现状进行了分析。最后分析工业 5G 网络的发展面临的挑战。

1.1　发　展　背　景

移动通信技术是 20 世纪末促进人类社会飞速发展的最重要的技术之一，它们给人们的生活方式、工作方式以及社会的政治、经济都带来了巨大的影响。5G 是在移动通信技术不断迭代更新和社会信息化程度日益加深的大背景下应运而生的，以满足未来数字经济时代对于高速率、大连接、低时延、高可靠等多元化的通信需求。

1.1.1　移动通信发展概述

移动通信的发展可追溯到 19 世纪。移动通信的发展经历了从模拟到数字、从窄带到宽带、从单一语音服务到多媒体及数据通信服务的演变过程，每一次技术迭代都极大地提升了通信效率、服务质量以及用户的体验。1864 年麦克斯韦从理论上证明了电磁波的存在，1877 年赫兹用实验证明了电磁波的存在，1896 年马可尼在英国进行的 14.4 公里通信试验成功，从此世界进入了无线电通信的新时代。从 1G 到 5G 的移动通信技术发展演进如图 1-1 和图 1-2 所示。

（1）1G 模拟时代。

1G 即第一代移动通信技术，是 20 世纪 70 年代末到 80 年代初首次推出的无线电话技术。这是移动通信从模拟到数字传输的起始点，它标志着从传统的有线通信到无线通信的重大转变。

1G 网络的主要特点如下。

①模拟信号：1G 系统使用模拟信号来传输语音，即语音以模拟波形的形式传输。

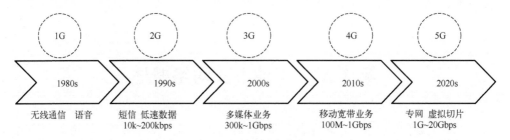

图 1-1　无线通信代际演进图

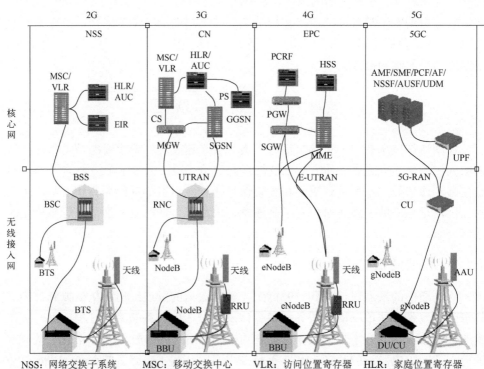

NSS：网络交换子系统	MSC：移动交换中心	VLR：访问位置寄存器	HLR：家庭位置寄存器
AUC：鉴权中心	EIR：设备识别寄存器	BTS：基站收发信机	BSC：基站控制器
BSS：基站子系统	CN：核心网	CS：电路交换	PS：分组交换
RRU：远程射频单元	BBU：基带单元	MGW：媒体网关	NodeB：基站节点
EPC：演进分组核心网	eNodeB：4G 基站	SGW：服务网关	MME：移动管理实体
HSS：家庭用户服务器	RNC：无线网络控制器	5GC：5G 核心网	SMF：会话管理功能
PCF：策略控制功能	AF：应用功能	UDM：统一数据管理	AUSF：认证服务器功能
UPF：用户面功能	CU：中央单元	gNodeB：5G 基站	AAU：主动天线单元
GGSN：网关 GPRS 支持节点		SGSN：服务 GPRS 支持节点	AMF：接入和移动管理功能
UTRAN：通用地面无线接入网络		PCRF：策略和计费规则功能	PGW：分组数据网络网关
NSSF：网络切片选择功能		5G-RAN：5G 无线接入网	DU：分布单元
E-UTRAN：演进的通用陆地无线接入网络			

图 1-2　组网方式及网络架构图

②语音通话：1G 网络主要用于语音通话服务，不提供短信或互联网访问等数据通信服务。

③低数据速率：由于是模拟信号，1G 网络的数据传输速率非常低，通常只有几十 kbps。

④有限的覆盖和容量：1G 网络的基站覆盖范围有限，网络容量也较小，只能同时服务有限数量的用户。

⑤FDMA：第一代移动通信系统使用频分多址（frequency division multiple access，FDMA）技术来分配频谱资源。每个通话会占据一个固定的频率带宽。

⑥不同的区域标准：1G 没有统一的全球标准。不同的国家和地区发展了自己的 1G 系统，如美国的 AMPS（advanced mobile phone system）、英国的 TACS（total access communications system）和日本的 NMT（nordic mobile telephone）等。

⑦安全性低：由于通信是模拟的，1G 网络的通话容易被截听，提供的安全性较低。

（2）2G 数字时代。

2G 即第二代移动通信技术，是 20 世纪 90 年代初期推出的，取代了 1G 模拟移动通信技术。2G 网络是第一个基于数字通信技术的移动通信系统，它为移动通信带来了许多改进和新特性[1]，其网络架构如图 1-3 所示。

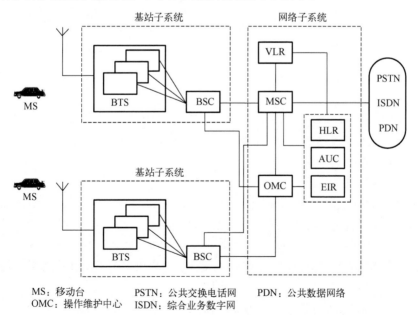

MS：移动台　　　　PSTN：公共交换电话网　　　PDN：公共数据网络
OMC：操作维护中心　ISDN：综合业务数字网

图 1-3　2G 网络架构

2G 网络的主要特点如下。

①数字信号：与 1G 的模拟信号不同，2G 网络使用数字信号来传输语音和数据。这提高了通话质量，减少了噪声和干扰，并允许更有效地使用无线频谱。

②数据服务：2G 网络引入了数据服务，如短信和彩信，以及有限的数据通信能力，如移动网页浏览和电子邮件。

③加密：2G 系统提供了加密功能，提高了通话的安全性和隐私性，使得截听通话变得更加困难。

④更高的频谱效率：2G 网络通过数字技术提高了频谱的使用效率，能够在相同的频谱资源上服务更多的用户。

⑤多址技术：2G 网络采用了多种多址技术，如时分多址（time division multiple access，TDMA）和码分多址（code division multiple access，CDMA）。全球移动通信系统（global system for mobile communications，GSM）是最广泛使用的 2G 标准，它基于 TDMA 技术，将频谱分割成时间槽来进行通信。CDMA 是另一种 2G 技术，它使用特殊的编码方案，允许多个用户共享同一频段。

⑥国际漫游：2G 网络的国际漫游能力得到了改善，尤其是 GSM 网络，在全球范围内得到了广泛的采用和支持。

⑦SIM 卡：2G 网络引入了用户识别模块（subscriber identity module，SIM）卡，这是一种可拆卸的智能卡，用于存储用户的身份信息和网络数据，使得用户能够轻松更换设备而保持同一手机号码。

⑧电池寿命：由于数字信号处理技术的效率更高，2G 手机的电池寿命通常比 1G 手机要长。

(3) 3G 数据时代。

3G 即第三代移动通信技术，在 21 世纪初期开始推广，旨在提供更高速的数据传输能力，以满足日益增长的移动互联网和多媒体应用需求。3G 网络的引入标志着移动通信从主要的语音通信转向了包括语音、数据和视频在内的多媒体服务[2]，其网络架构如图 1-4 所示。

3G 网络的主要特点包括以下几方面。

①更高的数据速率：3G 网络的数据传输速率显著高于 2G 网络，理论上最高速率可达数 Mbit/s，这使得移动互联网浏览、视频通话和电视广播等成为可能。

②宽带接入：3G 提供了宽带互联网接入，用户可以享受到类似于有线宽带的上网体验，包括快速下载和流媒体视频播放。

③全球漫游：3G 网络进一步改善了国际漫游服务，尽管存在不同的 3G 标准，但多数设备和服务提供商都支持跨标准漫游。

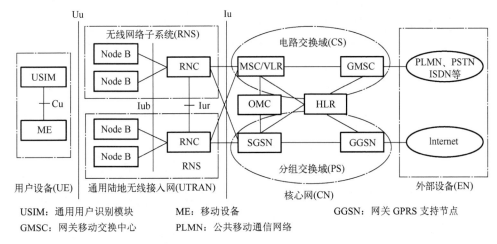

USIM：通用用户识别模块　　　　ME：移动设备　　　　　　　GGSN：网关 GPRS 支持节点
GMSC：网关移动交换中心　　　　PLMN：公共移动通信网络

图 1-4　3G 网络架构

④网络融合：3G 网络的设计支持了多种媒体格式和服务，促进了语音、数据和视频服务的融合。

⑤增强的安全性：3G 网络提供了更强的安全措施，包括更复杂的数据加密和用户身份验证。

⑥多样化的服务：3G 网络支持了一系列新的服务和应用，包括视频通话、移动电视、视频点播、大型电子邮件附件的发送和接收等。

时分同步码分多址（time division synchronous code division multiple access，TD-SCDMA）是中国提出并主导开发的 3G 标准，旨在提供一种高效的无线通信解决方案。TD-SCDMA 结合了时分多址和码分多址的特点，特别设计以适应中国的频谱分配情况。

（4）4G 无线宽带时代。

4G 即第四代移动通信技术，是继 3G 之后的一代宽带蜂窝网络技术。4G 的目标是提供更高的数据传输速率，改善网络容量和降低延迟，从而支持更多的数据密集型应用和提升用户体验[3]，其核心网架构如图 1-5 所示。

4G 网络的主要特点如下。

①高速数据传输：4G 网络的理论最高速度可以达到 100Mbps 到 1Gbps。这使得高清视频流、在线游戏和其他宽带服务在移动设备上变得更加流畅。

②增强的网络容量：4G 技术采用了先进的无线信号传输技术如多输入多输出（multiple input multiple output，MIMO）和正交频分复用（orthogonal frequency-division multiplexing，OFDM），这些技术可以提高频谱效率，从而允许更多用户同时连接到网络。

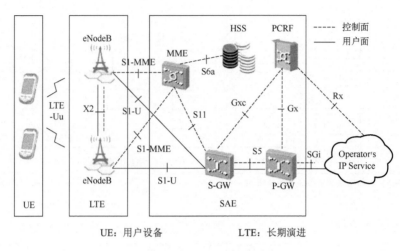

图 1-5　4G 核心网网络架构

③低延迟：4G 网络的延迟比 3G 网络低得多，通常在 50ms 以下，这对于要求实时响应的应用非常重要。

④改进的 IP 网络结构：4G 网络主要基于互联网协议（internet protocol，IP），这意味着它更适合处理数据流量，而不是传统的电路交换数据，这使得 4G 网络更适合今天的互联网使用模式。

⑤向下兼容：4G 设备通常向下兼容 3G 和 2G 网络，这意味着即使在 4G 网络不可用的地方，设备仍然可以通过较旧的网络连接。

1.1.2　5G 标准演进

5G 标准的制定和标准化工作主要由国际电信联盟（International Telecommunication Union，ITU）和第三代合作伙伴计划（3rd Generation Partnership Project，3GPP）负责。这两个组织在推动全球移动通信技术的演进中扮演着至关重要的角色。下面分别介绍 ITU 和 3GPP 的 5G 标准化历程。

（1）ITU 的 5G 标准化。

①ITU 组织。

2012 年 4G 标准在 ITU-R 正式发布，5G 系统的概念和关键技术研究逐步成为移动通信领域的研究热点。5G 研究和标准化制定大致经历 4 个不同的阶段：第一阶段是 2012 年的 5G 基本概念提出；第二阶段是 2013～2014 年，主要关注 5G 愿景与需求、应用场景和关键能力；第三阶段是 2015～2016 年，主要关注 5G 定义，开展关键技术研究和验证工作；第四阶段是 2017～2020 年，主要开展 5G 标准方案的制定和系统试验验证[4]。

　　ITU 是联合国的 15 个专门机构之一，主管信息通信技术事务。它由无线电通信组、电信标准分局和电信发展部门三大核心部门组成。每个部门下设多个研究组，5G 的相关标准化工作主要是在 ITU-R WP5D 下进行的。

　　在 2010 年 10 月，ITU 的一个工作组(working party 5D，WP5D)完成了 4G 技术的评估工作，并决定采纳 LTE-Advanced 和 OFDMA-WLAN-Advanced 为 IMT-Advanced 国际 4G 核心技术标准，标准之争落下帷幕，剩下标准协议细节的制定。同年，WP5D 启动了面向 2020 年的业务发展预测报告起草工作，以支撑未来国际移动通信(international mobile telecommunications，IMT)频率分配和后续技术发展需求。该报告预测结果显示，移动数据流量呈现爆发式增长，远远超过了预期，IMT 后续如何发展以满足移动宽带的快速发展成为一个重要问题。5G 的酝酿工作正式启动，2012 年世界无线电大会确立了 WRC-15 1.1 议题，讨论为地面移动通信分配频率，以支持移动宽带的进一步发展。WP5D 除完成频率相关工作外，还启动了面向 5G 的愿景与需求建议书开发，面向后 IMT-Advanced 的技术趋势研究报告工作，以及 6GHz 以上频段用于 IMT 的可行性研究报告。面向未来 5G 的频率、需求、潜在技术等前期工作在 ITU 全面启动并开展。

　　②5G 在 ITU 中的标准演进。

　　2014 年，WP5D 制定了初步 5G 标准化工作的整体计划，并向各外部标准化组织发送了联络函。截至 2015 年年中，ITU-R 完成了对 5G 的命名，决定将 5G 正式命名为 IMT-2020。

　　ITU 确定的 5G 主要应用场景为增强移动宽带、高可靠低时延通信、大规模机器类通信，如图 1-6 所示。

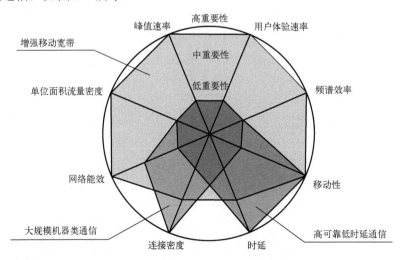

图 1-6　ITU 定义的 5G 应用场景及技术指标

（2）3GPP 的 5G 标准化。

3GPP 作为一个全球性的标准化组织，其工作成果对全球 5G 技术的发展和兼容性具有重要影响。

①3GPP 组织。

3GPP 成立于 1998 年 12 月，是一个标准化组织，其成员主要来自中、日、韩、欧、美及印度的 7 个合作伙伴，包括欧洲电信标准协会、日本无线电工业与商业协会、日本电信技术委员会、中国通信标准协会、韩国电信技术协会、北美电信行业联盟解决方案，以及印度电信标准发展协会。此外，3GPP 拥有超过 550 个独立成员，来自 40 多个国家，包括网络运营商、终端制造商、芯片制造商、基础制造商，以及学校、研究机构和政府机构。

3GPP 采用 Release 作为版本管理标准规范，每 15 至 21 个月制定一个新版本，从 R99 开始，经历了 R4，目前发展到 R18，共 16 个版本。3GPP 实质上是全球移动通信产业的联盟，旨在根据 ITU 的需求，制定详细的技术规范和标准，以规范产业行为。

②5G 在 3GPP 中的标准演进。

2018 年 6 月，3GPP 冻结了 5G 标准第一版 Release-15（R15），R15 首次包含 5G 新空口（new radio，NR）规范，支持 5G 非独立组网（non-stand alone，NSA）与独立组网（stand alone，SA），这标志着 5G 正式进入商用阶段[5]。R15 主要聚焦于满足增强型移动宽带（enhanced mobile broadband，eMBB）业务的需求，以大带宽传输类融合应用为主，如高清视频流、虚拟现实和增强现实等。

2020 年 7 月，3GPP 推出了 5G 标准第二版本 R16，进一步增强了 5G 服务行业应用的能力，其中超可靠低延迟通信特性不断成熟，保障了 5G 的应用从单链路的远程操控，逐步开始进入工业自动化控制的人机界面控制和产线实时控制，如自动驾驶、工业自动化、远程医疗等。

伴随着 5G 标准的持续演进，5G 技术能力不断增强，为多项基础性技术带来了更多增强特性，可满足无人机、工业物联网等更多工业应用场景[6]，如图 1-7 所示。

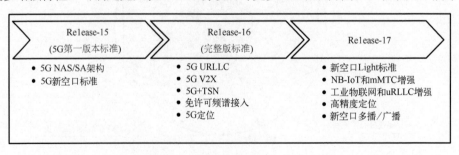

图 1-7　5G 在 3GPP 中标准演进

1.2　工业 5G 的定义

1.2.1　工业 5G 与商用 5G 的差异

5G 是当前最新一代的蜂窝移动通信技术，相比于前几代移动通信技术，5G 在速率、时延、可靠性及连接数等关键能力指标上都有较大的提升，这使得 5G 面向工业等行业推广应用成为可能，但工业 5G 和商业 5G 有着明显的区别。

在商用场景中，主要关注于增强型移动带宽和大规模机器类型通信，即高下载速率和广泛连接。而在工业场景中，更注重超可靠的低延迟通信。在工业网络中，最重要的因素是延迟和可能的抖动。只有提高了实时性的 5G 才能满足工业应用的需求。

此外，工业 5G 和商业 5G 在构建网络的硬件设备方面也存在差异。对于工业应用场景，硬件的工况往往十分复杂、环境恶劣。因此，用于工业 5G 的产品必须具备抗强电磁干扰、能够适应高温和低温环境、抗粉尘、抗震动等工业产品的特性。相对而言，商业 5G 的硬件设备工况环境较好，不需要进行特别的工业环境设计[7]。因此，工业 5G 与运营技术（operational technology，OT）融合过程中对 5G 技术也有特殊的需求：①部署的 5G 网络的可靠性是工业环境中应用的核心要求，典型的工厂自动化系统需要连续运行，不仅要实现高效率和生产力，还要保证高可用性、安全和不间断的生产；②工业 5G 网络安全需要融入 OT 网络纵深防御中；③低抖动是低时延需求的另一关键参数；④故障诊断接口是工业 5G 运维的必需。

1.2.2　工业 5G 网络

工业 5G 是将第五代移动通信技术应用于工业领域，以支持智能制造、工业自动化、远程控制等高要求的工业应用[8]。

工业 5G 不仅仅是 5G 应用于工厂，更要满足工业严苛的应用要求。不同于商业 5G 应用，工业 5G 在专为工业环境设计的硬件上运行，可在本地专用网络中运行并支持工业协议，并且具有保障工业安全的运维体系[9]，如图 1-8 所示。

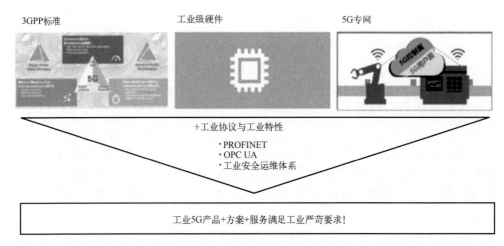

图 1-8　工业 5G 的定义

1.3　工业 5G 典型场景现状

不同于 ITU 定义的增强型移动宽带(eMBB)、大规模机器类通信(massive machine type communications，mMTC)和高可靠低时延通信(ultra-reliable and low latency communications，uRLLC)三大 5G 应用场景[10]，考虑"5G+工业互联网"赋能工业研发设计、生产制造、质量检测、故障运维、物流运输、安全管理等环节情况，从生产环节突出、经济效益性好、实际操作性强、复制推广性强等因素考虑，遴选出协同研发设计、远程设备操控、设备协同作业、柔性生产制造、现场辅助装配、机器视觉质检、设备故障诊断、厂区智能物流、无人智能巡检、生产现场监测等典型应用场景[11]。

(1)协同研发设计。

协同研发设计主要包括远程研发实验和异地协同设计两个环节[12]。远程研发实验是指利用 5G 及增强现实/虚拟现实(augmented reality/virtual reality，AR/VR)技术建设或升级企业研发实验系统，实时采集现场实验画面和实验数据，通过 5G 网络同步传送到分布在不同地域的科研人员；科研人员跨地域在线协同操作完成实验流程，联合攻关解决问题，加快研发进程。异地协同设计是指基于 5G、数字孪生、AR/VR 等技术建设协同设计系统，实时生成工业部件、设备、系统、环境等数字模型，通过 5G 网络同步传输设计数据，实现异地设计人员利用洞穴状自动虚拟环境(cave automatic virtual environment，CAVE)仿真系统、头戴式 5G AR/VR、5G 便携式设备等终端接入沉浸式虚拟环境，实现对 2D/3D 设计图纸的协同修改与完善，提高设计效率。

（2）远程设备操控。

远程设备操控是指综合利用 5G、自动控制、边缘计算等技术，建设或升级设备操控系统，通过在工业设备、摄像头、传感器等数据采集终端上内置 5G 模组或部署 5G 网关等设备，实现工业设备与各类数据采集终端的网络化，设备操控员可以通过 5G 网络远程实时获得生产现场全景高清视频画面及各类终端数据，并通过设备操控系统实现对现场工业设备的实时精准操控，有效保证控制指令快速、准确、可靠执行[13]。

（3）设备协同作业。

设备协同作业是指综合利用 5G 授时定位、人工智能、软件定义网络、网络虚拟化等技术，建设或升级设备协同作业系统，在生产现场的工业设备，以及摄像头、传感器等数据采集终端上内置 5G 模组或部署 5G 网关，通过 5G 网络实时采集生产现场的设备运行轨迹、工序完成情况等相关数据，并综合运用统计、规划、模拟仿真等方法，将生产现场的多台设备按需灵活组成一个协同工作体系，对设备间协同工作方式进行优化，根据优化结果对制造执行系统、可编程逻辑控制器等工业系统和设备下发调度策略等相关指令，实现多个设备的分工合作，减少同时在线生产设备数量，提高设备利用效率，降低生产能耗。

（4）柔性生产制造。

柔性生产制造是指数控机床和其他自动化工艺设备、物料自动储运设备通过内置 5G 模组或部署 5G 网关等设备接入 5G 网络，实现设备连接无线化，大幅减少网线布放成本、缩短生产线调整时间[14]。通过 5G 网络与多接入边缘计算（multi-access edge computing，MEC）系统结合，部署柔性生产制造应用，满足工厂在柔性生产制造过程中对实时控制、数据集成与互操作、安全与隐私保护等方面的关键需求，支持生产线根据生产要求进行快速重构，实现同一条生产线根据市场对不同产品的需求进行快速配置优化。同时，柔性生产相关应用可与企业资源计划（enterprise resource planning，ERP）、仓储物流管理系统等相结合，将用户需求、产品信息、设备信息、生产计划等信息进行实时分析、处理，动态制定最优生产方案。

（5）现场辅助装配。

现场辅助装配是指现场工作人员通过内置 5G 模组或部署 5G 网关等设备，实现 AR/VR 眼镜、智能手机等智能终端的 5G 网络接入，采集现场图像、视频、声音等数据，通过 5G 网络实时传输至现场辅助装配系统，系统对数据进行分析处理，生成生产辅助信息，通过 5G 网络下发至现场终端，实现操作步骤的增强图像叠加、装配环节的可视化呈现，帮助现场人员进行复杂设备或精细化设备的装配[15]。另外，专家的指导信息、设备操作说明书、图纸、文件等也可以通过 5G 网络实时同步到现场终端，现场装配人员简单培训后即可上岗，有效提升现场操作人员的装配水平，实现装配过程智能化，提升装配效率。

(6)机器视觉质检。

机器视觉质检是指在生产现场部署工业相机或激光器、扫描仪等质检终端[16]，通过内嵌 5G 模组或部署 5G 网关等设备，实现工业相机或激光扫描仪的 5G 网络接入，实时拍摄产品质量的高清图像，通过 5G 网络传输至部署在 MEC 上的专家系统，基于人工智能算法模型进行实时分析，对比系统中的规则或模型要求，判断物料或产品是否合格，实现缺陷实时检测与自动报警，并有效记录瑕疵信息，为质量溯源提供数据基础。同时，专家系统可进一步将数据聚合，上传到企业质量检测系统，根据周期数据流完成模型迭代，通过网络实现模型的多生产线共享。

(7)设备故障诊断。

设备故障诊断是指在现场设备上加装功率传感器、振动传感器和高清摄像头等，并通过内置 5G 模组或部署 5G 网关等设备接入 5G 网络，实时采集设备数据，传输到设备故障诊断系统。设备故障诊断系统负责对采集到的设备状态数据、运行数据和现场视频数据进行全周期监测，建立设备故障知识图谱，对发生故障的设备进行诊断和定位，通过数据挖掘技术，对设备运行趋势进行动态智能分析预测，并通过网络实现报警信息、诊断信息、预测信息、统计数据等信息的智能推送。

(8)厂区智能物流。

厂区智能物流主要包括线边物流和智能仓储。线边物流是指从生产线的上游工位到下游工位、从工位到缓冲仓、从集中仓库到线边仓，实现物料定时定点定量配送。智能仓储是指通过物联网、云计算和机电一体化等技术共同实现智慧物流，降低仓储成本、提升运营效率、提升仓储管理能力。通过内置 5G 模组或部署 5G 网关等设备可以实现厂区内自动导航车辆、自动移动机器人、叉车、机械臂和无人仓视觉系统的 5G 网络接入，部署智能物流调度系统，结合 5G MEC+超宽带室内高精定位技术，可以实现物流终端控制、商品入库存储、搬运、分拣等作业全流程自动化、智能化。

(9)无人智能巡检。

无人智能巡检是指通过内置 5G 模组或部署 5G 网关等设备，实现巡检机器人或无人机等移动化、智能化安防设备的 5G 网络接入，替代巡检人员进行巡逻值守，采集现场视频、语音、图片等各项数据，自动完成检测、巡航以及记录数据、远程告警确认等工作；相关数据通过 5G 网络实时回传至智能巡检系统，智能巡检系统利用图像识别、深度学习等智能技术和算法处理，综合判断得出巡检结果，有效提升安全等级、巡检效率及安防效果。

(10)生产现场监测。

生产现场监测是指在工业园区、厂区、车间等现场，通过内置 5G 模组或部署 5G 网关等设备，各类传感器、摄像头和数据监测终端设备接入 5G 网络，采集环境、人员动作、设备运行等监测数据，回传至生产现场监测系统，对生产活动进行高精度识别、自定义报警和区域监控，实时提醒异常状态，实现对生产现场的全方位智能化监测和管理，为安全生产管理提供保障。

1.4　挑　　战

在当前的 5G 时代背景下，人类中心化的通信模式与机器类通信实现了前所未有的共存状态。与此同时，多种具备显著差异化特征的业务应用并行发展，这一现状不仅丰富了 5G 技术的应用场景，也对 5G 网络的能力与性能提出了复杂而多维的挑战，这些挑战主要包括：超高的速率体验、超高的用户密度、海量的终端连接、超低时延及超高移动速度 5 个方面，如图 1-9 所示。

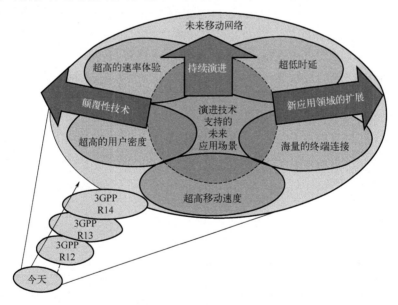

图 1-9　5G 面临的挑战

此外，工业 5G 在推广和实施过程中仍面临着一系列需克服的困难。

(1)技术成熟度：许多关键技术和功能仍在不断发展中。例如，uRLLC 对于工业应用至关重要，但要实现这一点还需要进一步的技术突破和优化[17]。

(2)网络覆盖和容量：全面部署 5G 网络需要大量基础设施建设，包括基站、小区和其他相关设备。在一些偏远或复杂的工业环境中，实现全面覆盖可能既昂贵又具有技术挑战。

(3)频谱资源和管理：频谱资源有限，且在不同国家和地区的分配和管理政策各不相同。获取足够的频谱资源，以及处理与现有无线服务的干扰问题，是推广工业 5G 的一大挑战。

(4)安全性和隐私：随着工业过程越来越依赖于网络连接，网络安全和数据隐私成为重要考虑因素。保护工业 5G 网络免受恶意攻击，并确保敏感数据的安全，需要投入大量资源。

(5)标准化和互操作性：工业 5G 的全球推广需要统一的标准和协议，以确保不同设备和系统之间的互操作性。标准化进程往往较慢，且需要国际协调和合作。

(6)投资和成本：建设 5G 网络和更新工业设施需要巨额投资。对于一些企业来说，高昂的前期成本可能是一个障碍，尤其是在尚未完全确定投资回报的情况下。

(7)技能和知识缺口：5G 技术的推广需要有相应的技能和知识支持。目前，市场上缺乏足够的 5G 技术专家，这可能限制了 5G 解决方案的开发和实施。

(8)设备兼容性和升级：现有的工业设备可能不支持 5G 技术，需要进行改造或更换。这不仅涉及成本问题，还可能影响生产过程和效率。

解决这些挑战需要行业参与者、政府机构和监管机构之间的紧密合作，以及对新技术的持续研究和创新。随着 5G 技术的成熟和更多成功案例的出现，预计这些挑战将逐步被克服。

第2章 工业5G网络架构及基础

每一代移动通信系统都以其独特的技术特征为标志，除了引入全新的空中接口技术外，整体网络架构也不断演进。从1G向2G的过渡，空中接口技术从模拟转变为数字，网络结构从简单的端局交换机模式发展为基站—基站控制器—移动交换机的分层结构，业务范围也由电路域语音逐步演变为电路域语音与分组域数据共存。而在3G移动通信系统中，空中接口技术以CDMA为主流的多址接入技术开始出现，网络结构则在2G系统的基础上进行了调整。在R4阶段，电路域的发展趋向于控制承载分离、控制集中化以及承载分布化的模式，而分组域则基本延续了2G的模式。在4G移动通信系统中，采用了正交频分复用(orthogonal frequency-division multiplexing，OFDM)/MIMO新型多址技术作为空中接口，网络架构也有所变化，摒弃了传统电路域，专注于分组域的演进，这也被称为演进分组系统(evolved packet system，EPS)(图2-1)。

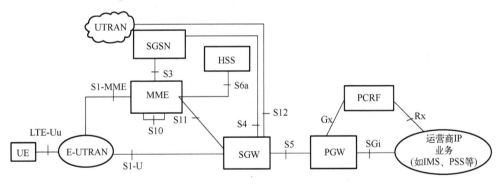

图2-1　EPS网络核心架构

根据图2-1所示，核心网的控制面与数据面并没有完全分离，而是在控制功能上较为集中，故存在如下问题。

在数据面，功能主要集中在LTE网络与互联网边界的公共数据网关(public data network gateway，PGW)上。这意味着所有数据流必须经过PGW，即使是在同一小区内用户之间的数据流也不例外。这样的架构给网络内部新内容应用服务的部署带来了一定的挑战。同时，这也意味着对PGW性能提出了更高的要求，并且容易导致PGW成为网络吞吐量的瓶颈。

网关设备的控制面与数据面高度耦合，导致两者需要同步扩容。然而，由于数据面的扩容需求通常比控制面更为频繁，这导致二者同步扩容在某种程度上缩短了设备的更新周期，同时也增加了设备的总体成本。

在用户数据从 PGW 到演进型 Node B（evolved node B，eNB）的传输中，仅能依据上层传递的服务质量（quality of service，QoS）参数进行转发，这使得难以辨识用户的业务特征，从而导致难以对数据流进行更为灵活、精细的路由控制。控制面功能过度集中在服务网关（serving gateway，SGW）和 PGW 上，特别是 PGW 上，包括监控、接入控制、QoS 控制等，这使得 PGW 设备变得异常复杂且可扩展性较差。网络设备基本上是由各设备商基于专用设备开发定制而成的，这使得运营商难以将不同设备商定制的网络设备进行功能合并，从而降低了灵活性。

随着 5G 时代业务种类更加丰富且对网络能力的要求更加多样化，许多要求之间存在相互冲突。因此，5G 网络除了需要具备新的无线接入技术外，还必须拥有全新的网络架构以适应各种业务的多样需求。业务种类的多样性和用户需求的快速变化要求未来的网络能够与业务解耦，并具备足够的灵活性和扩展性，以适应业务的发展。

2.1　工业 5G 业务需求与性能指标

2.1.1　工业 5G 业务需求

为了满足面向移动互联网和物联网业务的快速发展，5G 系统将面临巨大挑战。下面分别介绍工业 5G 系统的具体需求。

1. 工业控制

工业控制系统是指利用计算和分析工业设备及传感器数据的技术，实现对工业生产参数和流程的自动化控制[18]。其目的在于提升生产效率和产品质量，构建一个高度自动化的工业生产系统。在制造领域，工业控制系统根据不同覆盖范围可分为三个主要场景：设备内部控制、线体内及设备间控制，以及整个车间内生产控制，如图 2-2 所示。这些场景覆盖了从单个设备到整个生产环境的多种自动化控制需求。通过这些系统的实施，企业能够更精确地监控和管理生产过程，提高生产效率，并确保产品质量的稳定性。

（1）设备内部控制。

设备内部控制是工业控制领域中最为挑战性和要求最高的应用场景之一。这种闭环控制系统通常由传感器、控制器、执行器和工作对象构成。传感器负责监测执行器或工作对象的状态，并将数据反馈给控制器。控制器通过实时分析这些状态数据，能够对执行设备下达具体的控制指令，如移动部件或调整配置参数。这个过程是高度自动化的，其关键在于控制器能够快速响应传感器提供的信息，并做出准确的决策以控制设备的行为。设备内部控制的成功实施对于保证工业生产中的精准操作和高效运行至关重要。工业闭环控制如图 2-3 所示。

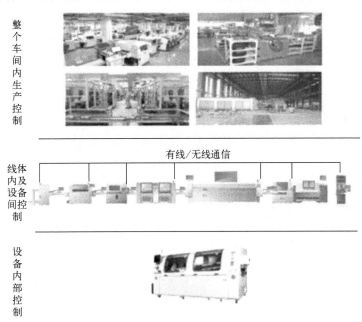

图 2-2　工业控制应用场景

设备内部控制对通信链路的实时性、可靠性和时钟同步性提出了严格要求，这是确保整个控制系统可靠性和安全性的前提条件。传统的工业设备通常采用现场总线或工业以太网等有线连接方式，用以实现设备内部控制系统的互联和互通。

以中兴某生产场景中的印刷电路板（printed circuit board，PCB）自动贴标场景为例来进一步了解。

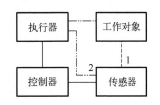

图 2-3　工业闭环控制示意图

在这种场景下，为了提高贴标效率，通常会将 12 个 PCB 板按照 3 行 4 列的方式组合成拼板，然后同时进行贴装。在生产过程中，使用 4 个贴标头同时吸取 4 个条码标签，并将其同步贴装在 PCB 拼板的对应位置。这个过程不仅需要具备高度可靠和低延迟的通信链路，还要求多个贴标头之间的时钟严格同步。

（2）线体内及设备间控制。

多台单机设备的连接运行被称为线体。线体内及设备间控制指的是线体内设备以及彼此独立的多台设备之间的控制系统。设备间通信即控制器到控制器的通信（controller to controller，C2C），主要实现控制器之间的实时数据交换和同步，以协同完成相同的任务。C2C 通信包括周期和非周期数据传输两种模式[19]。在多台设备需要协同工作以完成同一任务时，C2C 通信对于端到端时延、业务可靠性和设备间同步有着严格的要求，其覆盖范围远大于设备内控制的场景。

另一方面，在某些制造场景中，多台设备工序之间的顺序性和耦合性要求并不十分强烈，属于离散型制造。在这种情况下，C2C 通信对设备间通信的可靠性和时延要求相对较低。

（3）整个车间内生产控制。

在制造业中，车间由多个线体和功能单元构成。在整个车间内，所有关键因素，包括人员、机器、原料、方法和环境等，需要连接到工厂的控制中心。这些元素通过数据采集、数据计算等处理方式，实现对整个工厂的统一控制、管理、协调和信息共享。当前工厂内部的设备接入方式繁多且复杂，存在多种接入方式、多种接口协议和多种网络并存的情况。例如，生产设备通常采用工业以太网接入，工人手持终端使用蜂窝无线网络（4G）接入，而工厂内的传感器可能采用 LoRa、ZigBee 等无线网络接入。同时，为确保企业生产的安全性和隐私性，尤其是针对危险设备（涉及污染、爆炸等），车间内的通信网络通常需要与公共通信网络隔离部署。

2. AGV 控制

自动导引车（automatic guided vehicle，AGV）作为仓库或工厂内的自动运输车辆，在智能制造中扮演着至关重要的角色，能够自动完成物料的进货、搬运以及制造品的出库任务。在智能制造环境中，AGV 的运用对于保持生产装配过程的连续性至关重要[20]。图 2-4 展示了 AGV 在不间断的装配过程中，自动穿行经过一个制造站点的情况。

AGV 的自动、准确运行在很大程度上依赖于可靠的通信和导航系统。AGV 需要与控制系统、其他 AGV 以及周边设备保持安全可靠的无线通信。这要求通信具备严格的时延、可靠性、确定性和时钟同步。另外，AGV 的移动性要求无线网络在室内外能够连续覆盖，并支持无缝切换。目前，常用的 AGV 通信系统是工业无线局域网，但由于 Wi-Fi 在连续性上存在不稳定性的问题，因此大多数 AGV 需要采取额外的设计措施以降低这种影响，从而降低了 AGV 的工作效率。而 5G 通信技术则有望克服 Wi-Fi 的这些不足，为 AGV 提供更高效的功能和性能。

此外，AGV 需要准确的导航系统来指导其行驶路径。常见的导航方式包括以下几种。①彩条或磁条导航：在地面铺设彩条或者磁条等感应信号，以实现对 AGV 的导引功能。②激光定位导航：通过计算发送和接收激光信号的时间差和角度，来确定 AGV 的位置，实现导航功能。③二维码定位导航：利用摄像头扫描地面二维码，计算 AGV 的位置，并由调度中心完成 AGV 的路径规划和调度。

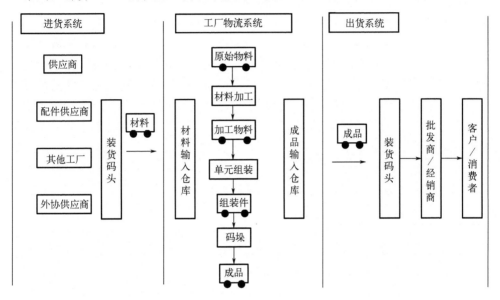

图 2-4　工业制造中 AGV 的工作场景

另一种迅速崛起的 AGV 导航方式是基于视觉实现的。视觉导航利用视觉传感器，并借助神经网络学习来实现 AGV 的定位。这种导航方式具有成本低、扩展性强的优点，但设计复杂度较高[21]。视觉导航对无线通信的要求较高，特别是如果采用 4K 或 8K 摄像头，同时需要将视频上传至边缘节点进行实时分析，这将要求无线网络支持几十甚至上百 Mbps 的高吞吐量。

3. 基于海量传感器接入的工厂监控

目前国内制造业的发展水平存在差异，一些企业已经实现了生产自动化，但仍有许多企业停留在工业 2.0 水平，甚至存在大量设备尚未实现联网。海量传感器接入技术为老旧设备和车间环境升级到工业 4.0 提供了解决方案。另一方面，现代化工厂也依赖传感器接入技术，将设备、环境和流程整合在一起，实现工业生产的智能化监控。传感器的种类和功能多种多样，包括温/湿度传感器、压力传感器、二氧化碳传感器和摄像头等。举例来说，富士康车间已经部署了 10 万种不同类型的传感器。

4. 工业 VR/AR

VR 利用计算机仿真技术创造出全沉浸、可交互的三维场景，使用户与真实世界隔离开来。而 AR 则是将虚拟信息叠加到现实环境和物体中，以增强现实世界的信息，让用户获得超越常规感知的体验。AR 作为智能制造的关键技术，在智能制造领域得到广泛应用。

在未来工厂，尽管大量机器代替了人类工作，但人类仍然扮演着非常重要的角色。利用 VR/AR 技术提高工作效率将是智能制造的一个重要趋势。未来基于 AR 的智能巡检和远程专家系统将有广泛的应用前景。在车间中，检修人员可以佩戴 AR 眼镜上传设备数据，并将当前数据与云端数据进行比对，分析设备的工作状态。同时，AR 眼镜能够在显示画面中标注故障点，辅助设备检测，并提供故障维修指南。当遇到复杂难解的故障时，检修人员可以通过 AR 眼镜将现场数据以第一视角发送给远程专家，专家可以通过语音或实时标注画面的方式，在检修人员的屏幕上叠加信息，从而极大地提高检修效率。

2.1.2 工业 5G 性能指标

在电子信息制造业中，工业通信被视为整个企业的神经系统，自动化、智能化的生产过程离不开高效、可靠的通信网络支持。尽管当今无线通信技术日趋发达，但制造领域普遍仍采用传统的有线通信方式。这是因为传统的无线技术无法满足工业场景对通信性能的严格要求。然而，5G 通信技术的出现克服了传统无线技术的局限性，在时延、可靠性等性能方面取得了重大突破，为加速现代制造业的发展提供了可能。下面通过重点阐述制造业中的部分应用场景和 5G 网络在这些场景下的需求进行深入分析，为 5G 技术在工业应用中提供性能指标。

1. 工业控制

(1) 设备内部控制。如果选择采用 5G 通信技术来实现传感器、执行器、控制器之间的互联，以及设备内部控制系统之间的通信，那么就需要满足表 2-1 的条件。

表 2-1　工业控制场景中设备内部控制的通信指标

技术要求	技术指标
接入终端数	≤100
报文长度	50 byte
报文周期	0.5ms～2ms
空口传输时延	≤1ms
传输带宽	≤16Mbps
覆盖范围	1 万平方米

　　　　　　　　　　　　　　　　　　　　　　　　　　　　　　续表

技术要求	技术指标
可靠性	≥99.9999%
时钟同步	<1μs
室内定位	无
安全性	SIL-3

注：SIL 为安全完整性等级（safety integrity level），由每小时发生的危险失效概率定义。按照国际标准的规定，安全等级分为 4 级，其中，SIL3 失效率为（108-107）。

　　根据上述分析，在制造业中的设备内控制场景中，5G 通信被用于实现控制器、传感器和执行器之间的互联。由于设备控制直接影响生产的安全性和可靠性，因此对通信的可靠性、安全性、确定性以及时钟同步等性能提出了极为严苛的要求。将设备内控制场景下的通信链路从目前的现场总线迁移到 5G 通信，对 5G 通信技术提出了巨大的挑战。这需要克服许多技术难题，以确保在这些高度关键的生产环境中 5G 通信能够满足其所需的高性能要求。

　　(2)线体内及设备间控制。在传统的工业领域，通常使用现场总线或工业以太网来实现线体内及设备间的连接和通信。然而，随着工业物联网场景的兴起，设备间连接数量和数据交换量显著增加。与此同时，灵活的模块化智能生产也对设备提出了更多要求，如移动性、多功能性和即插即用性。传统的有线通信由于布线复杂，无法动态调整和移动，无法满足这些需求。相比之下，无线通信具有灵活性和移动性等天然特点。采用无线通信来实现线体内及设备间的连接，可以极大地提高设备之间的交互效率和灵活性。这种做法有助于推动智能化、模块化甚至柔性生产的发展。

　　举例来说，在电子信息制造业中，考虑一条完整的表面组装技术（surface mount technology，SMT）自动化生产线，如图 2-5 所示。若采用 5G 无线网络来实现 C2C，以完成线体内及设备间的控制，其基本要求如表 2-2 所示。

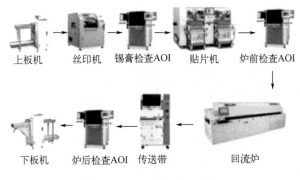

图 2-5　SMT 自动化生产线

表 2-2　工业控制场景中线体内及设备间控制的通信指标

技术要求	技术指标
接入终端数	≤100
报文长度	1kbyte
报文周期	≥4ms
空口传输时延	≤10ms
传输带宽	≤20Mbps
可靠性	≥99.9999%
时钟同步	<1μs
移动速率	无
室内定位	无
安全性	SIL-3

(3) 整个车间内生产控制。车间普遍采用多种方式来实现设备间的通信，目前现场总线和工业以太网在这方面扮演着重要的角色。然而，随着对可靠性和安全性要求的不断提高，无线通信逐渐在多种电子信息制造场景中得到广泛应用。特别是 5G 通信具备覆盖范围广、可靠性高、传输速率大、部署灵活等优势。在网络安全和定制化等方面也具有优势，能够有效与当前工厂内其他网络相融合，构建车间甚至整个工厂的无死角通信网络，基本要求如表 2-3 所示。

表 2-3　工业控制场景中车间内的通信指标

技术要求	技术指标
接入终端数	>10000
报文周期	10ms
空口传输时延	≤1s
传输带宽	≤50Mbps
可靠性	≥99.9999%
覆盖范围	2 万平方米 (100 米×200 米)
时钟同步	<1μs
室内定位	<1m
移动速率	无
安全性	SIL-3
隔离性	隔离要求

2. AGV 控制

未来，AGV 导航技术可能趋向于融合多种导航技术，如二维码结合惯性或超声波融合导航，或者激光结合视觉的融合导航等。与此同时，为了降低 AGV 成本、提高可扩展性，AGV 可能会将用于处理导航信息的工业 PC（industry PC，IPC）或可编程逻辑控制器（programmable logic controller，PLC），甚至运动控制单元迁移到边缘节点，从而增加数据传输量[22]。由此可见，无论是导航技术的升级还是系统架构的优化，AGV 对无线通信在吞吐量和时延方面都提出了更高的要求（表 2-4）[23]。

表 2-4　AGV 场景中的通信指标

技术要求	技术指标
接入终端数	200/10000 平方米
报文长度	1kbyte
报文周期	10～100ms：用于视频导航或者视频远程控制 40～500ms：用于非视频导航方式的 AGV 操作和中控管理
覆盖范围	1 平方千米
空口传输时延	云化运动控制，时延≤1ms 云化工控机控制，时延 10～40ms 云化视觉识别，时延 10～100s
传输带宽	<1Mbps 基于激光、二维码导航 >10bps 基于视觉导航（1 对 1080P 双目摄像头） >50Mbps 基于视觉导航（1 对 4K 双目摄像头） >160Mbps 基于视觉导航（1 对 8K 双目摄像头）
可靠性	≥99.9999%
时钟同步	<1μs
移动速串	≤15km/h（车间内） ≤30km/h（室外、厂区内）
无缝切换时延	<1ms
无缝切换成功率	≥99.999%
室内定位	导航定位：<10cm 二次定位：<1cm
安全性	SIL-3

3. 基于海量传感器接入的工厂监控

在传感器的使用中，存在不同类型的传感器产生的数据流量差异。例如，温/湿度传感器等属于低流量、低频率的数据采集，因为环境变化较为缓慢，可以采用低采样率上传环境数据。相反，电能监控传感器等属于低流量、高频率的数据采集类型。而摄像头传感器则属于高流量数据采集的典型场景，在整个生产监控系统中应用广泛。

传感器所产生的数据流量和类型不仅与应用场景和传感器类型有关，而且在很大程度上取决于数据的处理方式。例如，过滤、压缩、本地处理、云计算等方法都会影响数据流量的大小和类型。简单的传感数据可以存储在传感器设备内部，而复杂的传感数据则需要通过通信网络上传到外部计算资源进行存储和分析。

未来，随着柔性化和智能化制造在电子信息制造中成为主流，大量动态传感器接入会需要部署大容量、高速率和低延时的无线网络来支持。如果在车间部署 5G 网络以实现海量传感器接入，其基本要求如表 2-5 所示。

表 2-5　海量传感器接入场景中的通信指标

技术要求	技术指标
接入终端数	0.05~1/平方米 10^6/平方千米 10~100/网关 总容量：1000~10000 节点
报文长度	<100byte 简单传感器，如温度、压力等
报文周期	>100ms 或者事件触发
覆盖范围	半径：<30 米
传输带宽	总带宽>100Mbps 5Mbps（1080P 摄像头） 25Mbps（4K 摄像头） 80Mbps（8K 摄像头）
端到端时延	50ms~1s：普通报文 <10ms：紧急报文
可靠性	> 99.9%：普通报文 >99.9999%：紧急报文
安全性	SIL-3

4. 工业 VR/AR

对于 VR/AR 技术，存在两个重要的技术挑战。首先是庞大的计算量，这导致了 VR/AR 眼镜硬件成本的提高。为了降低成本，需要将大量计算任务迁移到边缘设备或云端，即实现云化的 VR/AR。其次是 VR/AR 的云化过程需要大量数据和计算的迁移，这会导致传输数据量的增加和网络时延的加大，进而引发用户的晕眩感。

视场角（field of view，FOV）注视点渲染技术能够降低云化 VR/AR 迁移的数据量，而异步时间扭曲技术则在一定程度上降低云化 VR/AR 对端到端时延的需求。如果基于 5G 网络来实现云化的 VR/AR，仍然面临着挑战。其基本要求如表 2-6 所示。

表 2-6　工业 AR/VR 场景中的通信指标

技术要求	技术指标	说明
接入终端数	3/基站	/
端到端时延	≤10ms	/
传输带宽	帧率≥60fps 分辨率 4K(3960×2160p)	H264 压缩算法(压缩率约 100∶1) 4K 视频带宽 = 123.18Mbps
传输方向	VR：单向 AR：双向 带宽> 125Mbps	H265 压缩算法(压缩率约 200∶1) 4K 视频带宽 =61.59Mbps
可靠性	99.9%	/
时钟同步	1μs	/
无缝切换	支持	/
室内定位	1m	/
定位延时	15ms	/
移动速率	<10km/h	/
安全性	SIL-3	/

2.2　工业 5G 网络系统架构

在 3GPP 的 5G 接入网络研究中，为了更好地满足不同的业务场景需求，如支持 ITU 定义的 eMBB、mMTC、uRLLC 等场景，5G 系统提出了更多、更高的关键性能指标，例如，eMBB 场景下行峰值速率应达到 20Gbit/s、下行峰值频谱效率达到 30bit/(s·Hz)、控制平面传输时延应小于 10ms、用户平面传输时延应小于 4ms，uRLLC 场景用户平面传输时延应小于 0.5ms，eMBB 和 uRLLC 场景移动中断时间为 0ms 等[24]。

5G 网络系统架构如图 2-6 所示。5G 系统整体包括核心网、接入网以及承载网部分，通常将承载网类比成神经网络，连接着"大脑"（核心网）和"四肢"（接入网）。

为了满足不同业务的性能需求，5G 接入网架构能够支持不同的部署方式：一方面，接入网需要支持分布式部署，与 LTE 系统类似，减少通信路径上的节点跳数，从而减少网络中的传输时延；另一方面还可以支持集中式部署以支持未来云化处理中心节点的实现方式，对多个小区进行集中管理，从而增强小区间的资源协调，实现灵活的网络功能分布[25]。

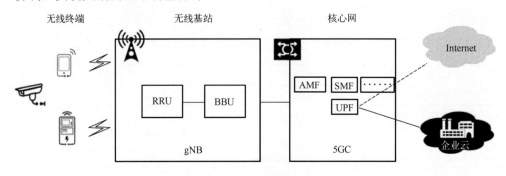

图 2-6　5G 网络系统架构

关于接入网与核心网的接入方式，一方面需要考虑 5G 和 LTE 系统将在未来很长一段时间内共同部署，需要研究基于 LTE 和 5G 融合部署的网络架构；另一方面，随着后续 5G 核心网络的成熟部署，需要研究 LTE 系统的演进基站如何接入 5G 核心网的问题。

5G 承载网是为 5G 无线接入网和核心网提供网络连接的基础网络，不仅为这些网络连接提供灵活调度、组网保护和管理控制等功能，还要提供带宽、时延、同步和可靠性等方面的性能保障[26]。

2.2.1　工业 5G 无线网架构

面对 5G 场景和技术需求，需要选择合适的无线技术路线，以指导 5G 标准化及产业发展综合考虑需求、技术发展趋势以及网络平滑演进等因素，5G 空口技术路线可由 5G 新空口和 4G 演进两部分组成(图 2-7)。

图 2-7　5G 技术路线与场景

　　LTE/LTE-Advanced 技术作为事实上的统一 4G 标准，已在全球范围内大规模部署。为了持续提升 4G 用户体验并支持网络平滑演进需要对 4G 技术进一步增强，4G 演进将以 LTE/LTE-Advanced 技术框架为基础，在传统移动通信频段引入增强技术，进一步提升 4G 系统的速率、容量、连接数、时延等空口性能指标，在一定程度上满足 5G 技术需求[27]。

　　一体式基站架构是 2G 移动通信制式最初采用的主要形态。这种一体化基站架构的天线位于铁塔上，其余部分位于基站旁边的机房内。天线通过馈线与室内机房连接。一体式基站需要在每一个铁塔下面建立一个机房，同时需要具备传输、电源、空调等配套资源，建设和维护成本高，建设周期较长，更严峻的问题是新增或减少基站节点、调整无线网络架构困难，不利于灵活的网络伸缩。

　　一体化基站和天线之间需要很长的馈线相连，增加了无线信号的衰减，也增加了部署成本。分布式基站架构将基站分为射频拉远单元(radio remote unit，RRU)和基带单元(base band unit，BBU)两个物理设备[28]，如图 2-8 所示。其中，RRU主要是射频资源模块，包括四大模块：中频模块、射频收发模块、功放和滤波模块。BBU 主要负责上下变频、基带处理，以及和上级网元的接口等。

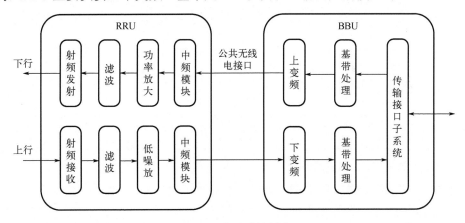

图 2-8　基站功能划分

　　RRU 是射频子系统，可以放置在铁塔上，位于天线近端的位置，和天线子系统相连；BBU 是基带子系统，放置在室内机房。BBU 和 RRU 可以用光纤连接，RRU 和 BBU 之间的接口为通用公共无线电接口(common public radio interface，CPRI)接口，传送数字中频信号。每个 BBU 可以连接多个 RRU，根据厂家的产品规格不同，支持的 RRU 级联数目不同。1 个 BBU 可以最多连接12 个 RRU。

　　中心化无线接入网络(centralized radio access network，C-RAN)架构将 BBU

进一步虚拟化、集中化和云化,如图 2-9 所示,每个 BBU 可以连接 10~100 个 RRU,进一步降低机房资源的需求量、网络的部署周期和成本。C-RAN 里的"C" 有 4 个含义:实时云计算构架、基带集中化处理、绿色无线接入网架构和协作式 无线电。

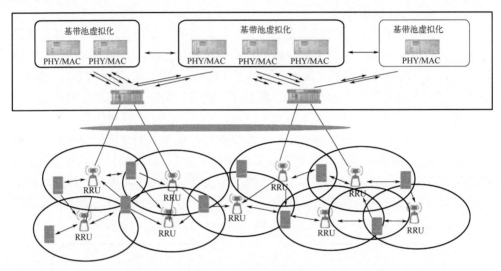

图 2-9　C-RAN 架构

5G 基于 C-RAN 网络架构进行了进一步的演进,引入网络功能虚拟化(network functions virtualization,NFV)技术实现无线资源的虚拟化,引入软件定义网络 (software defined network,SDN)技术实现网络功能的集中化[29]。针对 5G 的高频 段、大带宽、多天线、海量连接和低时延等需求,5G 对基站功能的分布进行重新 划分,对无线侧的架构进行了重构。

5G 基站 gNodeB 的 BBU 由分布单元(distributed unit,DU)、集中单元 (centralized unit,CU)共同组成。在 4G 网络中,C-RAN 相当于 BBU、RRU 两层 架构;在 5G 系统中,C-RAN 相当于 CU、DU 和 RRU 三层架构。5G 基站 gNodeB 的逻辑架构可以分为两种,即 CU-DU 融合架构和 CU-DU 分离架构。同一个基站 的 CU 和 DU 合并时,就类似于 4G 的基站 eNodeB 的基带部分。CU 和 DU 分离, DU 分布式部署,几个基站的 CU 可以合并到一起,集中部署,当然不同基站的 CU 也可以各自独立部署。

每个 CU 可以连接 1 个或多个 DU。1 个 CU 目前最多可以下挂 100 个 DU。 一个机房可以对应更多更远的小区,实现中心化的管控。5G 的 RRU 和天线子系 统共同构成有源天线单元(active antenna unit,AAU),主要负责将基带数字信号转为模拟信号，由天线发射出去。5G 的基站架构如图 2-10 所示。

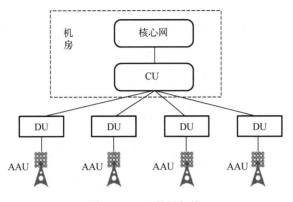

图 2-10　5G 基站架构

　　RRU 和 BBU 之间的接口是 CPRI。5G 的接口功能需要增强，DU 和 AAU 之间的接口为演进的通用公共无线电接口(evolved common public radio interface，eCPRI)，也称为下一代前传网络接口(next-generation fronthaul interface，NGFI)。CU 和 DU 之间的新增接口叫 F1。CU 是集中单元，可以分为用户面和控制面。用户面和控制面在一个物理实体里，使用厂家内部接口便可，但如果分开在两个物理实体(CU-CP 和 CU-UP)里，3GPP 协议定义了二者的接口，叫 E1 接口。5G 基站和基站之间的接口表现为 CU 和 CU 之间的信息交互接口，叫 Xn 接口。5G 无线网的主要接口如图 2-11 所示。

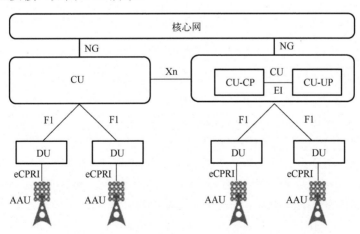

图 2-11　5G 无线网主要接口

　　根据 3GPP 定义的接入网需求，5G 接入网(next generation radio access

network，NG-RAN)架构和 4G LTE 接入网架构相比发生了较大的变化。首先，5G 接入网支持集中式和分布式两种无线接入网架构，更好地满足了不同业务场景和应用的需求；其次，5G 接入网的基站逻辑功能分离、控制平面和用户平面分离，有利于网络功能的虚拟化和灵活部署；最后，演进的 LTE 基站可以和 5G 核心网连接，实现了不同无线接入技术之间更好的移动性，提升了系统的无线资源利用率。

　　NG-RAN 由 5G 基站(gNB)和演进 LTE 基站(ng-eNB)组成。在分布式架构下，gNB 具备完整的协议功能；在集中式架构下，gNB 分离为 gNB-CU 节点和 gNB-DU 节点。NG-RAN 与 5G 核心网(5G core network，5GC)通过 NG 接口连接，gNB/ng-eNB 之间通过 Xn-C 接口连接。gNB/ng-eNB 既可以是工作在时分双工(time division duplexing，TDD)模式的基站，也可以是工作在频分双工(frequency division duplexing，FDD)模式的基站，或者 TDD/FDD 双模基站。5G 接入网络的逻辑接口模型如图 2-12 所示。

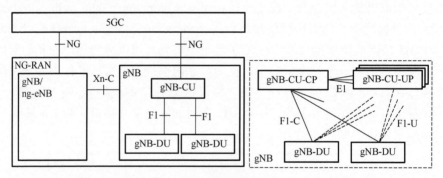

图 2-12　5G 系统架构及其逻辑接口模型

　　由于 gNB-CU 的控制面和用户面相分离，gNB-CU 和 gNB-DU 之间的 F1 接口也进一步分离为 F1-C 和 F1-U 两个接口。其中，gNB-CU-CP 和 gNB-DU 之间是 F1-C 接口，gNB-CU-UP 和 gNB-DU 之间是 F1-U 接口。目前，3GPP 协议规定 gNB-DU 只能和一个 gNB-CU-CP 连接，gNB-CU-UP 只能连接至一个 gNB-CU-CP，gNB-DU 可以和一个 gNB-CU-CP 管理下的多个 gNB-CU-UP 连接，gNB-CU-UP 同样可以和一个 gNB-CU-CP 管理下的多个 gNB-DU 连接。

　　和 LTE 系统相比，5G 系统提出了更高的性能指标，需要满足更多的业务场景，5G 接入网的网络架构必须考虑增强基站间的协调、支持灵活的网络功能分布。不同于 LTE 系统扁平化的设计，5G 接入网对基站的功能进行了重新划分，将 5G 基站分为集中单元和分布单元，CU 和 DU 可以由独立的硬件来实现。从功能上看，CU/DU 分离的网络架构更有利于移动性管理、信令和流程的优化，基站进行集中资源管理和协调,可以获得较大的系统性能增益,也有利于实现 NFV 和软件定义网络技术,灵活的网络功能分离便于运营商根据网络需求进行硬件部署,从而带来运营成本与资本性支出的降低[29]。

2.2.2 工业 5G 核心网架构

4G 时代,从业务承载的角度,核心网可以分为用户数据业务(evolved packet core,EPC)、高清语音/视频业务(IP multimedia subsystem,IMS)和软交换专业三大类[30]。根据核心网的类别不同,其业务流程、信令协议、网元配置以及人员技能储备等方面都是不同的。从 4G 的核心网演变到 5G 核心网,网络架构变化巨大。4G 核心网由各个网元组成,这些网元是软件和专用硬件紧耦合的物理网元实体;到了 5G 时代,所有网元功能模块全部"软"化,以便构建基于服务化的核心网架构。

相比于 2/3/4G,5G 核心网架构的网络逻辑结构彻底改变了[31]。2018 年,我国提出了服务化架构(service based architecture,SBA)的概念,将网络功能定义为多个相对独立可被灵活调用的服务模块。5G 网络采用开放的 SBA,网络功能(network function,NF)以服务的方式呈现,任何其他 NF 或者业务应用都可以通过标准规范的接口访问该 NF 提供的 SBA 架构。

SBA 是在控制面采用应用程序接口(application programming interface,API)能力开放形式进行信令的传输,在传统的信令流程中,很多消息在不同的流程中都会出现,将相同或相似的消息提取出来以 API 能力调用的形式封装起来,供其他网元进行访问,服务化架构将摒弃隧道建立的模式,倾向于采用 HTTP 协议完成信令交互。

5G 网络架构借鉴信息技术(information technology,IT)系统服务化和微服务化架构的成功经验,通过模块化实现网络功能间的解耦和整合,解耦后的网络功能可独立扩容、独立演进、按需部署;控制面所有 NF 之间的交互采用服务化接口,同一种服务可以被多种 NF 调用,降低 NF 之间接口定义的耦合度,最终实现整网功能的按需定制,灵活支持不同的业务场景和需求[32]。下面介绍 5G 核心网的网元,如表 2-7 所示。

表 2-7 5G 核心网网元介绍

5G 网络功能	中文名称	类似 4G EPC 网元
AMF	接入和移动性管理	MME 中 NAS 接入控制功能
SMF	会话管理	MME、SGW-C、PGW-C 的会话管理功能
UPF	用户平面功能	SGW-U+PGW-U 用户平面功能
PCF	策略控制功能	策略和计费控制单元
NEF	网络能力开放	SCEF

5G 网络功能	中文名称	类似 4G EPC 网元
NRF	网络注册功能	5G 新增，类似增强 DNS 功能
UDM	统一数据管理	HSS、订阅配置文件存储库等
AUSF	认证服务器功能	HSS 中鉴权功能
NSSF	网络切片选择功能	5G 新增，用于网络切片选择

(1)接入和移动管理功能(access and mobility management function，AMF)是接入和移动性管理功能实体，AMF 可以类比于 4G 的移动性管理实体(mobility management entity，MME)。AMF 的主要功能有：无线接入网络(radio access network，RAN)信令接口(N2)的终结点，访问控制信令(non-access stratum，NAS)(N1)信令(MM 消息)的终结点；负责 NAS 消息的加密和完整性保护，负责注册、接入、移动性管理、鉴权、短信等功能；此外在和 EPS 网络交互时还负责 EPS 承载 Id 的分配。

(2)会话管理功能(session management function，SMF)是会话管理功能实体。SMF 的主要功能有：会话的建立、修改、释放，包括用户面管理功能(user plane function，UPF)和访问网络(access network，AN)节点之间的隧道维护；用户设备(user equipment，UE)IP 地址的分配与管理；动态主机配置协议(dynamic host configuration protocol，DHCP)v4 和 DHCPv6 功能；地址解析协议(address resolution protocol，ARP)代理或 IPv6 邻居请求代理；为一个会话选择和控制 UPF；计费数据的收集以及支持计费接口；决定一个会话的会话和服务连续性(session and service continuity，SSC)模式；下行数据指示等。

(3)UPF 是用户面功能实体，其类似于 4G 下的网关。最主要的功能是负责数据包的路由转发、QoS 流映射；用于无线接入技术(radio access technology，RAT)内/RAT 间移动性的锚点；外部协议数据单元(protocol data unit，PDU)与数据网络互连的会话点；分组路由和转发；用户平面部分策略规则实施(如门控、重定向、流量转向)；合法拦截(用户平面收集)；流量使用报告；用户平面的 QoS 处理(例如，上行链路/下行链路(up link/down link，UL/DL)速率实施，DL 中的反射 QoS 标记)；上行链路流量验证(服务数据流(service data flow，SDF)到 QoS 流量映射)；上行链路和下行链路中的传输级分组标记；下行数据包缓冲和下行数据通知触发；将一个或多个"结束标记"发送和转发到源 NG-RAN 节点。注意：并非所有 UPF 功能都需要在网络切片的用户平面功能的实例中得到支持。

(4)策略控制功能(policy control function，PCF)为策略控制功能实体。PCF 的主要功能包括：支持统一的策略框架并管理网络行为；向网络实体提供策略规则；访问统一数据仓库(unified data repository，UDR)的订阅信息，PCF 只能访问和其相同公共陆地移动网络(public land mobile network，PLMN)的网络监测和响应机制(network detection and response，NDR)。

(5)网络业务呈现功能(network exposure function，NEF)是网络呈现功能实体。NEF 的主要功能有：3GPP 的网元都是通过 NEF 将其能力呈现给其他网元的；NEF 将相关信息存储到 NDR 中、也可以从 NDR 获取相关的信息，NEF 只能访问和其相同 PLMN 的 NDR；NEF 提供相应的安全保障来保证外部应用到 3GPP 网络的安全；3GPP 内部和外部相关信息的转换，尤其是网络和用户敏感信息一定要对外部网元隐藏。

(6)贮存功能(NF repository function，NRF)是网络贮存功能实体。NRF 的主要功能有：支持业务发现功能，也就是接收网元发过来的 NF-Discovery-Request，然后提供发现的网元信息给请求方；维护可用网元实例的特征和其支持的业务能力；一个网元的特征参数主要有：网元实例 ID、网元类型、PLMN、网络分片的相关 ID(如单个网络切片选择辅助信息(single network slice selection assistance information，S-NSSAI)、网络切片实例标识符(network slice instance identifier，NSI ID))、网元的 IP 或者域名、网元的能力信息、支持的业务能力名字等。

(7)统一数据管理(unified data manager，UDM)的主要功能有：产生 3GPP 鉴权证书/鉴权参数；存储和管理 5G 系统的订阅永久标识符(subscription permanent identifier，SUPI)；订阅信息管理；MT-SMS 递交；短信服务(short message service，SMS)管理；用户的服务网元注册管理(如当前为终端提供业务的 AMF、SMF 等)。

(8)鉴权服务器功能(authentication server function，AUSF)是鉴权服务器网元；支持 3GPP 接入的鉴权和未授权的非 3GPP 接入的鉴权。

(9)网络切片选择功能(network slicing selection function，NSSF)，负责处理网络切片选择请求。网络切片是 5G 核心网的一个特性，允许不同用户或不同业务流的需求得到满足。NSSF 通过选择合适的网络切片来响应用户的网络切片选择请求。

将 5G 核心网与 4G 核心网 EPC 进行比较，可以看出 5G 相比 4G 在基本功能如认证、移动性管理、连接、路由等方面不变，但是方式和技术手段发生了变化，更加灵活[33]。主要体现在：AMF 和 SMF 分离，AMF 和 SMF 的部署可层级分开；承载与控制分离，UPF 和 SMF 的部署层级也可以分开；AMF 和 UPF 根据业务需求、信令和话务流量以及传输资源灵活部署；采用服务化架构设计，网元功能进行了模块化解耦，接口进行了简化。总体上看，5C 核心网的组网更加灵活，但部署灵活性也对传输，以及网络规划、网络运营管理等能力提出更高的要求。

5G 核心网架构为用户提供数据连接和数据业务服务，基于 NFV 和 SDN 等新技术，其控制面网元之间使用服务化的接口进行交互。5G 核心网系统架构主要特征如下。

①承载和控制分离：承载和控制可独立扩展和演进，可集中式或分布式灵活部署。

②模块化功能设计：可以灵活和高效地进行网络切片。

③网元交互流程服务化：按需调用，并且服务可以重复使用。

④每个网元可以与其他网元直接交互，也可通过中间网元辅助进行控制面的消息路由。

⑤无线接入和核心网之间弱关联：5G 核心网是与接入无关并起到收敛作用的架构，3GPP 和非 3GPP 均通过通用的接口接入 5G 核心网。

⑥支持统一的鉴权框架。

⑦支持无状态的网络功能，即计算资源与存储资源解耦部署。

⑧基于流的 QoS：简化了 QoS 架构，提升了网络处理能力。

⑨支持本地集中部署业务的大量并发接入，用户面功能可部署在靠近接入网络的位置，以支持低时延业务、本地业务网络接入。

2.2.3　工业 5G 承载网架构

我们前面介绍了 5G 三类典型的应用场景：eMBB、mMTC、uRLLC，分别用来描述爆炸性的移动数据流量增长、万物互联的超大规模连接，以及自动驾驶、工业自动化等场景[34]。5G 要想在各垂直行业大放异彩，不仅对无线网、核心网的架构变革、业务特性提升提出了要求，而且对现有基础承载网络提出了新的更严格的要求。承载网的现有技术指标、网络架构及功能都无法完全满足 5G 三大应用场景[35]。5G 承载网的技术发展和组网演进面临着以下挑战。

(1) 超高清视频、VR/AR、高速移动上网等大流量移动宽带应用，需要大幅增强移动端到端带宽，单用户无线接入带宽需要达到固网宽带的量级，接入速率增长上百倍，承载网的发展面临着大带宽需求的挑战。

(2) 以传感器数据采集为目标的物联网应用场景，具有小数据包、海量连接、更多基站间协作等特点，连接数将从亿级向千亿级跳跃式增长，承载网的发展面临着多连接通道、高精度时钟同步、低成本、低功耗、易部署及运维等要求的挑战。

(3) 面向自动驾驶、工业自动化、远程医疗等垂直行业应用，要求 5G 网络具备超低时延和高可靠等处理能力。当前承载网的网络架构在时延保证方面存在不足，承载网技术需要在网络切片、灵活组网、低时延网络等方向有所突破，这就给承载网的芯片、硬件、软件、解决方案的发展带来很大的挑战[35]。

5G 无线基站的密度更大，为了应对 5G 基站之间的协同和移动性切换问题，4G RAN 侧的 BBU 与 RRU 功能在 5G RAN 侧重新切分为 AAU、DU 和 CU 三个部分。CU 主要包括非实时的无线高层协议栈功能，同时也支持部分核心网功能下沉和边缘应用业务的部署。时延不敏感处理部分放到 CU，这样 CU 可以放到适当高的网络位置，提升基站之间协同的能力和资源共享。DU 主要处理物理层功能和有实时性需求的二层功能，对时延处理要求严格的功能放到 DU，DU 需要尽量靠近 AAU；AAU 是射频部分和天线的结合体，考虑节省 AAU 与 DU 之间的传输资源，部分物理层功能也可移至 AAU 实现。

　　4G 网络中，RRU 和云 BBU 之间的承载网称为前传，云 BBU 和 EPC 之间是回传。5G 接入网的 AAU、DU 和 CU 之间，需要 5G 承载网负责连接，除了前传和回传之外，承载网增加了 DU 和 CU 之间的中传，俗称 5G 承载网的三"传"，如图 2-13 所示。AAU 和 DU 之间是前传，要求低时延组网，时延需求小于 100μs，甚至 50μs。5G 时代在大带宽、多流、大规模 MIMO 等技术发展的驱动下，对前传接口的传输带宽要求太高，如果使用 CPRI 接口，在低频 100M/64T64R 配置下，需要 100Gbit/s 以上的带宽，这种前传带宽需求显然是无法接受的。为了降低带宽需求，使用 eCPRI(5G AAU 与 DU/CU 间接口)标准对前传接口重新定义，带宽需求可降低到 25G 接口，支持以太封装、分组承载和统计复用。

图 2-13　5G 承载网的三"传"

　　从整体上来看，除了前传之外，承载网主要由城域网和骨干网共同组成。而城域网又分为接入层、汇聚层和核心层。所有接入网过来的数据，最终通过逐层汇聚，到达顶层骨干网，如图 2-14 所示。

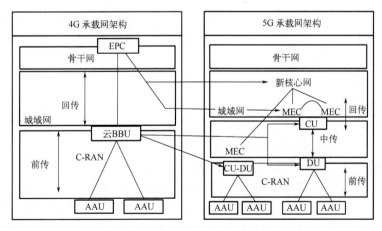

图 2-14　4G 到 5G 承载网架构的变化

　　在图 2-14 中，4G 核心网演变为 5G 核心网，并引入了 MEC 架构。MEC 与

CU 结合，并向基站靠近部署，这就是所谓的"下沉"（离基站更近）。

由于需求多样化，网络架构需要具备多样化特性；为了实现这种多样性，网络切片技术应运而生。网络切片要求网元具备灵活的部署能力，而网元的灵活部署则意味着它们之间的连接也需要具备灵活调整的能力。

在 5G 网络中，之所以要功能划分、网元下沉的根本原因，就是为了满足不同场景的需要。前面在讨论接入网时，我们提到了前传和回传的概念，这实际上是承载网的组成部分。因为承载网的作用就是把网元的数据传到另外一个网元上[36]。

(1) 前传（AAU↔DU）。

第一种，光纤直连方式。每个 AAU 与 DU 全部采用光纤点到点直连组网[37]。实现起来很简单，但最大的问题是光纤资源占用很多。随着 5G 基站、载频数量的急剧增加，对光纤的使用量也是激增。所以，光纤资源比较丰富的区域，可以采用此方案。

第二种，无源波分复用（wavelength division multiplexing，WDM）方式。将彩光模块安装到 AAU 和 DU 上，通过无源设备完成 WDM 功能，利用一对或者一根光纤提供多个 AAU 到 DU 的连接。采用无源 WDM 方式，虽然节约了光纤资源，但是也存在着运维困难、不易管理、故障定位较难等问题。

第三种，有源 WDM/光传送网（optical transport network，OTN）方式。在 AAU 站点和 DU 机房中配置相应的 WDM/OTN 设备，多个前传信号通过 WDM 技术共享光纤资源。这种方案相比无源 WDM 方案，组网更加灵活（支持点对点和组环网），同时光纤资源消耗并没有增加。

(2) 中传（DU↔CU）和回传（CU 以上）。

第一种，分组增强型 OTN+无线接入网 IP 化（IP radio access network，IPRAN）。利用分组增强型 OTN 设备组建中传网络，回传部分继续使用现有 IPRAN 架构。

第二种，端到端分组增强型 OTN。中传与回传网络全部使用分组增强型 OTN 设备进行组网。

2.2.4　工业 5G 典型组网架构

工业 5G 组网根据工厂实际连接需求接入设备类型，实际应用有所区别，图 2-15 展示了工业 5G 典型逻辑组网架构。

具体来看，工业 5G 典型组网架构由以下几部分组成。

①工厂接入设备：需通过 5G 无线连接的工厂设备，根据不同的应用场景需求，包括各类工业传感器、服务器、控制器 PLC、分布式 I/O、人机接口（human machine interface，HMI）设备、工业摄像头等[38]。

②5G 终端：用于将各种类型工业设备接入至 5G 网络，并支持 3GPP 定义

的终端功能,与 5G 网络进行通信。5G 终端根据需求场景不同存在多种部署形态,包括 5G 工业路由器、5G 客户终端设备(customer premise equipment,CPE)等。也可能根据需求,集成部分工业应用,比如数据采集等[39]。

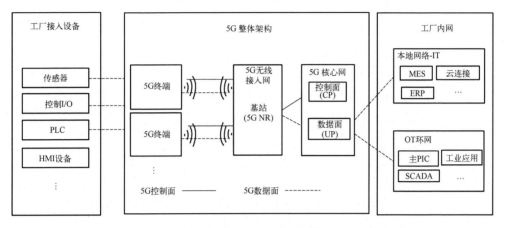

图 2-15　工业 5G 组网架构

③5G 无线接入网:主要负责与 5G 终端的无线连接、物理层信号处理、无线资源管理等。

④5G 核心网:负责 5G 核心控制以及用户数据路由,主要由控制面与用户数据面组成。制面基于服务化架构,负责 5G 用户开通、鉴权、计费、移动性管理、会话管理、QoS 策略管理、切片等功能;用户数据面主要指 UPF 网元,负责用户数据路由、流量上报、QoS 策略执行等功能。

⑤工厂内网:包括工厂内 OT 环网及 IT 网络,以及连接到内网的各种工厂设备及 IT/OT 应用。5G 作为统一无线接入传输介质,将需要 5G 无线接入的工业设备,通过二层或三层连接,接入到工厂内网。

2.3　小　　结

本章主要讲述了工业网络架构及基础,包括工业 5G 业务需求与性能目标和工业 5G 网络系统架构。工业 5G 业务需求与性能目标为我们刻画了工业应用中对 5G 网络有哪些需求以及每种需求所需要的具体指标。工业 5G 网络系统架构从工业 5G 无线网、工业 5G 核心网、工业 5G 承载网三个方面进行详细分解,为我们展示了工业 5G 网络的组网方案,并进一步讲解了其运行与部署过程。这些内容是工业 5G 网络的基础内容,是了解工业 5G 网络的入门内容,通过学习本章的内容可以对工业 5G 网络有一个基础的认识。

第 3 章　工业 5G 网络关键技术

本章介绍了 5G 关键技术,如软件定义网络、网络功能虚拟化、5G 局域网(local area network,LAN)技术、网络切片技术和边缘计算技术,这些关键技术旨在全面满足 5G 网络在高速率数据传输、超低延迟响应以及大规模连接等核心性能指标上的严苛要求,同时灵活适应并优化多种复杂场景下的应用需求。

3.1　大规模 MIMO 及 5G 波束

本节主要介绍 MIMO 技术和 5G 波束的概述。具体包括 MIMO 技术的概述、原理、特点和应用场景。然后,讨论 5G 波束技术,探讨其工作原理以及对无线通信的影响。

3.1.1　MIMO 技术

多输入多输出技术,也可以称为多发多收天线(multiple transmit multiple receive antenna,MTMRA)技术,如图 3-1 所示,在发射端和接收端分别使用多个发射天线和接收天线,并能够区分发送或来自不同空间方位的信号,还可以在不增加带宽与发射功率的前提下,提高系统容量、覆盖范围和信噪比,改善无线信号的传送质量,它与传统信号处理方式的不同之处在于其同时从时间和空间两个方面研究信号处理的问题[40]。

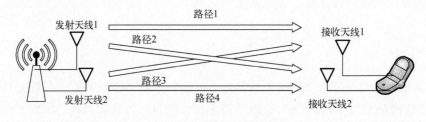

图 3-1　MIMO 示意图

在如今智能化设备日益增长的大环境下,MIMO 技术在其中的应用可谓相当关键[41]。我们可根据不同条件、不同的无线环境采用不同的工作模式,协议中定义了以下七种 MIMO 的工作模式。

①单天线工作模式：也就是我们熟知的单输入单输出 (single-input single-output, SISO) 系统，使用单个天线发射信号和单个天线接收信号。

②开环发射分集：利用复数共轭的数学方法，在多个天线上形成了彼此正交的空间信道，发送相同的数据流，提高传输可靠性。

③开环空间复用：在不同的天线上人为制造"多径效应"，一个天线正常发射，其他天线引入相位偏移环节。多个天线的发射关系构成复矩阵，并行地发射不同的数据流。这个复矩阵在发射端随机选择，不依赖接收端的反馈结果，就是开环空间复用。

④闭环空间复用：发射端在并行发射多个数据流的时候，根据反馈的信道估计结果，选择制造"多径效应"的复矩阵，就是闭环空间复用。

⑤多用户 (multi-user, MU)-MIMO：允许发射端同时向多个用户传输数据。

⑥闭环 RANK=1 预编码：也就是空间分集技术，作为闭环空间复用的一个特例，只传输一个数据流，即空间信道的秩=1。这种工作模式起到的是提高传输可靠性的作用，实际上是一种发射分集的方式。

⑦波束成型：波束成型又称为智能天线，通过对多个天线输出信号的相关性进行相位加权，使信号在某个方向形成同相叠加，在其他方向形成相位抵消，从而实现信号的增益。

MIMO 技术优势：①信道容量提升，MIMO 系统可以在高信噪比条件下提高信道容量，并且能够在开环，即发射端无法获得信道信息的条件下使用，还可以在不增加带宽和天线发射功率的条件下提升信息传输速率，从而极大地提高了频谱利用率；②信道可靠性加强，利用 MIMO 信道提供的空间复用技术可以极大地增强系统的稳定性，同时也可以增加传输速率[42]。

3.1.2　波束赋形

波束赋形的关键在于天线单元相位的管控，也就是天线权值的处理。根据波束赋形处理位置和方式的不同，可分为模拟波束赋形、数字波束赋形，以及混合波束赋形这三种[43]。

模拟波束赋形，原理如图 3-2 所示，通过处理射频信号权值，并利用移相器来完成天线相位的调整，处理的位置相对靠后。模拟波束赋形的流程如图 3-3 所示。

模拟波束赋形的特点是基带处理的通道数量远小于天线单元的数量，因此容量上受到限制，并且天线的赋形完全是靠硬件搭建的，还会受到器件精度的影响，使性能受到一定的制约。

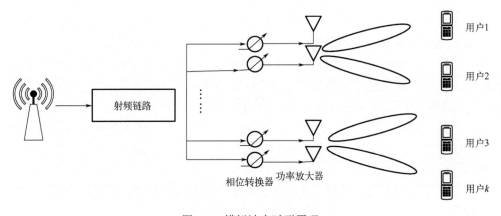

图 3-2　模拟波束赋形原理

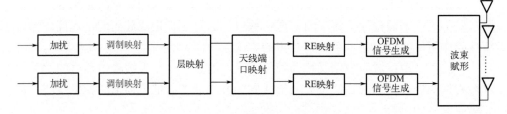

图 3-3　模拟波束赋形流程

　　数字波束赋形原理如图 3-4 所示，在基带模块的时候就进行了天线权值的处理，基带处理的通道数和天线单元的数量相等，因此需要为每路数据配置一套射频链路。

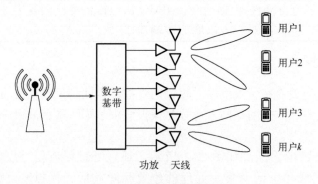

图 3-4　数字波束赋形原理

　　数字波束赋形的优点是赋形精度高，实现灵活，天线权值变换响应及时；缺点是基带处理能力要求高，系统复杂，设备体积大，成本较高。Sub6G 频段，作为当前 5G 容量的主力军，载波带宽可达 100MHz，一般采用数字波束赋形，通过 64 通道发射来实现小区内时频资源的多用户复用，下行最大可同时发射 24 路独立信号，上行独立接收 12 路数据，扛起了 5G 超高速率的大旗，完整数字波束赋形流程如图 3-5 所示。

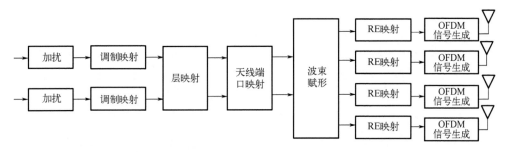

图 3-5　数字波束赋形流程

在毫米波频段，由于频谱资源非常充沛，一个 5G 载波的带宽可达 400MHz，如果单个 AAU 支持两个载波的话，带宽就达到了 800MHz，如果还要像 Sub6G 频段的设备一样支持数字波束赋形的话，对基带处理能力要求太高，并且射频部分功放的数量也要数倍增加，实现成本过高，功耗更是过大。因此，业界将数字波束赋形和模拟波束赋形结合起来，使在模拟端可调幅调相的波束赋形，结合基带的数字波束赋形，称之为混合波束赋形。混合波束赋形融合了数字和模拟两者的优点，其流程如图 3-6 所示，基带处理的通道数目明显小于模拟天线单元的数量，复杂度大幅下降，成本降低，系统性能接近全数字波束赋形，非常适用于高频系统。

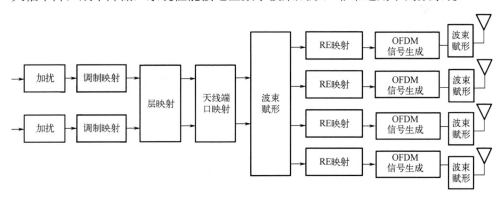

图 3-6　混合波束赋形流程

毫米波频段的设备基带处理的通道数较少，一般为 4T4R，但天线单元众多，可达 512 个，其容量的主要来源是超大带宽和波束赋形。在波束赋形和大规模 MIMO 的加成之下，5G 在 Sub6G 频谱下单载波最多可达 7Gbps 的小区峰值速率，在毫米波频谱下单载波也最多达到了约 4.8Gbps 的小区峰值速率。

3.2　编　码　技　术

信道编码过程包括添加循环冗余校验码(cyclic redundancy check，CRC)、码块分割(code block segmentation，CBS)、纠错编码(forward error correcting coding，FECC)、速率适配(rate matching，RM)、码块连接(code block concatenation，CBC)、数据交织、数据加扰等组成部分。纠错编码是通过尽可能小的冗余开销确保接收端能自动地纠正数据传输中所发生的差错[44]。在同样的误码率下，所需要的开销越小，编码的效率也就越高。

3.2.1　Turbo 码

为了达到香农公式所定义的信道容量的极限，各种信道编码技术成为研究的热点。其中，Turbo 码的性能优异，可以非常逼近香农理论的极限，在 3G 和 4G 中广泛使用。Turbo 码编码器和解码器的基本原理分别如图 3-7 和图 3-8 所示。其编码器的结构包括两个并联的相同的递归系统卷积码编码器(recursive systematic convolutional code，RSCC)，二者之间用一个内部交织器分隔。编码器 1 直接对信源的信息序列分组进行编码，编码器 2 为经过交织器交织后的信息序列分组进行编码。信息位一路直接进入复用器，另一路经两个编码器后得到两个信息冗余序列，再经恰当组合，在信息位后通过信道。

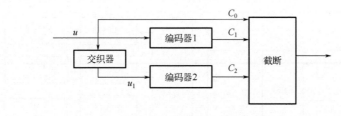

图 3-7　编码器基本原理

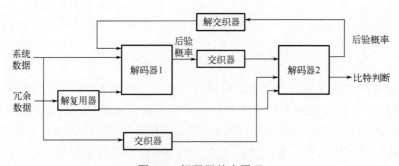

图 3-8　解码器基本原理

3.2.2　LDPC 码

低密度奇偶校准(low-density parity-check，LDPC)码是一种具有稀疏校验矩阵的线性分组纠错码，其特点是它的奇偶校验矩阵(**H** 矩阵)具有低密度。由于它的 **H** 矩阵具有稀疏性，因此产生了较大的最小距离，同时也降低了解码的复杂性。该码的性能同样可以非常逼近香农极限，已有研究结果表明，实验中已找到的最好 LDPC 码的性能距香农理论极限仅相差 0.0045dB。

与 Turbo 码相比，LDPC 码的优势如下。

①LDPC 码的解码可以采用基于稀疏矩阵的低复杂度并行迭代解码算法，运算量要低于 Turbo 码解码算法，并且由于结构并行的特点，在硬件实现上比较容易，解码时延小。因此更适合于高速率和大文件包的情况。

②LDPC 码的码率可以任意构造，有更大的灵活性。

③LDPC 码具有更低的错误平层，可以应用于有线通信、深空通信以及磁盘存储业等对误码率要求非常高的场合。

目前，LDPC 码已应用于 802.11n、802.16e、DVB-S2 等通信系统中。在 3GPP R15 的讨论过程中，全球多家公司在统一的比较准则下达成共识，将 LDPC 码确定为 5G eMBB 场景数据信道的编码方案。

3.2.3　Polar 码

它是基于信道极化理论提出的一种线性分组码，是针对二元对称信道(binary symmetric channel，BSC)的严格构造码。理论上，它在较低的解码复杂度下能够达到理想信道容量且无误码平层，而且码长越大，其优势就越明显。Polar 码是目前为止唯一能够达到香农极限的编码方法。

Polar 码工作原理：包括信道组合、信道分解和信道极化三部分，其中，信道组合和信道极化在编码时完成，信道分解在解码时完成。Polar 编码理论的核心是信道极化理论。其原理过程如图 3-9 所示，它的编码是通过以反复迭代的方式对信道进行线性的极化转换来实现的。

Polar 选择那部分趋于完全无噪声比特信道发送信源输出的信息比特，而在容量为 0 全噪声比特信道上发送冻结比特。通过这种编码构造方式，保证了信息集中在较好的比特信道中传输，从而降低了信息在信道传输过程中出现错误的可能性，保证了信息传输的正确性。Polar 码就是以此种方式实现编码的。当编码长度 N 趋向无穷大时，Polar 码可以逼近理论信道容量，其编解码的复杂度正比于 $N \log N$。

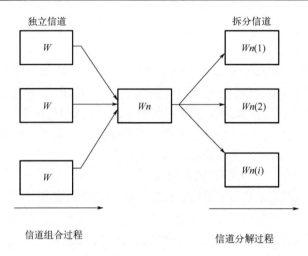

图 3-9　Polar 码基本原理

Polar 码的优势如下。

①相比 Turbo 码具有更高的增益，在相同误码率的前提下，实测 Polar 码对信噪比的要求要比 Turbo 码低 0.5~1.2dB。

②Polar 码没有误码平层，可靠性比 Turbo 码高，对于未来 5G uRLLC 等应用场景（如远程医疗、自动驾驶、工业控制和无人驾驶等）能真正实现高可靠性。

③Polar 码的编解码复杂度较低，通过采用基于连续取消（successive cancellation，SC）或连续取消列表（successive cancellation list，SCL）的解码方案，以较低的解码复杂度为代价，获得接近最大似然解码的性能。

Polar 码的劣势如下。

①它的最小汉明距离较小，可能在一定程度上影响解码性能。

②SC 译码的时延较长，采用并行解码的方法则可以缓解此问题。

在 5G NR 中，信道编码的操作对象主要是传输信道和控制信息的数据块。3GPP 在 R15 中定义的各个传输信道和控制信息所采用的信道编码详细情况见表 3-1 和表 3-2。

5G NR 对数据信道采用的是准循环（Quasi-cyclic）LDPC 码，并且为了在混合式自动重传请求（hybrid automatic retransmit request，HARQ）协议中使用而采用了速率匹配的结构。控制信息部分在有效载荷大于 11bit 时采用了 Polar 码。当有效载荷小于等于 11bit 时，信道编码采用的是 Reed-Muller 码。

表 3-1　传输信道编码方式

传输信道	编码方式
上行共享信道(uplink shared channel， UL-SCH)	LDPC 码
下行共享信道(downlink shared channel， DL-SCH)	LDPC 码
寻呼信道(paging channel，PCH)	LDPC 码
广播信道(broadcast channel， BCH)	Polar 码

表 3-2　控制信道编码方式

控制信息	编码方式
下行链路控制信息(downlink control information，DCI)	Polar 码
上行链路控制信息(uplink control information，UCI)	Block 码/Polar 码

(1)传输信道编码。

①添加 CRC 是通过在数据块后增加 CRC 校验码使得接收端能够检测出接收的数据是否有错。CRC 校验码块的大小取决于传输数据块的大小，对于大于3824bit 的传输数据块，校验码采用了 24-bit CRC；对于小于等于3824bit 的传输数据块，采用的则是 16-bit CRC。在接收端，通过判断所接收数据是否有误，再通过 HARQ 协议决定是否要求发送端重发数据。

②码块分割是把超过一定大小的传输数据块切割成若干较小的数据块，分开进行后续的纠错编码，分割后的数据块会分别计算并添加额外的 CRC 校验码。

③信道编码采用了 Quasi-cyclic LDPC 码。

④速率匹配的目的是把经过信道编码的比特数量通过调整，适配到对应的所分配的物理下行共享信道(physical downlink shared channel，PDSCH)或物理上行共享信道(physical uplink shared channel，PUSCH)资源上。

⑤速率匹配输出的码块按顺序级联后即可进行调制进而经由发射机发送。完整过程如图 3-10 所示。

图 3-10　传输信道的整个信道编码过程

(2)控制信道编码。

上下行控制信道都采用了 Polar 码。上行首先对待传输的控制信息进行码块分割和添加码块 CRC 校验码。信道纠错编码采用了 Polar 码。速率匹配则把经过信道编码的数据从速率上匹配到所分配到的物理信道资源上。码块级联则把数据块按顺序连接起来，然后通过调制发送。UCI 信道编码过程如图 3-11 所示。

图 3-11　UCI 信道编码过程

下行首先对待传输的控制信息添加 CRC 校验码。随后经过加扰，加扰序列采用的是终端无线网络临时识别号(radio network temporary identity，RNTI)，这样做的目的是使得接收侧(终端)可以通过 CRC 校验码和加扰序列同时得知数据的正确性以及本终端是不是该信息的正确接收方，从而减少了需要通过物理下行控制信道(physical downlink control channel，PDCCH)发送的比特数。信道纠错编码采用了 Polar 码。速率匹配则把经过信道编码的数据从速率上匹配到所分配到的物理信道资源上，后续数据块即可按顺序进行正交相移键控(quadrature phase shift keying，QPSK)调制进而由发射机发送。DCI 信道编码过程如图 3-12 所示。

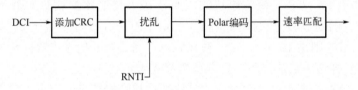

图 3-12　DCI 信道编码过程

3.3　SDN+NFV

在本节中，我们将首先介绍 SDN 技术的概述，包括其原理、特点和应用场景。随后，我们将对 NFV 技术进行概述，探讨其工作原理以及对网络架构的影响。最后，我们将重点讨论 SDN 和 NFV 技术在 5G 网络中的应用，它们如何提升网络灵活性、降低成本并支持新的 5G 服务。

3.3.1　SDN 技术概述

互联网的广泛普及正在不断改变着人们的生产、生活和学习方式，并已发展成为支撑现代社会发展以及进步的重要基础设施之一。传统的互联网是由终端、服务器交换机、路由器以及其他设备组成的，这些设备使用着封闭、专有的内部接口，运行着大量的分布式协议。然而，传统的互联网在成为一个复杂巨系统的同时，其网络架构和服务也越来越无法满足当今用户、企业和服务供应商的需求。

在这种网络环境下，网络创新十分困难，研究人员不能部署和验证他们的新想法；网络运营商难以针对其需求定制并优化网络；网络运营商也无法及时地创新以满足用户的需求。

SDN 是从 OpenFlow 发展而来的一种新型的网络架构，这种技术的初衷是期望研究人员能够在校园网上进行新型协议的部署实验，并由此诞生了 OpenFlow 协议[45]。随后，该概念被逐渐扩展成为软件定义网络，其核心理念是使网络软件化，使网络能力充分开放，从而使网络能够像软件一样便捷、灵活，提高网络的创新能力。

SDN 是一种将网络控制功能与转发功能分离、实现控制可编程的新兴网络架构。这种架构将控制层从网络设备转移到外部计算设备，使得底层的基础设施对于应用和网络服务而言是透明的、抽象的，网络可被视为一个逻辑的或虚拟的实体。

SDN 采用了集中式的控制平面和分布式的转发平面，两个平面相互分离，控制平面利用控制—转发通信接口对转发平面上的网络设备进行集中式控制，并提供灵活的可编程能力，具备以上特点的网络架构都可以被认为是一种广义的 SDN。SDN 的基本架构如图 3-13 所示。

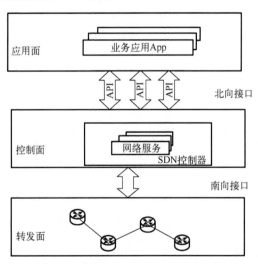

图 3-13　SDN 的基本架构

应用面：这一层主要是体现用户意图的各种上层应用程序，实现了对应的网络功能应用。这些应用程序通过调用 SDN 控制器的北向接口，实现对网络数据平面设备的配置、管理和控制。

控制面：控制层是系统的控制中心，主要由 SDN 控制器来实现网络的内部交换路径和边界业务路由的生成,并负责处理网络状态变化事件。控制器不仅要通过北向接口给上层网络应用提供不同层次的可编程能力,还要通过南向接口对SDN 数据平面进行统一配置、管理和控制。

转发面:包括基于软件实现的和基于硬件实现的数据平面设备。数据平面设备通过南向接口接收来自控制器的指令,并按照这些指令完成特定的网络数据处理。同时,SDN 数据平面设备也可以通过南向接口给控制器反馈网络配置和运行时的状态信息。

北向接口:SDN 北向接口是通过控制器向上层业务应用开放的接口,其目标是使得业务应用能够便利地调用底层的网络资源和能力。通过北向接口,网络业务的开发者能以软件编程的形式调用各种网络资源;同时上层的网络资源管理系统可以通过控制器的北向接口全局把控整个网络的资源状态,并对资源进行统一调度。

南向接口:南向接口是 SDN 控制器与数据平面之间的开放接口,SDN 控制器通过南向接口对数据平面进行编程控制,实现数据平面的转发等网络行为。OpenFlow 是一种网络通信协议,应用于 SDN 架构中控制器和转发器之间的通信。SDN 的一个核心思想就是"转发、控制、分离",要实现转、控分离,就需要在控制器与转发器之间建立一个通信接口标准,允许控制器直接访问和控制转发器的转发平面,OpenFlow 引入了"流表"的概念,转发器通过流表来指导数据包的转发。控制器正是通过 OpenFlow 提供的接口在转发器上部署相应的流表,从而实现对转发平面的控制。

SDN 的主要特征包括以下三个。

(1)控制与转发分离:此处的分离是指控制平面与数据平面的解耦合。控制平面和数据平面之间不再相互依赖,两者可以独立完成体系结构的演进,双方只需要遵循统一的开放接口进行通信即可。控制平面与数据平面的分离是SDN 架构区别于传统网络体系结构的重要标志,是网络获得更多可编程能力的架构基础。

(2)集中控制:SDN 实现了逻辑上的集中控制,主要是指对分布式网络状态的集中统一管理。在 SDN 架构中,控制器会担负起收集和管理所有网络状态信息的重任。逻辑集中控制为软件编程定义网络功能提供了架构基础,也为网络自动化管理提供了可能。

(3)网络可编程性:SDN 建立了新的网络抽象模型,为用户提供了一套完整的通用 API,使用户可以在控制器上编程实现对网络的配置、控制和管理,从而加快网络业务部署的进程。

3.3.2　NFV 技术概述

NFV 技术的基础就是目前应用很广的云计算和虚拟化技术。

NFV 并不是简单地在设备中增加虚拟机，其中重要特征在于引入虚拟化层之后，虚拟网络功能(virtual network functions，VNF)与硬件完全解耦，改变了电信领域软件、硬件紧绑定的设备提供模式[46]。虚拟机对上层应用屏蔽硬件的差异，VNF 可以部署在虚拟机上，进而运行运营商对电信系统的硬件资源实行统一管理和调度，能够大幅提升电信网络的灵活性、缩短业务的部署和推出时间、提升资源的使用效率。同时，网络功能虚拟化之后，电信设备演进为 VNF，这些网元的开发和实现将不再依赖于特定的硬件平台，可以降低电信设备的开发门槛，还能促进电信设备制造产业链的开放，加速新业务的推出。

NFV 架构中包括硬件资源、虚拟资源、虚拟网络功能、运营支持系统/商业支持系统(operation support system /business support system，OSS/BSS)、虚拟化基础设施管理器(virtualized infrastructure manager，VIM)、VNF 管理器(virtual network functions manager，VNFM)、NFV 调度器(network functions virtualization orchestration，NFVO)。

按照 NFV 设计，从纵向看网络分为三层：基础设施层、虚拟网络层和运营支撑层。

(1)基础设施层 NFVI。NFVI 是 NFV infrastructure 的简称，从云计算的角度来看，就是一个资源池。

(2)虚拟网络层。虚拟网络层对应的就是目前各个电信业务网络，每个物理网元映射为一个 VNF，VNF 所需资源需要分解为虚拟的计算/存储/交换资源，由 NFVI 来承载，VNF 之间的接口依然采用传统网络定义的信令接口，VNF 的业务网管依然采用网络单元(network element，NE)-网元管理系统(element management system，EMS)-网络管理系统(network management system，NMS)体制。

(3)运营支撑层。运营支撑层就是目前的 OSS/BSS 系统，需要对虚拟化进行必要的修改和调整。

NFV 网络从横向看，分为业务网络域和管理编排域。

(1)业务网络域。就是目前的各电信业务网络。

(2)管理编排域。NFV 与传统网络的最大区别就是增加了一个管理编排域(management and orchestration，MANO)，MANO 负责对整个 NFVI 资源的管理和编排、业务网络和 NFVI 资源的映射和关联、OSS 业务资源流程的实施等。

3.3.3　SDN 和 NFV 技术在 5G 中的应用

当今，SDN 和 NFV 技术已经被广泛应用到 5G 网络中，并在其网络架构的构建中发挥了显著的优势。就目前来看，以 SDN 和 NFV 为基础的 5G 网络架构主要包括五个层次：一是应用层，其主要功能是对网络实施一系列的管理，包括移动管理、用户管理、策略管理以及自组织网络 (self-organizing network，SON) 等；二是控制器层，其主要功能是通过控制器来实现 5G 移动通信网络的虚拟化控制，包括无线控制器以及 SDN 控制器；三是转发层，其主要功能是对 5G 网络中的数据信息进行转发；四是无线层，其主要功能是通过 5G 技术对系统中的数据进行传输；五是终端层，其主要功能是实现 5G 移动通信网络中的信息获取与展示，从而实现系统和用户之间的良好交互，主要包括智能终端、传感器、D2D、机器对机器 (machine-to-machine，M2M) 等。

传统形式的移动通信网络中的很多功能都处于无序状态，且一些功能也存在重复、冲突等问题。基于此，在 5G 网络的建设和发展中，就需要对其功能做好梳理与划分。为达到这一目标，就需要在 5G 网络架构中对 SDN 和 NFV 技术加以合理应用。在此过程中，一项关键内容就是让控制和转发之间达到良好的分离效果，并实现软件和硬件之间的科学解耦，为此，可在 SDN 控制器上将各种控制功能都集中到一起，将标准通用转发设备用作转发面，这样便可在满足转发面实际应用需求的同时进一步节约成本。借助于南向接口，可实现 SDN 控制器和转发面之间的有效连接，控制面与转发面都可以分别达到扩容升级效果，这样便可让 5G 网络架构更加灵活高效。

而通过软件和硬件之间的解耦，可以让网元设备中的各项功能划分出专有的区域，以此达到良好的虚拟化效果。在具体设置中，此项功能可通过 NFV 技术实现，通过该技术与软件的结合，可实现网元设备接口的标准化，并使其在以 x86 为基础且性能足够优越的硬件平台上良好运行。因为通用设备的造价成本十分低廉，所以通过这样的设计方式，可以让运营商的投资成本得到大幅降低。

在分解了 5G 网络架构中的各个网元功能之后，还需要对其共性进行科学提取，然后通过逻辑化的方式对其进行抽象概括与封装处理，对不同的子功能模块进行科学划分，并实现各个模块支架接口的标准化，这对于后续的功能重构非常有利。相比较移动通信网络中的原有功能而言，在分解之后，整体架构中会具有更多的功能模块，其协议与接口复杂度也可能会进一步提升。但是通过组件化、软件化以及私有化的功能模块创建，则可以让运营商相应的业务部署更加灵活、便利。

基于此，运营商需要通过 SDN 与 NFV 进行 5G 通信中的功能抽象。比如，在不同形式的接入系统中，其移动性管理依然有很多的共同特征存在，如果通过 SDN 及 NFV 技术对这些具有共同特征的网络边缘设备选择、呼唤与跟踪、合法侦听、切换管理等功能进行重组，便可让一个面向异构接入系统的移动性融合流管理功能得以实现。这对于 5G 网络架构的建设、应用及其发展都将提供极大的便利。

将 SDN 及 NFV 技术合理应用到 5G 网络架构中，对其开放接口中的各个功能子模块加以灵活组合，便可让网络中的每一个功能、每一个组件都达到相对独立的运行效果。同时也可以 5G 网络未来的性能需求以及业务创新需求为依据，对其进行快速地开发与测试，并实现网络功能的灵活部署，以此来促进 5G 网络中各项新功能的实现，如故障隔离、故障自愈、弹性伸缩、自动部署以及按需编排等。通过这样的方式，可以让 5G 网络的功能重构需求得以良好实现。

在通过 SDN 及 NFV 技术对 5G 网络进行功能重构的过程中，不应该再使其被传统的固定式、封闭式架构所束缚，而是应该将虚拟化技术作为基础，对模块化的功能组件与开放性的 API 接口加以合理应用，并以实际的业务需求作为依据进行网络架构的灵活组合。例如，可将某一类的业务、某一个用户乃至于某一种业务中的数据流需求作为依据，通过 SDN 及 NFV 技术为其提供相应的网络资源以及网络功能。在此过程中，也应该设法减少 5G 网络中的各种功能冗余情况，对于一些已经达到了生命周期的网络功能，应及时将其从 5G 网络中剔除。通过这样的方式，不仅可以实现 5G 网络中的各项功能重构，从而充分满足当今社会对于 5G 网络的实际应用需求，而且也能够使其网络资源得到最大化利用，进而节约 5G 网络功能重构的投资成本。

伴随着企业的数字化转型以及云计算和 SDN/NFV 技术的兴起和普及，越来越多的传统企业工厂设备接入工业专网，并通过互联网进行跨区域传输，同时企业上云已经成为共识，通过结合公有云与私有云，打造企业混合云成为未来一段时间内的大趋势。

传统工业企业、厂区面临着不同于以往的网络互联和网络安全挑战。传统的网络设备和网管系统使用复杂、技术要求高，不能满足工业企业对网络的便捷有效管理需求。同时为保证网络安全，需要在网关处堆叠多种不同类型的安全设备，不但组网复杂，管理维护难度大，也自然造成设备采购和运维成本高。SDN/NFV 技术可以改变这一现状。SDN/NFV 技术可以帮助传统工业企业迎接数字化转型和云计算的挑战。通过 SDN 技术，工业企业可以实现网络的集中管理和智能控制，动态调整网络流量和资源分配，实现灵活的网络配置和优化。同时，通过 NFV 技术，工业企业可以将传统的网络功能虚拟化，降低硬件依赖，提高网络功能的

灵活性和可调性，从而更好地满足工业生产过程中的需求变化。此外，SDN/NFV
技术还可以简化网络设备的部署和管理，降低企业的网络运维成本，提高网络的
安全性和可靠性。

3.4　5G LAN

在本节中，我们将首先对 5G LAN 技术进行概述，包括其定义、特点和优势。
随后，我们将探讨 5G LAN 技术在工业中的应用。

3.4.1　5G LAN 技术概述

5G 局域网是 5G 网络在工业园区等场景的应用延伸，可以跨地域移动，具有
灵活组网、内外网融合、安全管理、易于覆盖等特点，可为 LAN 内的 5G 终端提
供终端互通或终端隔离等灵活的通信服务。

从 R16 到 R18 的演进过程中，5G LAN 的功能和性能不断得到增强和完善。
从最初的 5G LAN 基本场景，到 R17 的 5G LAN 计费和 R18 的 5G LAN 组跨 SMF、
组播优化、组管理/组通信扩展等，5G LAN 的能力得到了极大提升。5G LAN 已
逐步成为工厂降本增效及工业互联未来发展的重要推力。正因为 5G 能够实现工
业场景中各种生产要素的无线无缝大连接，所以 5G 更能够赋能行业场景的数字
化升级，服务于工业互联网时代。

（1）5G 虚拟网络（virtual network，VN）组，是指一组使用 5G LAN 类型专用
通信的用户设备（user equipment，UE）的集合。为了完成 5G LAN 的通信，首先要
划分 VN 组，根据需求将规划的用户划分成同一个 VN 组，同 VN 组内的成员可
进行 5G LAN 组内的通信。单个 5G VN 组需具备如下信息：5G VN 组成员信息、
5G VN 组标识、5G VN 数据（如数据网络名称（data network name，DNN）、PDU
会话类型等）。

5G LAN 支持 DHCP 分配 IP 地址或设备固定 IP 地址，支持组内通信间二层
隔离，支持点到点、点到多点通信，支持组间隔离。

（2）流量转发模式。3GPP 依据不同的场景需求定义了如图 3-14 所示的三种流
量转发模式：UPF 本地转发、基于 N6 接口的转发和基于 N19 接口的转发。

UPF 本地转发场景下 5G VN 组成员之间采用单个 UPF 本地通信，可以实现
局域覆盖；基于 N6 接口的转发场景中 5G VN 组成员通过 N6 接口与数据网络（data
network，DN）内的设备之间转发通信；N19 接口支持跨 UPF 转发，也就是同 VN
组的两个终端能通过不同的两个 UPF 进行通信，支持跨域互联。

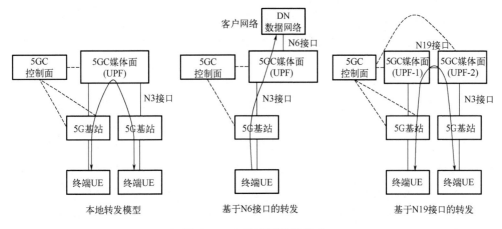

图 3-14 三种流量转发模式

（3）5G LAN 涉及的网元介绍。与垂直行业业务关联度较高的网元主要有用户面功能、会话管理功能、统一数据管理、接入和移动性管理功能。UE 接入 5G 网络建立连接后，UPF 和 SMF 负责进行业务会话转发和业务会话管理。SMF 支持向 UPF 下发包检测和转发规则。UPF 负责垂直行业的业务策略实施、路由转发、QoS 处理、流量报告等；UDM 保存用户的 VN 组签约信息，并下发给 AMF 和 SMF。

3.4.2 5G LAN 技术在工业中的应用

在满足工业控制需求方面，特别是时延方面，Wi-Fi 有固有的缺陷，5G LAN 能更好地满足工业机器人、AGV 等自动化场景的需求。5G LAN 可以提供 VN 分组，不仅满足隔离通信需求，还实现了不同 LAN 网络的 QoS 异化，即针对带宽、时延等不同的要求，方便为工业自动化控制、办公自动化、运维网络等场景提供差异化的服务能力。在安全性方面，5G LAN 更有优势，企业可以设置灵活的授权、认证机制，对不同分组进行区别化管理。Wi-Fi 网络抗干扰性、移动性和边缘能力差。目前，运营商正在以 5G 为核心，全面构建 5G、云计算、人工智能融合的新型基础设施。5G 进一步提升可靠性，降低时延，能更好地支持业务和会话连续性。

5G LAN 的覆盖能力比 Wi-Fi 更强大，且网络建设更方便快捷，可以通过宏基站加分布系统、热点微站，实现工业园区无缝覆盖。5G 网络是专业运营商组建的大网，提供通信级保障，小区间切换能力比 Wi-Fi 更强，可以给用户带来更好的网络体验和生产保障。

在 5G LAN 引入之前，工厂基本依赖"有线+Wi-Fi"的组合模式实现终端设备间可靠通信。工厂环境复杂，企业需要自己购置设备和布线，自己规划路由并派专人维护，部署成本高，设备也需要根据需求不断进行升级，从而产生大量沉没成本。5G LAN 则由运营商负责建设和维护，企业不需要自建网络。5G LAN 的即插即用能力，可以完美地融合企业现有网络。

工业控制网络为了适应数据业务实时性的要求，往往采用二层互联，避免 TCP/IP 协议栈的数据处理给业务造成时延影响。考虑到工业设备二层互通的需求，相比于移动互联网采用的常规 5G 网络，5G LAN 显然是一个更好的选择。5G LAN 支持工厂局域环境中的设备通过 5G 网络连接，进行点对点通信，同时支持广域设备连接以及业务隔离。5G LAN 技术能够满足高可靠、低时延、抗干扰和高安全性的工业场景要求，通过网络化、智能化推动产业结构升级，实现产业的数字化转型。5G LAN 的出现，让垂直行业数字化转型有了新方向，让柔性化生产迈上新台阶，成为工业互联网创新发展的重要工具。未来，5G LAN 在工业互联网领域的商用爆发不可避免，这对我国工业领域全面走向数字化、网络化和智能化具有重要的意义。

3.5　网络切片技术

在本节中，我们将首先介绍网络切片技术的概述，包括其定义、特点和作用。随后，我们将重点讨论 5G 网络切片的关键技术，涵盖网络资源分配、虚拟化、安全性等方面。最后，我们将探讨网络切片技术在工业互联网中的应用。

3.5.1　网络切片技术概述

5G 网络作为数字化社会的关键基础设施，需要满足高带宽、大容量、超可靠低时延等场景的差异化服务需求。网络切片技术是 5G 网络为不同应用场景提供差异化服务的重要使能技术[47]。网络切片的思想自提出以来，目前已经经过五六年的发展，产业界学术界投入大量精力研究网络切片的业务场景、工作原理、关键技术以及商业模式等。截至目前，以运营商、设备商等构建的产业联盟发布了多个 5G 网络切片相关的白皮书，对网络切片的需求、概念、应用场景及关键技术等都进行了不同程度的描述，3GPP 等标准化组织也陆续推出了网络切片的工作流程、管理与编排等方面的技术标准，更详细的技术方案目前仍在持续研究过程中。

众所周知，5G 网络超高速率、极低时延和海量连接三大设计能力指标催生了三大应用场景：增强型移动宽带、超可靠低延迟通信和海量机器通信。eMBB、uRLLC、mMTC 三大应用场景对网络的服务能力需求有很大差异。

网络切片技术是 5G 网络为不同应用场景提供差异化服务的关键。通过网络切片，运营商在一个通用物理平台上构建多个专用的、虚拟化的、互相隔离的逻辑网络，来满足不同客户对网络能力的不同要求，进而最大程度提升网络对外部环境、客户需求和业务场景的适应性，提升网络资源使用效率，优化运营商的网络建设投资，构建灵活和敏捷的 5G 网络。

根据 5G 白皮书，5G 网络需要支持 3 个新的应用场景，不同应用场景的用户对 5G 网络有不同的功能(如优先级、计费、策略控制、安全、移动性等)和性能(如时延、可靠性、速率、吞吐量、连接密度等)要求，甚至希望为其提供专门服务。从功能的角度来看，最合乎逻辑的方法是构建一组专用网络，每个网络适用于一种类型的业务用户，这些专用网络将允许实现针对每个企业客户需求而定制的功能和网络操作。传统的移动网络仅使用物理节点构建，网络是静态配置的，只需满足"单租户应用环境"的需求，这种网络构建思想显然不是 5G 网络建设的目标。

随着云计算、软件定义网络、网络功能虚拟化等新技术以及网络构建新思路的出现，基于一个物理网络构建不同逻辑网络的思想应运而生，这种逻辑网络被称为网络切片。5G 网络切片是网络服务模式的一种全新尝试，是 NFV 技术应用于 5G 网络的关键特征。利用 NFV 技术可将 5G 网络物理基础设施根据场景需求虚拟化为多个相互独立的虚拟网络切片，每个切片按照业务场景需求和话务模型进行网络功能的定制裁剪和相应的网络资源编排管理[48]。一个网络切片实例可以视为一个实例化的 5G 端到端网络。在一个网络切片内，运营商可以进一步对虚拟资源进行灵活分割，按需创建子网络。

根据网络切片的构建理念，不难理解，网络切片并不仅限于为 eMBB、uRLLC、mMTC 三类应用场景服务，它还可以满足运营商更加灵活的定制服务需求，具体包括：满足不同用户或者业务对网络服务质量的需求，这种切片可以称为服务质量切片；满足不同种类业务场景对网络功能的需求，这种切片可以称为功能定制切片；满足虚拟网络运营者或服务提供者的需求，将网络资源划分为不同资源子集的切片，这种切片可以称为虚拟运营切片。

当前网络通过优先级和 QoS 策略来为用户提供差异化的服务。但是在 5G 时代，网络除了为"人"提供服务，还需要为千差万别的"物"提供服务，不仅要考虑用户的业务特性，还要支持用户在网络管理、安全等方面的要求。网络切片与已有的 QoS 和 VPN 技术相似，都能在网络上为用户提供满足业务需求的差异化服务，但是网络切片与 QoS 和 VPN 之间的关键区别在于网络切片为用户提供了一个全面的端到端虚拟网络，不仅包括网络特性，还包括计算和存储特性，其目标是能够让运营商切分其物理网络以允许不同的用户复用单个物理基础设施。

相比网络切片，QoS 只用来保证网络传输的质量，强调针对某一类服务的质量，如为语音通信提供多少带宽，而网络切片强调的是整个网络切片的网络质量，除了网络传输的要求，还包括计算、存储和安全等要求。例如，来自健康监测网络的物联网(internet of thing，IoT)流量通常具有严格的隐私和安全要求，包括数据可以存储的位置以及用户具有的访问权限范围。广泛部署的区分服务(differentiated service，DiffServ)旨在分类和管理在给定网络上流动的不同类型 IP 流量，能够将互联网电话协议(voice over internet protocol，VoIP)流量与其他类型的流量(如高清视频和网页浏览)区分开。然而，尽管 DiffServ 等 IP 协议能为不同业务确定不同的优先级，但 DiffServ 不能区分来自不同用户的相同类型业务，也根本无法执行流量隔离，同时这些协议也都是零碎的，无法实现端到端的业务编排。

VPN 使用 IP 隧道等技术在互联网上分离和隔离流量，强调的是在共享的网络上创建隔离的专有网络，与路由路径选择问题非常相似。VPN 通常具有相同的技术和协议栈，不能满足网络切片根据业务需求的定制化能力。由于端到端的VPN 隧道与网络中的其他流量竞争带宽资源，也无法保证端到端的网络资源策略，因而无法满足网络切片之间的隔离性要求。

网络切片由 5G 网络中部署在通用基础设施上的各种 VNF 动态组合而成，具有定制的网络架构和协议，可以看作是一个针对不同需求提供定制化服务并独立运维的端到端虚拟网络。每个网络切片在设备、接入网、传输网和核心网方面实现逻辑隔离，适配各种类型的服务并满足用户的不同需求。对于每一个网络切片，诸如虚拟服务器、网络带宽、网络缓存、QoS 等专属网络资源都得到充分保证。由于切片之间相互隔离，一个切片的错误或故障不会影响到其他切片的通信，同时一个切片的漏洞不会影响整个网络，从而提高了网络的安全性和健壮性。实际上在支持网络切片的 5G 网络中，运营商通常使用一个网络切片模板创建一个网络切片实例为具体业务提供服务。切片实例由网络功能及相应的计算、存储和网络资源组成。切片模板包含对切片结构、配置细节、所需的网络功能组件、组件交互接口和所需网络资源的描述。

3.5.2 5G 网络切片关键技术

5G 网络切片的基础是围绕虚拟化技术，通过网络功能的模块化和灵活组合来实现。通过引入 SDN 与 NFV，网络将变为由数据中心的节点和高速网络连接组成的新型网络模型，其中数据中心将承载通信网络功能，以 NFV 技术为核心，实现网络功能的快速部署和灵活调整；高速网络连接将提供节点间的数据交换，以

SDN 技术为核心，自动化匹配业务调整所带来的链路调整需求。

虚拟化技术是一种资源管理技术，在常规物理基础设施和运行在其上的操作系统之间引入一个抽象层，以屏蔽物理资源细节，向外提供统一的接口让用户访问抽象后的资源。抽象层负责创建、控制和管理虚拟机，通常被称为虚拟机监视器。

在计算机虚拟化中，系统在创建虚拟机时提供运行操作系统所需的物理资源。目前的云平台能够托管多个虚拟机，同时运行和执行不同的应用程序。每台虚拟机共享诸如计算、存储、内存和网络等资源，而其操作与主机及其他虚拟机完全隔离。

容器通常被称为操作系统级虚拟化，不对硬件进行模拟，多个独立的容器能够作为独立的普通进程运行于同一台宿主虚拟机的内核之上，每个运行的容器相互隔离。容器完全使用沙箱机制，相互之间不会有任何接口，相比虚拟机，容器性能开销极低。

容器和虚拟机都能够运行 VNF，它们可以连接在一起，以灵活的方式提供特定的网络服务，形成网络切片的基本功能。然而，尽管虚拟机可以提供网络切片中操作 VNF 的完全逻辑隔离，但容器的轻量级特性可以有效支持网络切片的动态调整。

SDN 将网络的控制平面和数据平面分离并进行逻辑集中控制，抽象数据平面网络资源，支持通过统一开放的接口对网络直接进行集中编程控制。SDN 提供的灵活性、面向服务的自适应性、可扩展性和健壮性等关键特性对实现网络切片至关重要。

开放网络基金会（open networking foundation，ONF）提出了将 SDN 架构应用于网络切片，在控制面通过对网络、计算和存储资源的统一软件编程和动态调配，在通信网中实现网络资源与编程能力的衔接。在数据面通过对网络转发行为的抽象，实现利用高级语言对多种转发平台的灵活转发协议和转发流程定制，实现面向上层应用和性能要求的资源最优配置。由于 SDN 转发面设备只需根据控制器下发的指令转发和处理数据，而不需要理解大量的协议标准，大大简化了网络管理和维护的复杂度。在无线接入网中，SDN 的全局优化和集中式管理能够实现多种基站间的协同工作，提高资源利用效率。在核心网中，SDN 能够提供网络虚拟化功能，实现更加智能的网络设备管理和控制，大大简化了网络的设计和操作。

NFV 通过软硬件解耦和功能抽象，将传统专用硬件实现的网络功能以软件的形式运行在虚拟机或容器中，这些软件实现的网络功能即 VNF。利用云计算，VNF 可以在本地或分布式云环境中部署并连接，提供网络或增值服务。

在支持网络切片的 5G 网络中，NFV 框架支持服务链、VNF 嵌入以及 VNF

的管理。特别是，NFV 通过动态建立虚拟网络功能转发图的方式，引入了一种灵活的 VNF 编排方法，从而有效控制网络功能。考虑到多种根据网络服务需求虚拟化或非虚拟化的网络功能，使用网络功能转发图可以实现网络服务的即时部署。NFV 编排定义为分布式 NFVI 的自动化、管理和操作，负责网络范围内硬件和软件的编排和管理，以及提供 NFV 服务编排器，负责网络资源编排、验证和授权来自 VNF 管理器的 NFVI 资源请求。

　　网络切片不是一个单独的技术，它是基于云计算、SDN、NFV 及分布式云架构等技术群实现的，通过上层统一的编排使网络具备管理和协同能力。其中，SDN/NFV 技术是实现 5G 网络切片的技术基础，SDN/NFV 使用开放协议将软件与硬件分离，并通过控制平面管理网络行为使 5G 网络为不同用户提供不同类型的服务。此外，要实现灵活定制、安全隔离、质量可控的网络切片还需要以下技术进行支持。

3.5.3　网络切片技术在工业互联网中的应用

　　正是基于网络切片技术的优势作用，在 5G+工业互联网体系中要善于调控网络切片技术内容，建立较为完整的应用模块，配合互联网管理标准，打造更加完整且规范的网络切片技术运行平台，维持工业互联网发展效能。

　　在技术全面优化的时代背景下，工业互联网也向着更加多元的方向发展，相较于传统的工业互联网体系，现有的工业互联网涵盖了更多的制造企业，并且，也从粗放型制造业逐渐向数字化、自动化企业转型。为了便于业务的开展和服务系统的升级，在融合 5G 移动通信技术时，要整合切片技术模式，匹配更多不同的应用场景，确保相应工作内容和服务流程都能落实到位。对于工业场景而言，并不是在单一化的场景体系内开展切片服务，包括低时延场景完成自动化制造、大规模机器通信场景传感器连接、大带宽场景高清视频监控等，要结合技术的要求和网络切片技术的具体情况，选取更加匹配的技术应用模块。

　　一方面，网络切片技术在 5G+工业互联网中开展相应工作，要在有限网络资源体系内进行多重网络功能的分析，并且保证差异化协议状态下网络架构流动性最优化，这增加了多重网络架构设置的复杂程度，也对数据流提出了更高的要求。因此，要整合网络切片技术内容，建立更加可控且规范的调度应用模式，并维持管理水平。

　　另一方面，5G 移动通信技术网络切片处理环节的资源调度较为多样，能满足工业 4.0 变革中新型网络基础设施的处理需求。建立相应的控制模式和服务体系，并整合工业互联网的特点，落实相应的服务平台，满足服务多样化的需求。

能在提供资源隔离服务的同时，为内外网以及差异化业务场景数据的安全管理提供保障。

除此之外，网络切片技术还能结合场景的特定需求实现综合管理，打造质量达标、应用效能高的工业互联网应用控制模式，并配合电信级服务质量和管理可控安全机制，维持良好的应用平台。

在云端机器人、远程控制、机器视觉等方面，对容量、时延提出了对应的要求，而相应的内容也在不同的应用范围内得以落实。云端机器人实时性操作的主要应用范围是业务数据交互，以及机器人本体完成终端传感器的预处理；远程控制的应用范围主要集中在远程控制图像的回传和指令下达；机器视觉的应用范围主要集中在所有图像信息采集场景的信息传输和数据反馈。

随着工业互联网的不断发展和进步，在工业互联网应用体系中融合计算机信息技术、网络运营技术以及通信技术等内容，能更好地维持工业互联网的应用效能，建立健全可控且合理的技术平台。最关键的是，相较于国外先进的工业互联网应用结构，我国工业互联网还有待优化，尤其是核心技术、综合能力以及网络体系方面，数字化和网络化水平较低，要进一步促进行业的发展，就要将 5G 移动通信技术融合在工业互联网应用控制模块中。

一方面，要基于网络切片技术打造"人一机一物"协同进步的互联互通控制模式，提高资源泛在连接和弹性互补的实效性，并结合实际资源管理要求和标准，打造可控的工业互联网运行体系，维持技术模块之间的平衡，并且，实现高效配置的应用目标，推动工业互联网向着更加高速、可靠的方向发展。

另一方面，工业互联网平台的推广也为信息技术和制造业融合提供了良好的平台，配合数字化发展、网络化发展以及智能化发展的基础，能打造加速推进的管理控制结构，为工业互联网向着无线化和扁平化转型提供良好的保障，并建立更加科学合理的核心载体应用模式，实现资源多元发展的目标。

总而言之，5G 移动通信行业专网在不断发展，网络切片技术部署在工业互联网体系中能发挥实时性作用，创设更加科学且规范的管理平台，提高工业体系发展水平，为工业互联网融合 5G 技术奠定坚实的基础。

3.6　边　缘　计　算

本节主要叙述了边缘计算技术的概述，包括其定义、原理和关键特性。随后，我们将重点介绍边缘计算在各个领域中的应用。通过本节的介绍，读者可以全面了解边缘计算技术在当今信息技术领域中的重要性和作用。

3.6.1　边缘计算技术概述

边缘计算是在靠近物或数据源头的网络边缘侧，通过融合网络、计算、存储、应用核心能力的分布式开放平台，就近提供边缘智能服务[49]。简单来说，边缘计算是将从终端采集到的数据，直接在靠近数据产生的本地设备或网络中进行分析，无须再将数据传输至云端数据处理中心。

在移动网络下的边缘计算，也就理所当然地被称 MEC。MEC 的概念最早源于卡内基梅隆大学在 2009 年所研发的一个叫作 Cloudlet 的计算平台。这个平台将云服务器上的功能下放到边缘服务器，以减少带宽和时延，又被称为"小朵云"。2014 年，欧洲电信标准协会正式定义了 MEC 的基本概念并成立了 MEC 规范工作组，开始启动相关标准化工作。2016 年，ETSI 把 MEC 的概念扩展为多接入边缘计算，并将移动蜂窝网络中的边缘计算应用推广至其他无线接入方式。

在 ETSI 的推动下，3GPP 以及其他标准化组织也相继投入到了 MEC 的标准研究工作中。目前，MEC 已经发展演进为 5G 移动通信系统的重要技术之一。

边缘计算架构如图 3-15 所示，尽可能靠近终端节点处理数据，使数据、应用程序和计算能力远离集中式云计算中心。

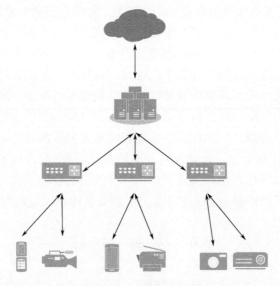

图 3-15　边缘计算架构

终端节点：由各种物联网设备(如传感器、摄像头、智能手机等)组成，主要完成收集原始数据并上报的功能。在终端层中，只需提供各种物联网设备的感知能力，而不需要计算能力。

边缘计算节点：边缘计算节点通过合理部署和调配网络边缘侧节点的计算和存储能力，实现基础服务响应。

网络节点：负责将边缘计算节点处理后的有用数据上传至云计算节点进行分析处理。

云计算节点：边缘计算层的上报数据将在云计算节点进行永久性存储，同时边缘计算节点无法处理的分析任务和综合全局信息的处理任务仍旧需要在云计算节点完成。除此之外，云计算节点还可以根据网络资源分布动态调整边缘计算层的部署策略和算法。

正是基于这种更实时处理数据的能力、特性，更快的响应时间，边缘计算非常适合被应用于物联网领域，通过具有边缘计算能力的物联网关就近（网络边缘节点）提供设备管理控制等服务，解决物联网通信"最后一公里"的问题，最终实现物联网设备的智慧连接和高效管理[50]。

从标准推进进展来看，ETSI、3GPP、中国通信标准化协会（China Communications Standards Association，CCSA）等标准组织正在积极进行边缘计算的研究，为适应新需求，目前整体架构上有了新变化[51]。

2014 ETSI 年开始 MEC 规范研究，旨在定义基于 NFV 架构的 MEC 平台架构标准除了继续加强支持垂直行业应用需求外，还进一步加强与 3GPP 等其他标准组织的协作，进行跨 MEC 系统及 MEC 与云之间协同并计划新增组件、3GPP MEC 架构与 ETSI MEC 架构映射研究；此外，也同步进行企业园区专网研究，并同步开展对应用开发者的支持（如边缘应用包格式及模板定义）、MEC 支持切片、支持开放式无线电接入网（open radio access network，O-RAN）、QoS 感知等内容。

3GPP 定义了 5G 基于服务化的网络架构，便于网络定制化和开放化。从 R14 版本开始，3GPP 开始支持边缘部署的网络侧能力增强；2021 年 R17 版本已完成了 5G 边缘计算特性增强项目，重点研究了边缘业务发现、应用迁移和网络信息开放等内容，面向 5G-A，在 R18 阶段，进一步深入研究面向边缘计算的 5G 网络一系列增强技术问题，如支持切片、强调应用服务发现，3GPP 关于边缘计算增强研究分别在 SA2、SA5、SA6 三个工作组展开。

（1）SA2，网络架构定义，重点关注核心网络能力增强、定义移动场景下分流方式、业务连续性模式以及关注加强终端发现和使用边缘服务的能力，以及边缘应用发现、业务迁移、边缘能力开放内容研究。

（2）SA5，重点针对边缘计算系统管理编排、计费展开。其中，边缘计算系统管理编排依托 3GPP SA6 架构定义的应用客户端（application client，AC）、边缘使能客户端（edge enablement client，EEC）、边缘应用服务器（edge application server，

EAS)、边缘使能服务器(edge enablement server，EES)、边缘配置服务器(edge configuration server，ECS)等关键组件研究如何完成边缘应用的部署、服务保障，以及生命周期管理等。计费则针对使用边缘服务的用户进行计费方案讨论。

(3)SA6，作为 5G 新成立的一个组，侧重应用管理，定义了边缘应用使能架构，并增强终端能力，研究加强终端与边缘系统的协同，完成边缘应用的发现和调用，依托 SA2 定义的网络架构。

CCSA 在 TC5 目前已完成了 5G 核心网边缘计算平台技术要求、测试方法、能力开放、边缘计算编排器、核心网功能增强等方面的基础技术研究；并同步开展了边缘计算支持网络切片技术研究、TC1 边缘云互联互通技术研究等开放课题研究。TC13 已有工业互联网边缘计算系列行业标准发布，并同步进行 5G 工业园区网络下边缘计算接口技术要求等。此外，在边缘应用特设组 TC610，围绕边缘应用包格式、应用使能接口等内容开展了相关国标研究，为国内边缘云建设提供参考依据。

3.6.2　边缘计算的应用

MEC 作为 5G 网络体系架构演进的关键技术，可满足系统对于吞吐量、时延、网络可伸缩性和智能化等多方面要求。

MEC 是把移动网络和互联网两者技术有效融合在一起,在移动网络侧增加计算、存储、数据处理等功能；构建开放式平台以植入应用，并通过无线 API 开放移动网络与业务服务器之间的信息交互，移动网络与业务进行深度融合，将传统的无线基站升级为智能化基站；MEC 的部署策略尤其是距离用户的相对地理位置可以有效实现低延迟、高带宽等，MEC 也可以通过实时获取移动网络信息和更精准的位置信息来提供更加精准的位置服务。MEC 系统通常包括以下三个部分。

第一部分为 MEC 系统底层。基于 NFV 技术的硬件资源和虚拟化层架构，分别提供底层硬件的计算、存储、控制功能和硬件虚拟化组件，完成虚拟化的计算处理、缓存、虚拟交换及相应的管理功能。

第二部分为 MEC 功能组件。承载业务的对外接口适配功能，通过 API 完成和基站及上层应用层之间的接口协议封装，提供流量旁路、无线网络信息、虚拟机通信、应用与服务注册等能力，具有相应的底层数据包解析、内容路由选择、上层应用注册管理、无线信息交互等功能。

第三部分为 MEC 应用层。基于网络功能虚拟化的虚拟机应用架构，将 MEC 功能组件层封装的基础功能进一步组合成虚拟应用，包括无限缓存、本地内容转发、增强现实、业务优化等应用，并通过标准的 API 和第三方应用 APP 实现对接。

MEC 系统通常位于无线接入点及有线网络之间。如图 3-16 所示，在电信蜂窝网络中，MEC 系统可部署于无线接入网与移动核心网之间。MEC 系统的核心设备是基于 IT 通用硬件平台构建的 MEC 服务器。MEC 系统通过部署于无线基站内部或无线接入网边缘的边缘云，可提供本地化的云服务，并可连接其他网络如企业网内部的私有云实现混合云服务。MEC 系统提供基于云平台的虚拟化环境，支持第三方应用在边缘云内的虚拟机上运行。相关的无线网络能力可以通过 MEC 服务器上的平台中间件向第三方应用开放。

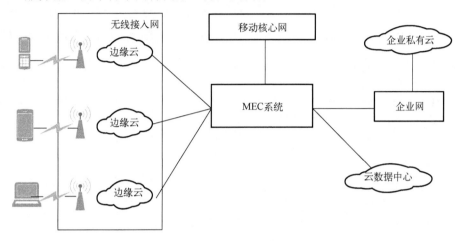

图 3-16　MEC 系统架构

　　MEC 可以提供更低的时延。由于业务缓存的内容大幅度接近用户终端设备，大大缩短了业务接续和响应时延，从而实现对网络实际状态进行快速反馈，用以改善用户业务体验，同时减少网络中其他部分的拥塞。

　　MEC 可提供位置感知。MEC 服务器可以使用获取的无线网络的信令信息来确定每个连接设备的位置，可为后续基于位置的服务、分析等业务应用奠定良好基础。

　　MEC 可获取网络内容信息。MEC 服务器获取的实时网络数据如空中接口条件、网络参数等，可以作为能力开放给应用程序和服务，通过开发应用程序接口获取网络能力信息，为开发新的应用程序提供了技术可行性，从而帮助移动用户获取基于位置的兴趣点、商业信息以及消费习惯等。

　　目前，MEC 正逐步从实验室研究阶段走向现网实验阶段，随着系统架构、API 接口、商业模式、所承载的应用等进一步完善，以后必将在现网部署商用，会进一步提升 4G 甚至 5G 无线网络的业务应用体验，有效带动无线网络的价值增值。

3.6.3　边缘计算赋能工业互联网

工业领域细分行业众多，不同细分行业业务类型和场景丰富，各业务场景对网络的需求也不尽相同，为了实现精准的算力资源分配和优化网络资源策略保障，边缘计算节点与 5G 网络在结构和建设上深度绑定，面向用户业务开放 5G 网络能力，根据业务需求对接入网络进行灵活的配置。此外，边缘计算平台可进行云原生升级，完成云化网络平台构建，实现边缘网络的资源编排、管理、调度分配。重点围绕典型能力：开放设备管理能力、QoS 感知、融合 TSN、支持边缘 AI 推理、支持云网边端协同等几个关键方面展开。

(1)设备管理。

当前 OT 设备具备复杂性和多样性，而通信技术相对独立(如 5G/4G、WLAN、蓝牙等)，加之 OT 数据敏感性极高，隐私性极强，部署在工业园区本地的 MEC，通常需要支持设备身份管理(如企业级 AAA 认证)、设备标识/位置信息、设备组管理等功能。

企业级 AAA 认证系统：可支持固移融合的终端认证鉴权、固定 IP 地址分配管理、CPE 下挂终端管理、黑白名单管理等功能。

设备标识/位置信息：本地 UPF/NEF 能够通过应用功能(application function，AF)提供的 UE 信息返回 UE 的标识信息和位置信息，可返回 UE 的标识信息包括用户设备 IP 地址(user equipment IP address，UE IP)、国际移动用户识别码(international mobile subscriber identity，IMSI)、移动台国际用户识别号码(mobile station international subscriber directory number，MSISDN)、订阅永久标识符(subscription permanent identifier，SUPI)、全球公共用户身份(global public subscriber identity，GPSI)；可返回 UE 的位置信息包括 UE 的小区号、接入基站号、经纬度、高度等位置信息；当前以上信息因受 MEC 部署方式以及核心网网络能力开放方式影响，如不考虑引进融合定位技术(如超宽带)，UE 位置信息开放精度暂无法达到工业级需求。

设备组管理：边缘计算平台提供基于用户终端设备 IMSI/MSISDN/IP 标识，可以被应用调用从而实现对用户的访问控制功能，方便对企业园区应用访问并进行控制。

(2)QoS 感知。

通信网络的 QoS 主要考虑通信业务的时延和吞吐率等与连接相关的性能指标；随着第五代移动通信系统(5th generation system，5GS)与边缘计算功能之间的网络信息开放的交互，也需考虑网络能力开放的时延。5GS 中当前的网络开放机制是基于 NEF 和 AMF、SMF、PCF 等设计的。对于部署在边缘托管环境中的应用程序, 边缘应用程序服务器可能是在本地部署的, 但在当前的 3GPP R16 中定义, 涉及网络开放的一些控制平面 NFs (如 NEF 和 PCF) 可能是集中部署的, 为避免频繁地重新选择, 此时可能因网络开放路径效率较低, 导致时延。尤其在工业控制对网络时延要求敏感的场景下, 应用程序需要实时网络信息调整它们的行为, 不良的延迟会导致网络信息延迟, 从而导致不安全事故发生, 亟须在网络和应用程序功能 (如边缘应用程序服务器) 之间快速交换现有 QoS 信息。

(3) 融合 TSN。

随着工业互联网的迅速发展, IT 和 OT 融合成为必然, 工业现场对网络的实时性、确定性、可靠性、融合度、兼容性提出了新的要求, TSN 技术是必然选择。工业 5G-TSN 网络能够实现多源数据整合共享、多业务 (控制类、状态监控类等) 的高质量混合承载, 并支持多域流量 (实时控制子网和非实时控制) 的确定性共网传输, 满足工业现场设备的数据互联互通需求, 打通从边缘云平台到生产现场的数据通路, 确保确定性传输, 保证工业控制的时间同步和安全性; TSN 作为 5G 智能工厂内网组网的主要方式, 单独部署成本较高, 但是如果可以借助 MEC 平台的优势在平台中进行改进和加设, 将 5G/TSN 架构中的 TSN-AF、集中网络配置器 (centralized network configuration, CNC) 和集中用户配置器 (centralized user configuration, CUC) 放入 MEC 平台进行统一管理, MEC 通过移动网关下沉, 更靠近网络边缘, 既节省成本又可以作为综合解决方案结合 MEC 和 TSN 的优势, 可为客户提供更好的服务。

(4) 边缘 AI 推理。

边缘节点侧重多维感知数据采集和前端智能处理; 边缘域侧重感知数据汇聚、存储、处理; 边缘侧数据处理模块对生产数据进行初步处理、数据分流, 一部分生产控制数据进入边缘生产控制系统进行处理, 一部分生产数据与其他分厂数据进行互通, 还有一部分业务类数据向上采集到工业互联网平台的各生产经营应用。由于边缘侧设备在计算、存储、功耗等方面的限制, 需设计特定的低精度和稀疏化等模式, 实现小尺寸、低复杂度、低功耗等目标。进一步, 边缘设备可基于本地数据训练的模型优化大模型的性能, 实现边缘自治, 强调个性化增强学习。

(5) 云网边端。

在工业互联网园区、车间、现场三级区域内, 拉通不同区域算力资源, 进一步满足业务低时延、数据不出园区的需求, 将算力呈现在云、边、端立体泛在分布, 实现算力有序流动, 满足服务灵活动态部署需求。"云、边、端"的协同架构中, 云作为大脑智能中枢, 应用大数据、人工智能技术, 负责集中计算与全局数据处理; 边作为中心云的触点延伸, 灵活解决高实时业务需求; 端侧靠近工业现场，完成智能感知、数据采集。云边端协同可以将泛在化、异构化的算力，通过网络化的方式连接在一起，高效分布，智能协同，实现算力的高效共享，提升资源利用率。

当前 5G +工业互联网的发展还处于上升阶段，虽然已经涌现了很多成功案例和实践，但它的变革效应、降本增效等优势，还没有完全显现，MEC 作为 5G 云网融合的锚点，赋能工业互联网责无旁贷。

3.7　小　　结

本章主要介绍了 5G 关键技术，包括大规模 MIMO、SDN/NFV、网络切片、5G LAN 和边缘计算，这些关键技术对于支持增强的网络功能和性能至关重要。通过本章的学习，我们对 5G 关键技术有了更深入的了解，为理解 5G 通信系统的运作原理和实际应用打下了基础。

综上所述，这些关键技术的应用将工业 5G 网络系统带入了一个全新的发展阶段，为数字化转型和智能制造提供了更强大的网络基础支持，为工业领域的机会和变革带来了巨大的机遇。未来，随着技术的不断演进和完善，这些关键技术还将继续发挥更大的作用，为工业领域的网络应用提供更广阔的发展空间。这些技术的综合运用将为工业 5G 网络系统带来更高的稳定性、可靠性和灵活性，支持诸如智能制造、自动驾驶等多种应用场景。这些关键技术还有望不断优化和升级，提升 5G 网络的性能和用户体验，为数字化转型提供更加完善的基础支撑，随着工业 5G 网络的普及和进一步创新，将为工业领域带来更多的机会和变革。

通过本章的学习，我们对 5G 通信系统的空口设计、技术实现以及关键的支撑技术有了更清晰的认识，为后续更深入的学习和实践奠定了坚实的基础。

第4章 工业5G网络时延分析及优化

5G技术与标准在设计之初就考虑了工业高实时、高可靠、高安全的通信要求，是新一代信息通信技术演进升级的重要方向。随着智能工厂的建设，工业和制造业对于通信网络技术又不断提出了新的需求。

本章对工业5G网络时延进行分析，对5G空口资源的优化进行阐述，并对常用的5G网络仿真工具箱进行介绍。

4.1 概 述

工业互联网可以实现人、机、物全要素的网络互联。工业互联网平台可以把设备、生产线、工厂、供应商、产品和客户紧密地连接并且融合起来。5G是工业互联网的关键使能技术，而工业互联网是5G的重要应用场景之一，5G+工业互联网是赋能智慧工厂数字化、无线化、智能化的重要方向。

5G网络的大带宽、低时延、高可靠特性，可以满足工业设备的灵活移动性和差异化业务处理能力需求，推动各类AR/VR终端、机器人、AGV、场内产线设备等的无线化应用，助力工厂柔性化生产大规模普及。工业互联网给5G带来了广泛的应用场景，同时也带来了前所未有的挑战，例如，有的工业应用可能需要网络具备1ms时延、1μs抖动和99.999999%的网络传输质量。

工业通信网络传统上包含"测"（数据采集）与"控"（控制系统的所有关联网络），实现现场设备（如传感器、执行设备等）与控制设备（如PLC、分布式控制系统（distributed control system，DCS）等）之间的互联互通。与信息与通信技术（information and communications technology，ICT）领域相比，工业现场使用的通信网络技术应满足工业应用的更严格要求，包括数据传输的实时性、确定性、可用性、安全性等。工业自动化应用所需传输的数据主要分为三类，包括：用于数据采集与控制执行的实时周期性过程数据、用于参数配置与监视控制的非实时非周期变量数据、用于现场工艺及设备诊断报警的实时非周期报警数据。工业通信必须同时满足这三类数据在实时性、数据量级、传输优先级及可靠性等方面的不同传输要求。

5G技术与标准在设计之初就考虑了工业高实时、高可靠、高安全的通信要求，是新一代信息通信技术演进升级的重要方向。随着智能工厂的建设，工业和制造业对于通信网络技术又不断提出了新的需求。

一方面,5G 可以满足新的工业大数据的传输需求。随着工业智能应用的不断创新发展,工业现场采集的数据种类和量级发生了较大的变革。例如,无人或少人的智能工厂需要大量现场数据做决策支撑,远程诊断、预测性维护等智能应用使得现场设备上云已成"刚需",视觉检测使得现场数据采集从一维感知到大带宽多维全景感知发展。这些导致了网络通信技术必须支持结构化数据与非结构化数据、实时数据与非实时工业大数据共存的新需求。5G 大带宽和广连接的技术特点,以及保证特定业务需求的业务支持系统(operations support system,OOS)机制和网络切片技术可很好地满足这些需求。

另一方面,5G 技术的引入为工业现场网络带来了前所未有的灵活性与无线通信的革新能力。在高度个性化的生产环境中,生产线亟须具备即时响应市场订单变化与业务动态调整的能力,这意味着生产线能够迅速且灵活地增加或移除可移动操作设备,以实现生产流程的重构与优化。这一需求迫切要求现场网络架构同样具备高度的灵活性与可重构性,而 5G 技术正是这一需求的理想解决方案,它能够无缝对接并完美支持这种灵活多变的组网模式,确保网络资源能够动态、按需分配,以满足生产线的即时需求。此外,面对工业生产中不可或缺却又充满挑战的无线通信场景,如旋转机械装备的工作区域、老旧工厂因空间限制导致的长距离通信难题,以及极端环境(如高温、高湿、高腐蚀性)下有线网络部署的不可行性,5G 技术展现出了其独特的优势。传统工业无线解决方案,如基于 IEEE 802.15.4 标准的短距离无线通信技术,在应对这些复杂场景时显得力不从心。相比之下,5G 以其超强的覆盖范围、高带宽、低延迟以及强大的抗干扰能力,为这些特殊生产环境提供了稳定可靠的无线通信解决方案,彻底打破了传统工业无线应用的局限性,推动了工业生产向更加智能化、高效化的方向迈进。

5G 作为新一代移动通信技术,具有大带宽、高可靠、低时延、广连接的特点,5G 不仅可以应用到简单的数据采集,未来也可以应用到实时控制等多个层面。主流的工业应用实时等级与应用领域的划分如图 4-1 所示,理论上,5G 空口时延可达到 1ms,可以支撑端到端时延要求在毫秒级的应用场景。

5G+实时控制:利用 5G 网络实现设备与设备(如机器人与机器人)之间协同操作。

5G+视觉检测:使用工业相机对工件或产品进行质量检测,并利用 5G 网络传输拍摄的视频或图片以及质量分析结果。

5G+数字孪生:对生产线进行信息建模,形成生产线数字孪生,利用 5G 网络的大带宽打通物理世界与信息空间的双向流通。

5G+智能运维:利用 5G 网络传输制造装备的健康状态及故障诊断数据,实现跨工厂跨地域的制造装备的远程运维与预测性维护。

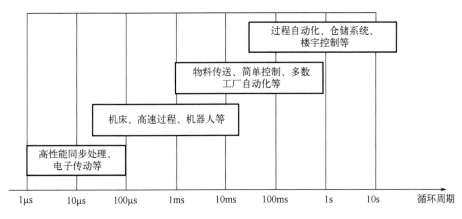

图 4-1　工业应用实时等级与应用领域

5G+车间物流：利用 5G 网络传输物料配送、路径、设备状态等信息，实现按需调度分配资源库存监控，以及物流与加工、装配等协同。

5G+远程控制：通过 5G 网络实现远距离作业下对现场设备远程操控。

5G+AR 远程指导：通过 5G 实现设备、产线等远程指导维修、在线检测等应用。

目前 3GPP 对于工厂自动化 5G uRLLC 特性的研究以运动控制和移动机器人为主。

5G 标准设立之初就同时考虑了企业对企业（business to business，B2B）、消费者对消费者（consumer to consumer，C2C）这两种应用场景，uRLLC 具有超低时延、超高可靠等特性，主要为满足 B2B 应用场景而生，是运营商切入垂直行业的突破口，uRLLC 技术可被广泛应用于工业控制、自动驾驶、车联网、远程医疗等时延敏感且网络稳定性要求较高的场景。本节主要介绍工业 5G 网络场景中的时延分析及优化方法，包括工业 5G 网络的技术演进、业务需求以及 5G 时延的分析和优化方法。

4.1.1　技术演进及业务需求

随着 5G 网络应用推广，5G 开始服务于千行百业。不同的应用场景产生了差异化的需求挑战，尤其是进入工业领域之后，工业制造对 5G 网络提出了更高的要求，超低时延、超小抖动、高可靠等工业通信特色，需要 5G 网络采用全新的技术来应对。

工业互联网中，核心是同步、实时控制类业务，其广泛存在于机器人操控、自动化控制、视觉检错、赛事和演出直播等应用中。在当前工业通信网络中，传统自动化厂商均定义了工业以太网协议来实现该类通信，导致工业以太网协议种类繁多，且各自演进、无法融合，这给构建统一、融合的工业互联网带来了阻碍。

时间敏感通信网络技术的出现，为解决传统工业网络困境带来了曙光。TSN 技术迅速成为工业 4.0 体系中的关键网络技术，也被 3GPP 接收，作为 5G 向工业智造领域拓展的核心能力。以 TSN 为起点,伴随着各类新标准的融入,确定性网络开始了快速演进。确定性网络能够促成 IT 网络和 OT 工业网络融合,为运营商网络全面进入万物智联时代提供有力支撑。

确定性网络在带宽、时延、抖动及可靠性指标上提供承诺和严格保障。在 IT 网络技术的基础上,确定性网络技术通过采用开辟专属通道,提供准时调度、全域接力赛模式的转发,辅以多路数据并发等措施,确保完成对关键业务的服务级别协议(service-level agreement,SLA)承诺。确定性网络技术是现有通信网络的能力扩展和补充,也是未来新型通信网络的演进目标之一[52]。

从 3GPP R16 版标准开始,5G 在确定性网络技术上开启了演进,标准的演进包含三个阶段(图 4-2)。

阶段 1:5G 可对接工业 TSN 网络(R16 引入),5G TSN 在园区范围内,协助移动化终端接入工业 TSN 网络,使终端摆脱线缆束缚,灵活移动。目前,TSN 技术和产业都已成熟,5G TSN 标准已成熟,产品正在发展中。

阶段 2:5G 支持时间敏感通信(time sensitive communication,TSC)技术(R17 引入)。TSC 完善了 5G 网络自身的确定性服务能力,包括时钟同步、报文传输等各方面。TSC 可独立提供 5G 工业 TSN 专网,使专网部署更简便、更灵活。目前,5G TSC 标准尚未成熟。

阶段 3:5G 融合确定性网络(deterministic network,DetNet)技术(R18 引入)。DetNet 支持广域网范围的确定性传输保障,引入 DetNet 后,5G 工业专网能够和分布在各地的工业网络互联互通,完成产业链协同。目前 DetNet 标准尚未成熟。

除了 TSN、TSC 和 DetNet 三个主要的确定性技术之外,要构建完整的 5G 确定性网络,还需要将其他通信技术整合在一起,如 uRLLC、5G LAN、切片、QoS 保障技术,以及承载网的灵活以太网(flexible ethernet,Flex-E)、专线、多协议标签交换流量工程(multi-procotol label switching traffic engineering,MPLS TE)、IPv6 上的段路由(segment routing over,IPv6)等技术。这些技术需要实现融合协同,并最终形成端到端整体服务能力。图 4-2 也从技术角度展现了一个完整的 5G 确定性网络的最终形态。

根据时延、确定性满足率(网络可用性)等指标,可将确定性网络的业务分为三类。大众类确定性保障:时延>20ms,传输确定性>99.9%;关键任务类确定性保障:时延 10ms～20ms,传输确定性>99.99%;精准类确定性保障:时延<10ms,传输确定性>99.999%。

技术需求:工业 5G 需要支持大宽带、低延时、高可靠性等特性,以满足工业应用的需求。例如,机器视觉应用需要大量的上行数据传输,这就需要 5G 网络具有高速上行传输能力。

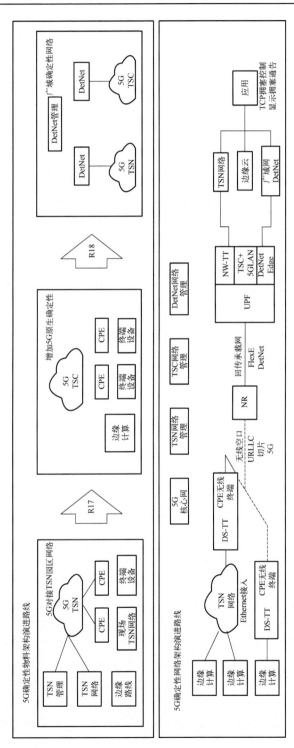

图 4-2　5G 确定性网络技术演进和目标网络

应用场景需求：工业 5G 需要满足各种工业应用场景的需求，包括远程设备操控、现场辅助操作、产品质量检测等。这些应用场景对网络的性能有不同的要求，例如，远程设备操控需要低延时和高可靠性，而产品质量检测则需要大宽带和高速上行传输。

设备需求：工业 5G 需要支持各种工业设备的接入，包括传感器、控制器、机器人等。这就需要 5G 网络具有广泛的设备接入能力，并能提供设备管理和服务保障。

网络管理需求：工业 5G 需要提供有效的网络管理和优化工具，以确保网络的稳定运行和优良性能。这包括网络规划、性能监控、故障排除等功能。

从表 4-1 中可以看出，工业互联网中不同的业务流有不同的 SLA 需求。按照周期性划分，业务流可以分为周期和非周期两种，其中同步实时流对时延的要求最高，时延主要用于运动控制，其特点是：周期性发包，其周期一般小于 2ms；每周期内发送的数据长度相对稳定，一般不超过 100B；端到端传输具有时限要求，即数据需要在一个特定的绝对时间之前抵达对端。

表 4-1　工业互联网业务流分类示例

流类型	周期性	时延要求	同步	传输保证	允许丢包	包大小/B
同步实时	周期	<2ms	是	时限	无	固定 30～100
周期循环	周期	2～20ms	否	时延	1～4 帧	固定 50～1000
事件	非周期	不适用	否	时延	是	可变 100～1500
网络控制	周期	50ms～1s	否	带宽	是	可变 50～500
配置和诊断	非周期	不适用	否	带宽	是	可变 500～1500
BE 流	非周期	不适用	否	无	是	可变 30～1500
视频	周期	帧率	否	时延	是	可变 1000～1500
音频	周期	采样率	否	时延	是	可变 1000～1500

5G TSN 典型的应用场景包括场内产线设备控制、机器人控制、AGV 控制和 5G PLC。

(1)场内产线设备控制：面向数控机床、立体仓库、制造流水线，基于 5G TSN 打通产线设备和集中控制中心的数据链路，实现工业制造产线的远程、集中控制，以更好地提升生产效率。

(2)机器人控制：在工业自动化产线，利用 5G TSN 低时延特性，结合传感器技术，实现机器人和机械臂的环境感知、姿态控制、远程操作自动控制等功能，满足智能生产需求。

(3)AGV 控制：在生产车间及园区中，通过视觉、雷达、无线等多种技术进行融合定位和障碍物判断，经低时延 5G 网络上传位置和运动信息，实现 AGV 的自动避障和相互协同工作，提升产线自动化水平。

（4）5G PLC：在生产过程中利用 5G 网络实现 PLC 之间、PLC 与厂内系统间的系统数据传输，在保证数据安全和实时性的同时，减少车间内布线成本，快速实现产线产能匹配，助力柔性制造。

4.1.2　工业 5G 网络时延分析

uRLLC 场景对时延有着非常高的要求。3GPP R15 中 TR38.913 指出，uRLLC 超可靠低时延的空口双向时延应小于 1ms，但暂未给出完整的端到端时延指标，完整的端到端时延可分解为空口时延、回传时延以及核心网时延[53]。5G 端到端延迟如图 4-3 所示。

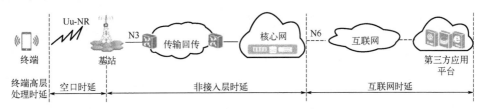

图 4-3　5G 端到端传输时延

无线空口侧时延主要受传输间隔、资源调度混合重传、终端和基站处理时延等因素影响。在 3GPP 定义的 5G NR 协议中，引入了基于时隙的调度方法、上行优先级处理方法、更加灵活的传输定时方案等。影响无线空口的时延因子有 ping 包调度方式模式、上行预调度、预调度次数、上行误块率（block error rate，BLER）、下行 BLER 等。

用户面时延主要受传输时隙间隔、资源调度时间重传时间终端和基站的处理时间等因素的影响。在 TDD 制式，上下行数据必须等待在相应的上下行时隙才能进行数据的发送，以 5G 现网 2.5ms 双周期的帧结构为例，在上行方向最大等待时间为 4 个时隙。在下行方向最大等待时间为 2 个时隙，因此 TDD 制式上下行时隙倒换间隔为影响空口时延的关键因素，如图 4-4 所示。

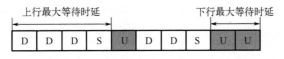

图 4-4　TDD 制式下上下行的最大等待时延

数据包处理时延主要指数据包生成和解包的时延，信令处理时延是指从高层向底层传递的处理时延。经研究，终端和基站的数据包的处理时间跟数据包的大小、处理器能力相关,随着芯片计算能力的提升,5G NR 基站和终端处理时延,无论单次从发送到接收的处理时延总和,都较 LTE 有所增强。在 3GPP 自评估报告中,对基站和终端的发送和接收数据处理时延进行了详细的分析。

在传统的业务调度方式中,终端发送数据都需要经历调度请求、调度授权、数据传输及重传等过程,调度时延和数据重传时延也是影响空口的重要因素,如图 4-5 所示。

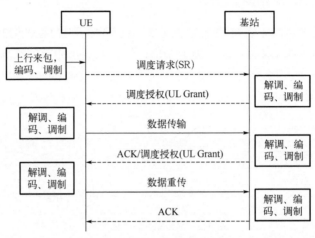

图 4-5　上行数据发送流程

为了达到 uRLLC 业务的低时延要求,除了终端和基站提升自身处理能力外,通信侧也需要在优化资源调度、减少传输时间间隔、降低重传次数等方面做出改进[54]。

解决核心网时延的关键是要将用户面和控制面解耦,最好的办法就是引入 SDN 和 NFV,将网元虚拟化,实现转发与控制分离。如此可实现针对不同业务设置不同切片,做针对性的优化,制定优先级保证时延;另外可以部署边缘计算单元,将 UPF 单元下沉至本地数据中心(data center,DC)甚至边缘 DC,将业务回传核心网的距离大幅缩短降低时延。

这里的回传时延指的是从承载 5G 业务的 A 设备到核心网的时延。回传时延需要考虑设备转发时延和回传距离。影响回传时延的主要原因有如下几个方面:

①设备转发时延较长,每一个层级都需要经过多次设备转发,每次转发平均需要 30μs,这是影响回传时延的最主要因素之一;

②接入环上 A 设备较多,处于环路中间的 A 设备需要更多次数的转发;

③网络不够扁平化,汇聚边缘路由(edge router,ER)层面的存在使回传多了一级转发;

④回传路由太长引起的时延过高。

4.2　工业 5G 网络优化

为了满足 uRLLC 的低时延特性，3GPP 在 R15 及 R16 标准中提出了一系列增强技术，主要包括智能预调度、上行免调度、下行抢占机制、微时隙技术等优化调度技术，特殊帧结构、更大子载波间隔等减少时间间隔技术，以及提高可靠性、减少重传次数等相关技术[55]。本节将对这些技术做简要的介绍，并重点分析这些技术的引入能够带来的降低时延效果。

4.2.1　智能预调度及上行免调度技术

在正常的上行数据发送流程中，UE 需要发送调度请求(scheduling request，SR)请求基站，基站发送上行授权信息给终端后，终端才可以发送上行数据，为了减少 SR 请求及调度时间，3GPP 提出了智能预调度及上行免调度技术。智能预调度技术的原理是在上下行信息交互过程中，下行数据传输总是伴随着上行信息的发送，智能预调度功能使得基站在发送下行数据时主动触发上行预调度，加快上行信息的发送，从而降低整体数据传输的时延，智能预调度虽然节省 SR 请求时间，但是仍然需要解析 DCI，与完全免调度的理想还有差距。

上行免调度技术是智能预调度技术的升级，其原理是基站为终端预先配置可进行免调度的 PUSCH 资源，终端在发送数据前不再需要发送 SR 请求，而是在预先配置的 PUSCH 资源上进行上行传输，在终端收到去激活信息前，将会一直使用该资源进行传输，上行免调度的业务流程如图 4-6 所示。

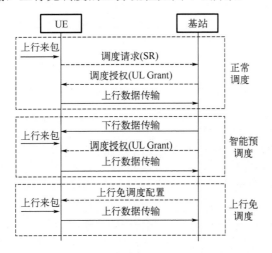

图 4-6　3 种调度模式业务流程对比

此处分别以 TDD 2.5ms 双周期制式和 FDD 制式为例进行时延分析，并假设基站的 SR 周期足够小，上行来包后可以在下一个上行时隙及时发送 SR 请求，同时假设基站和终端有快速的编解码能力，收到 SR 请求后可以在下一个下行时隙及时发送上行调度 DCI，UE 收到 DCI 后，可以在下一个上行时隙及时发送上行数据。

图 4-7 对比了 TDD 制式下 3 种调度模式的时延，由图 4-7 可知，对于 TDD2.5ms 双周期制式，上行免调度技术相比正常调度流程可以减少 4～10 个时隙时延，但仍然有 0～4 个时隙的等待及调度时延；智能预调度技术可以减少 0～6 个时隙时延，但仍然有 2～7 个 Tslot 的等待及调度时延。

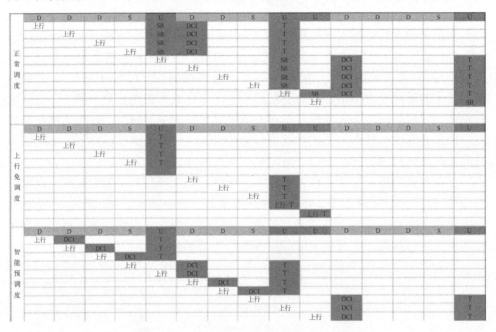

图 4-7　TDD 制式下 3 种调度模式时延对比

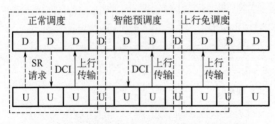

图 4-8　FFD 制式下 3 种调度模式时延对比

图 4-8 对比了 FDD 制式下 3 种调度模式的时延，由图 4-8 可知，对于 FDD 制式，上行免调度技术相比正常调度流程可以减少 2 个时隙时延，且没有等待及调度时延；智能预调度技术可以减少 1 个 Tslot 时延，但存在 1 个时隙的等待及调度时延。

4.2.2　下行抢占机制及降低 HARQ 重传次数

对于 eMBB 业务和 uRLLC 业务共享频谱的场景,为了降低 uRLLC 业务时延,3GPP 在 R16 中定义了下行抢占机制,突发的 uRLLC 业务可以抢占已经在传输的 eMBB 业务的时频资源进行传输。

下行抢占调度原理如图 4-9 所示,uRLLC 业务一般数据量较小,可以通过打孔方式占用 eMBB 业务的部分资源模块,即在一个时隙同时发送 uRLLC 和 eMBB 业务。这种下行抢占机制会对 eMBB 业务产生一定影响,为了降低这种影响,3GPP 引入了下行抢占指示机制,即通过组播发送抢占指示(preemption indication, PI)指示信息,通知终端被抢占的资源,终端可以通过 HARQ 机制,要求基站重新发送受影响的数据。

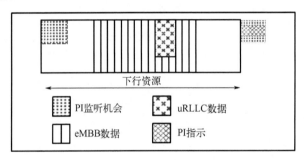

图 4-9　下行抢占机制资源分配

图 4-10 给出了 TDD 及 FDD 模式下下行抢占机制的节省时间,由图 4-10 可知,对于 TDD 2.5ms 双周期制式,下行抢占调度机制相比正常调度流程可以最多减少 3 个时隙的时延,对于 FDD 制式,下行抢占调度机制相比正常调度流程可以减少 1 个时隙的时延。

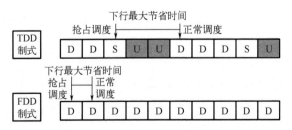

图 4-10　TDD 及 FDD 模式下下行抢占机制的节省时间

根据 HARQ 机制,数据发送方收到否定应答(negative acknowledgment, NACK)反馈或重传指示后, 需要重新发送数据, 直到收到应答(acknowledgment, ACK)

信息才认为本次数据发送成功，数据的重传必然带来时延的增加。此处以 FDD
上行为例分析重传带来的时延，且假设终端和基站的处理速率足够快，即接收方
收到数据后的第 1 个 Tslot 里反馈 ACK/NACK/重传指令，由图 4-11 可知，在此
模式下，重传会带来 2 个 Tslot 的时延；如果终端和基站的处理时间为 1 个 Tslot，
即接收方收到数据后的第 2 个 Tslot 里反馈 ACK/NACK/重传指令，则重传会带来
4 个 Tslot 的时延。

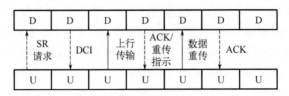

图 4-11　数据重传引起的时延

对于 TDD 模式，因为涉及上下行时隙倒换只有在对应的时隙才能发送上下
行数据，因此重传带来的时延更大。

在现网中，可以采用通过完善信号覆盖质量、降低干扰水平、降低编码率物
理层重复、分组数据汇聚协议(packet data convergence protocol，PDCP)层重复、
多发送多接收节点技术(multi-transmission reception point，Multi-TRP)传输等手段
来降低 HARQ 重传次数。

4.2.3　微时隙技术及灵活帧结构

微时隙继承了 LTE 中减小传输时间间隔的设计理念，将最小的调度单元由时
隙变为符号实现符号级别的调度，可以减少数据发送的等待时间，适应 uRLLC
业务的低时延小数据量的特点。mini-slot 长度为 2_4_7 个符号，基于时隙的调度
和基于微时隙的调度如图 4-12 所示。

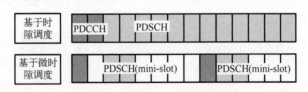

图 4-12　基于时隙调度与基于微时隙调度对比

如图 4-13 所示，以下行 2 符号调度方案为例来计算节省时间，相比时隙
调度，对于 TDD 2.5ms 双周期制式，根据来包时间与上下行时隙的对应关系，
下行最大可以降低 2+6/7 Tslot 的时延，对于 FDD 制式最大可以节省 6/7 Tslot
的时延。

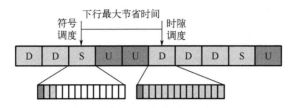

图 4-13　TDD 制式基于符号调度的时间节省

　　5G TDD 具有灵活的帧结构，除了典型的 2.5ms 双周期、5ms 单周期外，为了满足 uRLLC 业务的低时延特性要求，还可以考虑 1ms 单周期的帧结构，如图 4-14 所示。

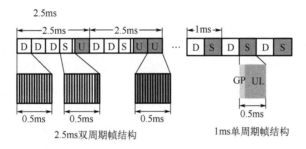

图 4-14　2.5ms 双周期与 1ms 单周期帧结构

　　相对于 2.5ms 双周期的结构，1ms 单周期的帧结构可以明显减少等待时延，根据来包时间与上下行时隙的对应关系，上行最多可以减少 3 个 Tslot 的时延，下行最多可以减少 1 个 Tslot 的时延，虽然 1ms 单周期帧结构可以降低等待时延，但是也有明显缺点，主要是保护时隙(guard period，GP)符号占比达到 7%，对频谱效率影响较大，同时对于上下行非对称业务，也会影响某一方向的数据传输速率。

　　相对 LTE 固定的 15kHz 的子载波间隔，NR 具有不同类型的子载波间隔，如图 4-15 所示。时隙长度随着子载波间隔的增大而减少，60 kHz 子载波间隔对应

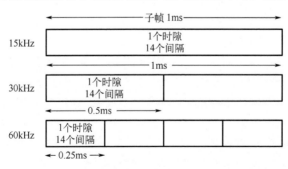

图 4-15　TDD 制式基于符号调度的时间节省

的时隙长度 0.25 ms，相对 30 kHz 减少一半时隙长度可以带来时延的降低，但是由于符号长度较短，循环前缀(cyclic prefix，CP)较短，抵抗多径干扰的能力较弱，在某些场景和频段中会存在性能风险。

4.3　5G 工具箱使用

4.3.1　MATLAB 5G 工具箱介绍

　　MATLAB 的 5G 工具箱是一个专门用于 5G 无线通信系统设计和仿真的工具箱。它提供了符合标准的功能和参考示例，用于 5G 通信系统的建模、仿真和验证。

　　MATLAB 5G 工具箱面向 5G 的新设计架构和算法。5G 宽带速度的飞跃将通过毫米波频率范围内的大规模 MIMO 通信以及更高效地利用频谱的新无线电算法实现。新的设计架构和算法将影响 5G 系统的各个方面：从天线到射频(radio frequency，RF)电子到基带算法。这些子系统的性能耦合紧密，必须进行联合设计和评估。

　　新的 5G 物理层算法有利于提高灵活性和频谱效率。5G 工具箱提供：上行链路和下行链路。5G NR 波形生成包括基于 5G NR 混合参数集、循环前缀正交频分复用(cyclic prefix orthogonal frequency division multiplexing，CPOFDM)和单载波频分多址(single carrier frequency division multiple access，SC-FDMA)的预定义(测试模型、固定参考信道)和自定义波形。5G 上行链路和下行链路物理信道和信号包括 PDSCH/PUSCH、PDCCH/PUCCH、同步突发、解调参考信号(demodulation reference signal，DMRS)、信道状态信息参考信号(channel state information reference signal，CSI-RS)、探测参考信号(sounding reference signal，SRS)和相位跟踪参考信号(phase tracking reference signal，PT-RS)。

　　5G 工具箱函数通过开放、可编辑的 MATLAB 代码予以实现，使用户能够轻松理解并自定义算法实现。

　　设计天线阵列单元，随后可以添加包含相应的辐射方向图的天线元件详细设计，以提高天线阵列模型的逼真度。该工具箱使用矩量法算法计算端口属性(如阻抗)、表面属性(如电流和电荷分布)以及电场属性(如近场和远场辐射方向图)。

　　可以使用天线工具箱以 2D 和 3D 形式可视化天线的几何结构和分析结果。也可将天线和阵列模型集成到无线系统中，并使用阻抗分析方法设计匹配网络。该工具箱还提供用于仿真波束成形算法的辐射方向图。

　　综上，MATLAB 5G 工具箱具有以下优势。

①标准兼容：5G 工具箱提供了符合 3GPP 5G NR 通信系统物理层建模、仿真和验证的标准波形和参考设计。

②系统设计和仿真：工具箱包括各种 5G 无线通信技术的模型，波通信、多用户 MIMO、OFDM 等。使用 5G 工具箱，用户可以进行 5G 系统级设计、物理层仿真、链路级仿真和系统性能评估等操作。

③链路级仿真：工具箱支持链路级仿真、黄金基准验证和一致性测试，以及测试波形生成。工程师可以使用 5G 工具箱快速设计关键算法并预测符合 5G Release 15 标准规范的系统端到端链路性能。

④灵活性：用户可以修改或自定义工具箱函数，并将它们用作实现 5G 系统和设备的参考模型。

⑤无线波形发生器：无线波形发生器是一个使波形生成任务变得更容易、更具交互性的用户界面。使用该 APP，您无须编写任何代码即可创建各种信号，包括 5G NR、LTE、802.11（Wi-Fi）和蓝牙信号。

⑥工作流程：MATLAB、5G Toolbox^{TM}、Instrument Control Toolbox^{TM} 和无线波形发生器一起，可以解决 5G 系统设计和测试中的诸多难题。整个测试和验证工作流包括：使用 5G 波形发生器生成基带波形、对空发射信号、通过 TCP/IP 从信号分析仪中读取 IQ 数据。

4.3.2　OMNeT++软件介绍

OMNeT++是一个可扩展的、模块化的、基于组件的 C++仿真库和框架，主要用于构建网络模拟器。"网络"是指更广泛的意义，包括有线和无线通信网络、片上网络、排队网络等。特定领域的功能，如对传感器网络、无线自组织网络、互联网协议、性能建模、光子网络等的支持，由模型框架提供，作为独立项目开发[56]。OMNeT++ 提供了一个全面且功能强大的开发环境，其中包括一个基于 Eclipse 的集成开发环境（integrated development environment，IDE），这一特性极大地提升了开发者的效率和便捷性。此外，它还内置了一个直观的图形化运行时环境，以及众多其他辅助工具，共同构成了一个强大的仿真平台。该平台支持广泛的扩展功能，包括但不限于实时仿真、复杂的网络仿真、无缝的数据库集成、SystemC 集成等，这些功能使得 OMNeT++能够灵活应对多种仿真需求，成为众多领域专业人士的首选工具。

OMNeT++模型是通过交换消息进行通信的组件（模块）构建的。模块可以嵌套，即可以将多个模块组合在一起形成一个复合模块。在创建模型时，需要将系统映射到通信模块的层次结构中。模型结构使用网络描述语言（network description language，NED）定义，可以在文本编辑器或基于 Eclipse 的 OMNeT++ 模拟 IDE

的图形编辑器中编辑 NED。模型的活动组件(简单模块)使用模拟内核和类库在 C++中编程。代表协议头的 C++类在消息定义文件(message definition file，MSG)中描述，然后翻译成 C++代码。一个合适的 omnetpp.ini 文件用于保存模型的 OMNeT++配置和参数。一个 ini 文件可能包含多个可以相互构建的配置，甚至可能包含参数研究。构建模拟程序并运行它。将代码与 OMNeT++模拟内核和 OMNeT++提供的用户界面之一链接，有命令行和交互式图形用户界面。模拟结果被写入输出向量和输出标量文件。可以使用模拟 IDE 中由 Pandas 和 Matplotlib 提供支持的分析工具来分析和绘制它们。模拟记录的事件日志可以在 IDE 中的序列图工具中查看。结果文件是基于文本的，因此也可以使用 R、MATLAB 或其他工具对其进行处理。

OMNeT++本身不是任何具体的模拟器，而是提供用于编写模拟的基础设施和工具。该基础设施的基本组成部分之一是模拟模型的组件架构。模型是由称为模块的可重用组件组装而成的。编写良好的模块是真正可重用的，并且可以像乐高积木一样以各种方式组合。

模块可以通过门(其他系统将其称为端口)相互连接，并组合形成复合模块。模块嵌套的深度不受限制。模块通过消息传递进行通信，其中消息可能携带任意数据结构。模块可以通过门和连接沿着预定义的路径传递消息，或者直接传递到它们的目的地，后者对于无线模拟很有用。模块可能具有可用于自定义模块行为和/或参数化模型拓扑的参数。模块层次结构最低级别的模块称为简单模块，它们封装了模型行为。简单模块在 C++中编程，并利用模拟库。

OMNeT++模拟可以在各种用户界面下运行。图形用户界面对于演示和调试十分有利，命令行用户界面适合批量执行。模拟器以及用户界面和工具具有高度可移植性。OMNeT++可以在最常见的操作系统(Linux、Mac OS/X、Windows)上进行测试，简单修改后可以在大多数类 Unix 操作系统进行编译。OMNeT++还支持并行分布式模拟，OMNeT++可以使用多种机制在并行分布式模拟的分区之间进行通信，如消息传递接口(message passing interface，MPI)或命名的通道。并行模拟算法可以很容易地扩展，或者可以插入新的算法。

OMNEST 是 OMNeT++的商业支持版本。OMNeT++仅对学术且非营利用途免费，可以应用于网络仿真教学。

INET 框架是 OMNeT++模拟环境的开源模型库，它为使用通信网络的工作人员提供协议、代理和其他模型，INET 在设计和验证新协议，或探索新的或奇异的场景时特别有用。INET 框架可以被认为是 OMNeT++的标准协议模型库。INET 包含互联网堆栈和许多其他协议和组件的模型。INET 框架由 OMNeT++团队维护，并结合社区成员贡献的补丁和新模型进行完善。

　　INET 包含 Internet 堆栈模型、有线和无线链路层协议、对移动性的支持、MANET 协议、DiffServ、带有标签分发协议(label distribution protocol，LDP)和基于流量工程扩展的资源预留协议(resource reservation protocol-traffic engineering，RSVP-TE)信令的多协议标签交换、多种应用模型，以及许多其他协议和组件。其他几个仿真框架以 INET 为基础，并将其扩展到特定方向，如车载网络和 5G 等。

　　Simu5G 是一款基于知名 SimuLTE 库的 5G 新无线电(NR)模拟器，由同一研究小组开发，并被工业界和学术界广泛使用。Simu5G 基于 OMNeT++仿真框架，并提供了一组具有明确定义接口的模型，可以实例化和连接以构建任意复杂的仿真场景[57]。Simu5G 整合了 INET 库中的所有模型，允许模拟包括 5G NR 第 2 层接口在内的通用 TCP/IP 网络。Simu5G 模拟 5G RAN(Rel 16)和核心网络的数据平面。它允许在 FDD 和 TDD 模式下模拟 5G 通信，具有异构 gNB(宏、微、皮等)，可能通过 X2 接口进行通信，以支持切换和小区间干扰协调。eNB(LTE 基站)和 gNB(5G NR 基站)之间的双重连接也可用，提供符合 3GPP 的协议层，而物理层通过现实的、可定制的信道模型进行建模。支持上行链路和下行链路方向的资源调度，支持载波聚合和多种参数集，如 3GPP 标准(3GPP TR 38.300、TR 38.211)所规定的。Simu5G 支持多种 UE 移动模型，包括车辆移动性。

　　Simu5G 允许对 5G 网络中的资源分配和管理方案进行编码和测试，例如选择哪些 UE 作为目标、使用哪种调制方案等。它还兼顾小区间干扰协调、载波选择和能量效率等方面。在服务方面，Simu5G 允许用户实例化运行在用户设备上的用户应用与驻留在 MEC 主机上的 MEC 应用进行通信的场景，以评估新一代服务的往返延迟，包括 MEC 主机的计算时间。此外，它还模拟了蜂窝车对物标准，该标准依赖于 D2D 通信的网络控制资源分配。Simu5G 还可以在实时仿真模式下运行，实现与真实设备的交互。因此，用户可以通过仿真的 5G 网络运行实时联网应用，使用相同的代码库进行仿真和实时原型开发，这缩短了开发时间，并使结果更加可靠和易于演示。

　　5G 蜂窝网络由无线接入网(radio access network，RAN)和核心网(core network，CN)组成，如图 4-16 所示。RAN 由单个基站(base station，BS)控制下的小区组成。5G 基站被称为 gNodeBs(gNBs)，它们代表了 4G 基站的演进，后者被称为 eNodeBs(eNBs)。UE 连接到 BS，并且可以通过切换过程改变服务 BS。基站通过 X2 接口相互通信，这是一种通常在有线网络上运行的逻辑连接。CN 的数据平面包括一个或多个 UPF，其提供 RAN 和数据网络之间的互联。CN 中的转发是使用 GPRS 隧道协议(GPRS tunneling protocol，GTP)执行的。

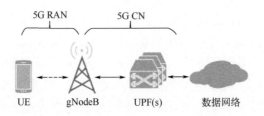

图 4-16　5G 蜂窝网络的数据平面架构

在 RAN 中，BS 和 UE 之间的通信发生在开放式系统互联(open system interconnect，OSI)参考模型的第 2 层。在 BS 和 UE 上，使用四个协议的堆栈来实现第 1 层和第 2 层。Simu5G 模拟 5G 新无线电 RAN 和 CN 的数据平面。Simu5G 库的主要元素是 NrUe 和 gNodeB 复合模块，它们模拟了一个 Ue 和一个具有 NR 能力的 gNB。它们的内部架构如图 4-17 所示。

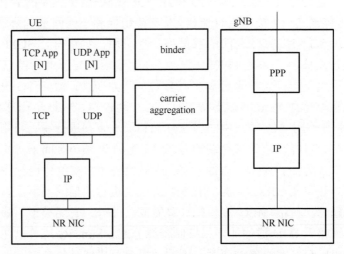

图 4-17　Simu5G 模型库的主要模块

UE 模型包括从物理层到应用层的所有协议层。它包括 IP 和 TCP/UDP 协议，以及 TCP/UDP 应用程序的向量。UE 的 NR 功能在其网络接口卡(network interface card，NIC)中实现，称为 NrNicUe。gNB 复合模块集成了从物理层直至网络层(高达第 3 层)的完整协议栈，确保了通信的全面性和高效性。该模块配备有两个关键的网络接口：首先是 NR 接口，这一接口在 NrNicGnb 模块中得到精心实现，专门用于处理无线网络的连接与通信；另一个是运行点对点协议的接口，此接口专为与核心网络(CN)建立稳定且高效的有线连接而设计，确保了 gNB 与 CN 之间数据传输的可靠性和实时性。这样的设计不仅提升了 gNB 模块的功能全面性，还增强了其在 5G 网络架构中的兼容性和灵活性。这两种网卡的内部结构如图 4-18 所示。

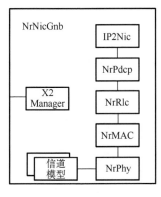
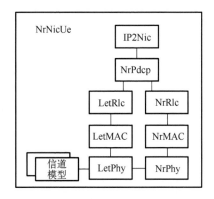

图 4-18　NR 网卡模块的结构

在模拟场景中可以实例化任意数量的 NrUe 和 gNodeB 模块。相反,有两个模块,即混合功能模块(binder)和载波聚合模块(carrier aggregation)模块,存在于单个副本中。两者都维护全局信息,并且可以被其他模块查询。通过在 NED 文件中进行模块搭建,在 ini 文件中进行具体配置就可以进行相应的仿真。

4.4　小　　结

本节主要介绍了工业 5G 网络时延分析及优化方法,并介绍了 5G 网络中常用的网络仿真工具。根据 5G 工业互联网行业对时延的要求,分析了技术演进过程,对时延敏感领域的业务需求;针对工业 5G 业务领域的不同,提出了工业 5G 时延的优化方法;最后介绍了 MATLAB 5G 工具箱、OMNET++网络仿真工具,为读者对 5G 工业领域及 5G 仿真提供了思路。

从低时延技术上看,上行免调度技术和下行抢占机制可以带来的时延增益较大,且对现有网络及终端影响较小,可以考虑优先引入;微时隙技术带来的时延增益有限,且需要终端的支持,可以考虑在特定的场景部署;特殊帧结构及更大的子载波间隔会对频谱效率及抗干扰方面产生影响,需要谨慎评估,网络的低时延和高可靠性是相辅相成的,因此,降低数据重传次数提升可靠性对降低 uRLLC 业务时延来说也是非常关键的。

第二部分　时间敏感网络技术

时间敏感网络是一种网络技术，旨在为各类型流量提供确定性与可靠性的保障。它基于标准以太网进行了一系列扩展，以满足工业自动化、汽车、音视频传输等领域对于实时性和可靠性的苛刻要求。本书旨在全面介绍 TSN 的背景、概念、技术及应用[58]。TSN 运用标准化的协议与机制，确保数据在网络中的传输是可预测和可控的，核心功能包括时间同步、流量整形、可靠性保障，以及管理与配置。

时间同步是 TSN 的基石。在 TSN 网络内，所有设备的时钟必须精确同步，确保数据包的准时收发。IEEE 802.1AS 作为 TSN 的时间同步协议，是基于精确时间协议的改进版[59]。此技术让网络中的设备能共享统一的时间参考，实现网络的同步操作。时间同步对于流量的定时发送、流量整形及排队机制都至关重要。

流量整形则是 TSN 的另一大特性，它控制网络中的数据流，以满足特定的时间和带宽需求。IEEE 802.1Qbv 标准提供了时间感知的排队机制，允许在网络交换机中设定时间窗口，确保特定类型的流量在指定时间内被转发。这减少了网络拥塞和数据碰撞，实现了低延迟和高带宽利用率[60]。流量整形还涵盖帧预取、帧复制与消除等技术，确保数据的准时传输和冗余处理。

在可靠性方面，TSN 通过冗余和错误恢复机制提升数据传输的可靠性。IEEE 802.1CB 标准的帧复制和消除功能，能在网络中建立多条路径，防止单点故障导致的数据丢失。此外，TSN 还包含流控制和重传机制，确保在网络条件不佳时数据仍能可靠传输。

管理与配置是 TSN 网络正常运行的基础，包括设置时间同步参数、调整流量整形策略、定义流量类别和优先级等。这些配置通常由网络管理者手动进行，但随着网络复杂性的增加，自动化配置和管理变得越来越重要。IEEE 802.1Qcc 标准定义了 TSN 网络的集中式配置模型，简化了网络资源的管理和优化。同时，自动化的网络管理工具和算法也在不断发展，以支持动态的网络配置和优化。

TSN 的发展是推动工业互联网进步的关键力量。通过确保数据传输的实时性和可靠性，TSN 为关键任务提供了坚实的网络基础设施。在工业自动化领域，机器人和控制系统需要毫秒级甚至微秒级的精确同步。在汽车行业，TSN 支持车载网络中的实时控制和传感器数据集成。在音视频行业，TSN 则保证了高质量的流媒体传输。

随着技术的持续进步，TSN 的应用场景也在不断扩展，从传统的工业环境延伸到车联网通信、智慧城市和远程医疗等领域[61]。这些新场景带来了新的挑战，如更高的带宽需求、更复杂的网络结构和更严格的安全性要求，预示着 TSN 将持续演进以满足未来社会的多样化需求。

第 5 章　时间敏感网络概述

TSN 技术是 IEEE 802.1TSN 工作组开发的一系列数据链路层协议规范的统称，用于指导和开发低延迟、低抖动、具有传输时间确定性的以太网。TSN 工作组由音视频桥接(audio and video bridge，AVB)工作组发展而来。AVB 工作组聚焦于以太网架构上进行实时音频与视频传输的标准化工作，并于 2012 年改名为 TSN 工作组，进一步聚焦于流量调度、网络配置、资源管理等方面的标准协议，从而降低网络时延，提升网络的可靠性以及传输的确定性[62]。TSN 作为一种新兴工业网络技术，对推动工业互联网的深化发展具有现实意义，为构建新一代智能化工厂提供统一、开放的网络架构，对网络数据传输的时延、可靠性以及确定性提供了必要的保障。因此，本章首先以工业网络的发展历程为出发点，简要介绍 TSN 的发展过程；然后，以虚拟局域网(virtual local area network，VLAN)技术为基础，分析 TSN 的协议层次与数据帧格式；最后，简要总结 TSN 的技术特征。

5.1　工业网络技术发展

工业网络基于工业控制系统发展而来，在早期通常只包含工业控制网络。而随着工业企业网络化、信息化进程不断推进和升级，通过各种网络和信息系统将生产管控、物料管理、事务处理、现金流动、客户交易等业务流程加工成信息资源。工业网络逐步发展，涵盖了工业控制网络和工业信息网络两个层次。

19 世纪末 20 世纪初，随着以电力为动力的第二次工业革命的出现，以反馈系统理论为基础的自动控制方法及技术于 20 世纪 40 年代开始广泛应用于工业系统领域，工业系统中的通信主要依赖于电路系统的模拟电子线路信号实现，可以视为工业网络的雏形或者前身[63]。

20 世纪下半叶，以计算机技术为代表的第三次工业革命出现，数字通信成为第三次工业革命新动能。从最初的模数混合起步，基于已有的模拟线路实现数字通信。20 世纪 80 年代，现场总线技术在不同行业兴起，以全数字化、双向串行、多点连接通信技术实现了工业现场执行器、传感器以及变送器等多设备互联。90 年代末，随着工业控制应用和管理应用对于承载需求的进一步提升，具有更高传输效率、更大带宽、更好兼容性的工业以太网逐步兴起，开始从工业现场测量控制网络发展向生产管理延伸。进入新世纪，工业无线引入工业应用场景，对工业有线网络形成有效补充。各类工业总线和工业以太网等工业网络诞生于不同行业领域，形成了以 IEC61158、IEC61784 等为代表的工业网络系列标准。

21 世纪开始，在美国、德国、中国等科技大国逐渐出现了工业互联网的概念，新的工业应用不断涌现，工业控制系统与信息系统信息交互模式出现变革。随着工业互联网的发展，工业智能化、一体化的趋势愈发明显，在人工智能、清洁能源、无人控制技术、量子信息技术、虚拟现实等新技术的推动下，工业网络正在进行全新的技术革命[64]。

从工业网络技术的分析来看，工业网络可以分为 OT 网络和 IT 网络两部分，如图 5-1 所示。其中，OT 网络用于连接生产现场设备与系统，实现自动控制的工业通信网络；IT 网络是用于管理和处理信息所采用的各种技术的总称，用于承载智能工厂的业务系统。下面从工业现场总线、工业以太网以及 TSN 技术三方面阐述工业网络的发展过程。

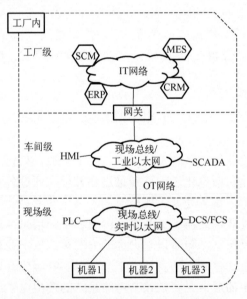

图 5-1　传统工业内网络关系示意图

5.1.1　工业现场总线

现场总线是一种串行、数字式、多点通信的数据总线，用于连接工业现场设备和自动化测量控制系统的数字式、双向传输、多分支结构的通信网络，是自动化领域中底层数据通信网络。工业现场总线通过替代传统的点对点连接方式，实现了分布式控制和通信，从而减少了大量的连线和简化了系统的维护。通常，工业现场总线可以支持多种通信拓扑，如总线、环形、星形等，以满足不同应用场景的需求。现场总线出现在 20 世纪 80 年代末到 90 年代初期，这个时期随着生产规模的日益扩大，工厂的设备有了互联的需求，通过综合掌握多点的运行参数与信息可以实现多点信息的操作控制。然而，该时期计算机系统存在系统封闭的缺陷，各个厂家的产品都自成体系，不同厂商之间的设备不能实现互联互通，想实现更大范围信息共享的网络系统存在很多困难。现场总线技术可通过一条通信电缆将现场设备连接，通过数字化通信方式代替 4～20mA/24V 直流信号，从而实现现场设备的控制、监测等功能。工业现场总线技术的发展和应用，对于提高工业生产自动化水平、降低生产成本、提高生产效率和产品质量具有重要意义。下面将介绍工业现场总线的优势以及常见的工业现场总线标准。

当前主流的工业现场总线技术包括基金会现场总线(foundation fieldbus，FF)、HART(highway addressable remote transducer)现场总线、控制器局域网(controller area network，CAN)现场总线、过程现场总线(Process field bus，PROFIBUS)等。下面简要介绍常见的现场总线的具体内容。

(1)基金会现场总线。

FF 是一种数字通信协议，通过使用现代通信技术，支持实时控制和数据通信。它允许各种设备在同一总线上进行通信，实现设备之间的数据交换和集成。FF 系统采用了分布式控制架构，允许控制系统直接与现场设备通信，减少了对中央控制器的依赖。FF 通信的物理层通常采用两线制或四线制的电缆。这些电缆不仅传输数字通信信号，还能提供设备所需的电力。数据链路层使用了基于国际标准化组织(international organization for standardization，ISO)的通信标准，支持多站通信和多个从站的集成。

FF 系统可以连接各种智能设备，包括传感器、执行器、控制器等。这些设备可以直接在总线上交换信息，实现分布式控制和集成。并且，该协议支持多种拓扑结构，包括物理总线、物理星形等，以适应不同的应用场景。

(2)HART 现场总线。

HART 是一种常见于过程自动化领域的数字通信协议，用于实现智能仪器和控制系统之间的通信。HART 通信协议是一种混合型协议，它在模拟信号上叠加数字信号，从而实现了数字通信和模拟传输的双重功能。

HART 协议设计的初衷是为了在传统的 4～20mA 电流环中添加数字通信的能力，以便从传感器和执行器中获取更多的信息。它允许数字通信和模拟信号共享同一根电缆，实现了双向通信。HART 设备可以数字方式传输参数、状态信息和配置数据，同时保留了传统的模拟信号，使得它们与不支持 HART 协议的设备兼容。

在 HART 通信中，主站是负责发起和控制通信的设备，通常是过程控制系统或可编程逻辑控制器。从站是传感器、执行器或其他智能设备，它们能够响应主站的请求并提供相关的信息。主站和从站之间的通信是双向的，主站可以获取从站的测量值、状态信息以及对设备的配置和控制。

HART 通信协议的标准由 HART 通信基金会制定。这个组织负责维护和推动HART 技术的发展，确保不同厂商的设备之间可以相互通信。HART 通信协议的标准定义了通信协议的各个方面，包括帧格式、命令集、数据表示等。

(3)CAN 现场总线。

CAN 总线采用了一种事件驱动的通信模型，允许多个节点在同一总线上进行通信。总线上的节点可以是传感器、执行器、控制器等。CAN 总线支持多主机通信，允许多个节点在同一总线上发送和接收消息。并且，CAN 总线是一种实时通信协议，适用于对通信延迟和可靠性要求较高的应用场景。此外，CAN 总线使用非破坏性的位冲突检测机制，能够检测多个节点同时发送数据的情况，并通过重新发送机制解决冲突。

CAN 总线的物理层通常使用双绞线，支持不同的传输速率，如 CAN 和 CANFD（flexible data-rate）。数据链路层采用非常强大的帧结构，包括标识符、控制字段、数据字段和循环冗余校验等。CAN FD 是一种对传统 CAN 进行改进的协议，支持更高的数据传输速率和更大的数据帧。

(4)PROFIBUS。

PROFIBUS 是一种在工业自动化领域广泛应用的现场总线协议。它由德国的西门子公司于 1990 年引入，是德国国家标准 DIN19245 和欧洲标准 EN50170 的现场总线标准，旨在提高自动化系统的通信效率和灵活性。PROFIBUS 支持实时数据交换，能够在毫秒级的时间内进行数据交换，适用于需要高度同步的应用。PROFIBUS 允许分布式控制，通过连接各种设备，如传感器和执行器，以实现更灵活的自动化系统。

PROFIBUS 标准主要由 PROFIBUS-DP 和 PROFIBUS-PA 组成。其中，分散式外设（decentralized peripherals，DP）型用于连接控制系统和分布在现场的外围设备，如传感器和执行器，这种标准支持高速数据传输，适用于实时控制；过程自动化（process automation，PA）型针对过程自动化领域，主要用于连接仪表和传感器。PROFIBUS PA 更适用于长距离通信和低速数据传输，适用于化工、石油和天然气等行业。

基于上述分析，此处将 4 种常见的工业现场总线进行了对比，具体信息如表5-1 所示。尽管工业现场总线在自动化系统中起到了关键的作用，但它们也存在一些局限性，如有限的带宽、通信延迟、网络规模受限等。此外，随着 TCP/IP 的发展，现场总线也呈现出标准不统一、对接难等问题，因此，选择合适的现场总线需要综合考虑系统需求、可行性和成本等多个因素。

表 5-1　常见工业现场总线对比表

现场总线	FF	HART	CAN	PROFIBUS
通信类型	数字通信	数字和模拟通信	数字通信	数字通信
拓扑结构	星形、总线等	点对点连接	线形、环形、星形等	星形、环形等
通信速率	H1：最高 31.25kbps；HSE：最高 100Mbps	1200bps	最高 1Mbps	PROFIBUS DP：最高 12Mbps
实时性	支持实时通信	不支持实时通信	支持实时通信	支持实时通信

5.1.2　工业以太网

工业以太网是以太网技术在工业自动化领域的应用，它在过去几十年中经历了快速的发展和广泛的应用。工业以太网的发展始于 20 世纪 80 年代。最初，工业控制系统主要使用基于串行通信的总线系统，如 PROFIBUS 和 DeviceNet。然而，由于以太网在商业领域的成功，工业界开始考虑将其引入到工业自动化中，以提供更高的数据传输速率、灵活性和可靠性。随着对工业以太网需求的增加，一些组织和标准机构开始致力于推动工业以太网的标准化。其中，IEEE 802.3 组织在以太网标准化方面发挥了关键作用。最终，IEEE 802.3 标准逐渐演化为工业以太网的标准。工业自动化应用对实时通信性能的需求较高，因此，一些协议和技术适配工业以太网，以满足这些要求。其中，以太网/IP、Profinet、EtherCAT 等协议成为工业以太网的重要组成部分，支持实时性能、设备管理和网络安全。

工业以太网与普通以太网有一些关键的区别主要在于它们的设计和应用方面。例如，在应用环境方面，工业以太网专为工业自动化和控制系统设计，需考虑恶劣的工业环境，如高温、低温、湿度、振动、电磁干扰等；在通信要求方面，工业以太网对实时性能有更高的要求，需要支持快速响应和同步性，以适应工业自动化中对精确控制的需求；在网络协议方面，使用一系列特定的工业通信协议，如 Profinet、EtherNet/IP、Modbus TCP 等，以支持工业自动化设备之间的实时通信；在物理层上可使用更耐用的电缆，如双绞线、光纤等，以应对工业环境中的干扰和挑战，提高可靠性。总体而言，工业以太网是在以太网基础上专门为工业自动化设计的一种扩展。它考虑了工业环境的特殊需求，并提供了更多实时性、可靠性和安全性的特性，以满足工业控制系统的需求。

　　Profinet 是一种基于工业以太网技术的开放式工业通信协议，由西门子公司和 PROFIBUS & PROFINET 国际协会共同提出。它应用 TCP/IP 及资讯科技的相关标准，是实时的工业以太网。自 2003 年起，Profinet 成为 IEC 61158 及 IEC 61784 标准中的一部分。Profinet 可以提供完整的网络解决方案，包括实时以太网、运动控制、分布式自动化、故障安全以及网络安全等方面，并且作为跨供应商的技术，可以完全兼容工业以太网和现有的现场总线（如 PROFIBUS）技术，保护现有投资。Profinet 的设备可以具有控制器和设备两种角色，关系可以简单地对应于 PROFIBUS 的主从关系。另外由于 Profinet 是基于以太网的，所以可以有以太网的星形、树形、总线型等拓扑结构，而 PROFIBUS 只有总线型。所以 Profinet 就是把 PROFIBUS 的主从结构和以太网的拓扑结构相结合的产物。

　　EtherNet/IP 是一种基于标准以太网 IEEE 802.3 的工业应用层协议，由罗克韦尔自动化公司开发，现由开放式设备网络供货商协会组织管理。这种协议支持 TCP 和 UDP 传输协议，并允许多种网络拓扑连接方式。EtherNet/IP 采用了通用工业协议作为其应用层协议，以实现设备间的通信和数据交换。EtherNet/IP 定义了显性和隐性两种通信类型，其中，显性通信通过 TCP 传输数据，适用于低实时性要求的场景，如设备配置和程序传输；隐性通信通过 UDP 传输数据，适用于实时性要求较高的场景，如传感器数据和马达控制。这两种通信类型分别使用不同的封装层协议对数据进行封装。EtherNet/IP 在工业自动化领域的应用广泛，涉及物流、暖通、楼宇、印包、食品、锂电、制造业等多个行业。通过使用 EtherNet/IP，可以实现设备间的高速、可靠和高效通信，提高生产效率并降低成本。

　　此外，表 5-2 对比了 4 种常见的工业以太网。虽然工业以太网在通用性、可扩展性、实时性等方面具有优势，并且在工业自动化领域的应用占据主导地位，但对于某些对实时性要求极高的应用场景（如运动控制），可能仍需进一步优化和改进。此外，在大规模的工业网络中，数据传输可能导致网络拥塞，影响生产效率。因此，需要进一步采取有效的网络管理和优化策略，确保网络的稳定运行。

表 5-2　常见工业以太网对比表

工业以太网协议	应用层协议	主要特点	主要应用场景
EtherNet/IP	通用工业协议（CIP）	基于 TCP/UDP，支持实时和非实时通信，具有良好的兼容性和可扩展性	工业自动化、过程控制、设备互联等
Profinet	TCP/IP 协议栈	实时性强，支持运动控制，提供 IT 和 OT 融合的解决方案	工业自动化、过程控制、运动控制等

续表

工业以太网协议	应用层协议	主要特点	主要应用场景
Modbus TCP	Modbus	简单、中立，易于实现，支持现有的以太网设备	工业自动化、设备监控、数据采集等
EtherCAT	EtherCAT	高速、实时性强，支持分布式控制和运动控制	高速生产线、机器人、运动控制等

5.1.3　TSN 技术

TSN 是一种新兴的网络技术，旨在为实时应用提供确定性的数据传输。TSN 基于标准以太网 IEEE 802.3 技术，通过一系列 IEEE 802.1 标准的扩展和优化，实现了对数据传输的实时性、可靠性和低延迟等方面的改进。TSN 起源于 AVB 任务组，后来逐渐应用于工业自动化、车载网络、物联网等多个领域。

TSN 标准的协议发展进程如图 5-2 所示。TSN 前身为 2005 年成立的 AVB 工作组，主要解决音视频的实时传输问题。AVB 对音视频业务的实时性保障性能良好，引起了工业领域的技术组织及企业的关注。

2010 年，IEEE 802.1Qat 标准制定了 IEEE 802.1Qca：流预留协议(stream reservation protocol，SRP)协议，并定义了基于流需求和网络可用资源的接入控制框架，解决了流的注册与预留问题。传输路径上具有可用的资源是流在进行整形、调度和传输等过程的前提条件。

2011 年，IEEE 802.1AS 时钟同步标准发布，实现了整个系统的同一时间标度。

2012 年，IEEE 将 AVB 工作组更改为 TSN 工作组。AVB 最初是为了在以太网上提供实时音视频传输而创建的一组标准和技术，然而，随着时间的推移，这些标准被扩展，以满足更广泛的实时通信需求，包括工业控制、汽车、物联网等领域。因此，IEEE 决定将其改名为 TSN 工作组，以更好地反映其范围和目标。TSN 工作组的任务是定义一组标准和协议，以在以太网上实现实时通信的可靠性、确定性和时间同步。这些标准包括时间同步、流量调度、带宽保障、网络拓扑发现等关键功能，以支持各种实时应用的需求。

2015 年，TSN 工作组发布了 IEEE 802.1Qbv 的时间感知整形协议、IEEE 802.1Qca 的路径控制和预留协议、IEEE 802.1Qcd 的类型长度值标准，其中的时间感知整形协议保证了时间敏感数据流的时延敏感特性，同时隔离了非时间敏感数据流的干扰。但流进入时间触发窗口前的等待操作会产生一些额外的时延，且时延会随着交换机上不断到来的数据而累积。而 PCR 机制允许为流集中配置多条显式路径，即为每个流预先定义受保护的路径设置、带宽预留、数据流冗余(包括保护和恢复)以及流同步及流控制等信息。

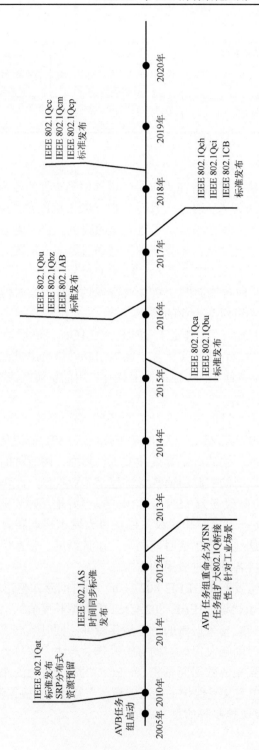

图 5-2　协议发展进程

2016 年，TSN 工作组发布了 IEEE 802.1Qbu 协议，引入了一个新的帧优先级字段，用于标识帧的优先级。当网络中出现高优先级数据流时，低优先级数据流的帧可以被中断，以便高优先级数据流能够立即传输[65]。这种帧预处理机制有助于提高实时数据的传输效率和可靠性。同年还发布了 IEEE 802.1Qbz 桥接增强技术标准，更新 802.1AB 取代 2009 年的版本。

2017 年，为了解决帧的可靠通信问题，IEEE 802.1CB 标准制定了帧复制与消除（frame replication and elimination for reliability，FRER）机制，将拥塞和故障影响降到最低。IEEE 802.1Qci 标准解决了网络故障情况下的流处理问题，网络中的设备出现故障或受到攻击将导致流量过载或者错误交付，通过对数据流过滤与监管（per-stream filtering and policing，PSFP）机制，提高网络的健壮性。同年，TSN 工作组制定了 IEEE 802.1Qch 协议，引进循环排队转发机制（cycling queuing and forwarding，CQF），CQF 允许交换机以循环方式实现帧的同步传输，只要循环周期设置合理，便可通过单跳时延确定总的网络时延，即传输时延只与跳数和循环周期值有关，而与网络拓扑无关。

2018 年，TSN 工作组提出了 IEEE 802.1Qcc、IEEE 802.1Qcm、IEEE 802.1Qcp 协议标准，其中，IEEE 802.1Qcc 解决了 TSN 网络的集中管控问题，提出了管理和控制 TSN 网络的三种模型，包括分布式模型、集中网络/分布用户模型以及集中式模型。

TSN 技术作为一种实时通信解决方案，已经在多个领域取得了显著的成果。除了上述标准制定外，还有其他与 TSN 相关的标准持续制定中，如时间同步协议的演进版本 IEEE 802.1AS-Rev、IEEE 802.1Qcr 异步整形器、IEEE 802.1Qdd 资源分配协议及多个 TSN 的应用行规都还在制定当中，其技术发展仍然还有较大的标准化空间[66]。随着标准化进程的推进和产业合作的深化，TSN 技术将在未来继续发展，为实时通信需求提供更强大的支持。具体标准明细如表 5-3 所示。

表 5-3　TSN 标准演进历程

标准	名称	说明	发布时间
IEEE 802.1Qbv	Enhancements for Scheduled Traffic	预定流量的增强功能	2015 年
IEEE 802.1Qca	Path Control and Reservation	路径控制和预留	2015 年
IEEE 802.1Qbu	Frame Preemption	帧抢占	2016 年
IEEE 802.1Qch	Cyclic Queuing and Forwarding	循环队列和转发	2017 年

标准	名称	说明	发布时间
IEEE 802.1CB	Frame Replication and Elimination for Reliability	无缝冗余	2017 年
IEEE 802.1Qci	Per-Stream Filtering and Policing	单个流过滤和管理	2017 年
IEEE 802.1Qcc	Stream Reservation Protocol（SRP）Enhancements and Performance Improvements	SRP 增强功能和性能改进	2018 年
IEEE 802.1Qcp	YANG Data Model	YANG 数据模型	2018 年

TSN 通过不同的协议实现不同的功能，它的出现主要解决了以下五大问题。

（1）流量传输不确定性。

传统以太网采用"尽力而为"的传输方式，导致其在传输数据的延时波动较大，且具有极高的不确定性，与商业互联网领域对网络拥堵的态度不同，工业、汽车医疗等领域一旦出现严重网络问题则有可能导致致命后果或者巨大经济损失，因此上述领域对网络卡顿、延时容忍度极低，TSN 的出现为解决上述领域的应用问题提供了可行的解决方案，并衍生出了多种协议，为工业、车载等领域提供了多样的选择。

（2）时间同步。

精准的时钟同步在时间敏感网络技术中发挥重要作用。

（3）通信协议不统一。

在网络架构中通常不同的设备会使用不同的通信协议，而不同的通信协议之间难以实现直接的互联互通，TSN 旨在提升以太网的性能，使其更具备确定性、鲁棒性、可靠性，通过 IEEE802 网络保证数据包的延迟、抖动、丢包，实现不同设备产生的数据流量的统一承载[67]。

（4）网络的动态配置。

大多数网络的配置需要在网络停止运行期间进行，这对于工业控制等应用来说难以实现。TSN 通过 IEEE 802.1Qcc CNC 和 CUC 来实现网络的动态配置，在网络运行时灵活地配置新的设备和数据流。

（5）安全。

TSN 利用 IEEE 802.1Qci 对输入交换机的数据进行筛选和管控，对不符合规范的数据帧进行阻拦，能及时隔断外来入侵数据，实时保护网络的安全，也能与其他安全协议协同使用，进一步提升网络的安全性能。

5.2　时间敏感网络基本概念

通过前面的介绍可知，TSN 是一种基于以太网技术和虚拟桥接局域网的实时通信解决方案，它通过一系列 IEEE 802.1 标准来实现确定性、低延迟和低抖动的数据传输。具体的，TSN 协议标准均是对 TSN 数据帧的操作与管理。因此，为了进一步探索 TSN 的相关知识，本节将从 TSN 标准体系架构、协议层次以及数据帧格式三方面回顾 TSN 的基本概念，为后续详细介绍 TSN 的标准协议提供必要支撑。

5.2.1　TSN 标准体系架构

TSN 的标准体系架构主要由 IEEE 802.1 工作组制定的一系列标准组成。这些标准共同构成了一个完整的 TSN 技术体系，以实现实时、低延迟、低抖动和高可靠性的数据传输。图 5-3 是 TSN 基础技术标准体系架构图，从协议技术能力维度来看，TSN 标准体系架构可以分为四个关键部分：时钟同步类标准、可靠性保障类标准、有界低时延类标准和资源管理类标准[68]。具体到命名规则方面，若标题全采用大写字母表示，则该标准为独立标准；若标题中包含小写字母，则标准为修订章节，并且最终合并到 IEEE 802.1Q 中。下面从上述四个关键部分对每类 TSN 标准概况进行阐述。

（1）时间同步类标准。

时钟同步是 TSN 的基础，通过提供全局统一的时钟信息及节点的参考时钟信息，实现本地网络和其他网络节点的时间信息同步。具体地，TSN 的时钟同步类标准主要依赖于 IEEE 802.1AS 标准，该标准定义了一种基于 IEEE 1588 精确时间协议（precision time protocol，PTP）的广义精确时间协议（generalized precision time protocol，gPTP），实现了纳秒级别的精确时钟同步。时钟同步在 TSN 中起着至关重要的作用，因为它确保了网络中所有设备的时钟具有一致性，从而为 TSN 网络中的实时数据传输提供了基础，确保了低延迟、低抖动和高可靠性的通信[2]。此外，IEEE 802.1AS 的演进版本 IEEE 802.1AS-Rev 正在制定中，为未来多 gPTP 的时间同步提供了新的方法与机制。

（2）可靠性保障类标准。

TSN 的可靠性保障类标准主要关注提高网络的容错性、冗余能力和数据传输的可靠性。这类标准包括以下几个方面：IEEE 802.1CB 定义了 FRZR 的机制，用于提高网络的可靠性。FRZR 通过在发送端复制数据帧，并在不同的路径上发送到接收端。接收端在收到重复的数据帧后，会根据一定的规则消除冗余副本，从而确保数据的一致性和可靠性。这种方法在关键数据传输过程中特别有用，可以提高通信的可靠性和容错性。IEEE 802.1Qci 定义了一种流量监控和过滤机制，用于对数据流进行监控和过滤，实现对网络资源的有效管理。PSFP 可以根据数据流的特征（如 VLAN、MAC 地址、IP 地址等）对数据流进行分类，并根据预先设定的规则对数据流进行限制或阻断。这有助于确保关键数据流在网络中的优先传输，提高网络的可靠性；IEEE 802.1Qbv 的时间感知整形器（time-aware shaper，TAS）通过对数据流进行整形，实现低延迟和低抖动的数据传输。TAS 将时间划分为固定长度的周期，每个周期进一步划分为时间槽。每个时间槽可以分配给不同优先级的数据流，从而确保实时数据流在非实时数据流中穿插传输。这种方法可以降低数据传输的延迟，提高网络的可靠性。这些可靠性保障类标准共同构成了 TSN技术体系的一部分，为实时通信需求提供了全面的支持。通过这些协议的组合和优化，TSN 能够在各种应用场景中实现低延迟、低抖动和高可靠性的数据传输。

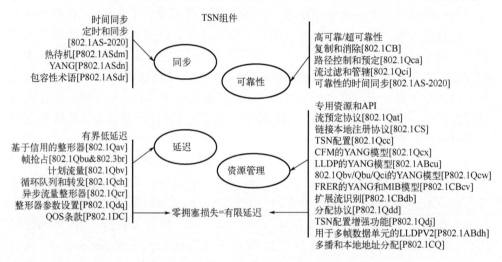

图 5-3　传统工业内网络关系示意图

(3) 有界低时延类标准。

TSN 的有界低时延类标准主要关注在网络中实现低时延、低抖动和确定性的数据传输。这类标准包括以下几个方面：IEEE 802.1Qav 提出了基于信用的整形机制（credit-based shaping，CBS），将传输的数据分为高低优先级两类，通过根据队列的信用值传输数据；IEEE 802.1Qbv 的 TAS 协议用于实现低延迟和低抖动的数据传输。TAS 将时间划分为固定长度的周期，每个周期进一步划分为时间槽。每个时间槽可以分配给不同优先级的数据流，从而确保实时数据流在非实时数据流中穿插传输。这种方法可以降低数据传输的延迟，提高网络的实时性；IEEE 802.1Qbu 的优先级帧抢占协议允许高优先级帧在低优先级帧传输过程中抢占传输资源。这种方法可以在关键时刻确保关键数据流的实时性，降低高优先级数据流的传输延迟。这些有界低时延类标准共同构成了 TSN 技术体系的一部分，为实时通信需求提供了全面的支持。通过这些协议的组合和优化，TSN 能够在各种应用场景中实现低延迟、低抖动和高可靠性的数据传输[69]。

(4) 资源管理类标准。

TSN 的资源管理类标准主要关注网络资源的分配、配置和优化，以满足实时数据流和非实时数据流的传输需求。这类标准包括以下几个方面：IEEE 802.1Qat 标准定义了 SRP，这是一种用于在桥接局域网中预留网络资源的协议，以确保特定流量流的传输质量。SRP 通过使用多种信令协议在桥接网络中建立流量预留，它允许网络资源被预留给穿越桥接局域网的特定流量流，以满足延迟和带宽保证的需求。IEEE 802.1Qcc 的集中式配置(centralized configuration)协议定义了一套网络配置模型，包括全集中式配置、混合式配置和全分布式配置。这些配置方法可以实现对 TSN 网络中的发送端、接收端和交换机的集中式和分布式配置，从而优化网络性能，降低时延。这些资源管理类标准共同构成了 TSN 技术体系的一部分，为实时通信需求提供了全面的支持。通过这些协议的组合和优化，TSN 能够在各种应用场景中实现低延迟、低抖动和高可靠性的数据传输，同时提高网络资源的利用率和整体性能[70]。

5.2.2　TSN 协议层次

TSN 是一种基于以太网技术的实时通信解决方案，在 IEEE 802.3 标准以太网的基础上进行的协议增强，通过一系列 IEEE 802.1 标准来实现确定性、低延迟和低抖动的数据传输。图 5-4 给出了 OSI 参考模型、现场总线、工业以太网以及 TSN 的协议层次。从 OSI 七层参考模型的角度来看，TSN 协议在数据链路层(第二层)的协议增强，主要增强了数据链路层的资源管理、数据帧处理以及流管理等策略。

TSN 是一种独立于物理层的通信技术，通过实现流管理、过滤、配置、出入口队列等数据链路层增强协议，完成差异化的网络 QoS 管理，从而为多业务统一承载下的高优先级业务提供 QoS 保障。从工业网络的角度来看，TSN 可以有效提高工业网络的实时性能、降低网络延迟与抖动，实现网络资源的优化分配，为工业 4.0 和智能制造提供必要的技术支持，有助于实现工厂自动化、远程控制、智能监控等应用，提高生产效率和灵活性。

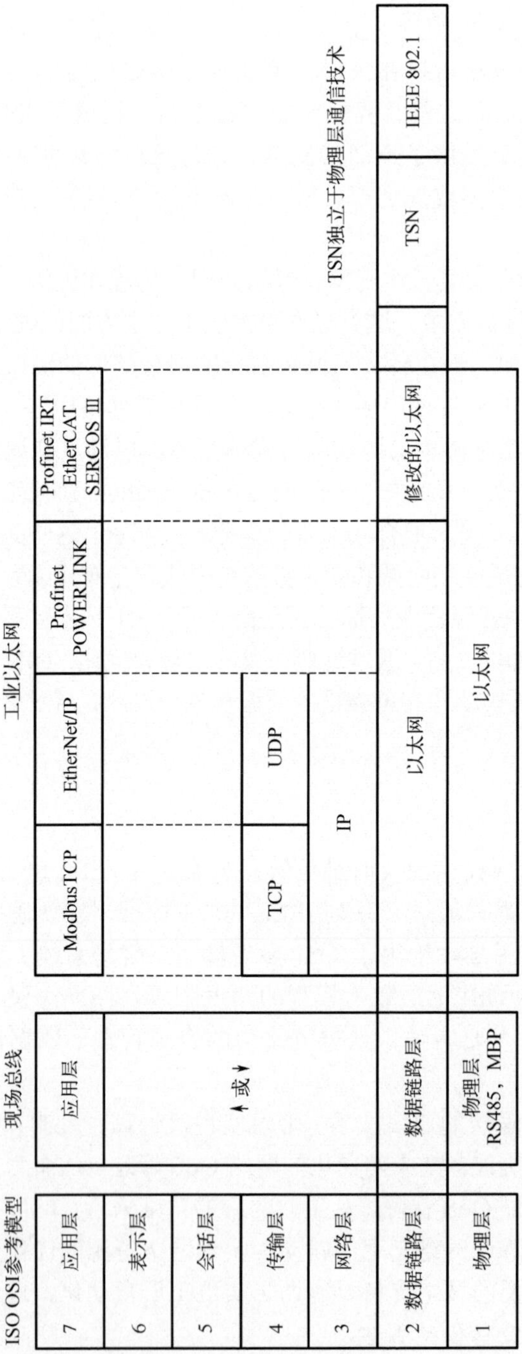

ISO OSI参考模型		现场总线	工业以太网					TSN独立于物理层通信技术	
7	应用层	应用层	ModbusTCP	EtherNet/IP	Profinet POWERLINK	Profinet IRT EtherCAT SERCOS Ⅲ			
6	表示层								
5	会话层	或							
4	传输层		TCP	UDP					
3	网络层			IP					
2	数据链路层	数据链路层	以太网		以太网	修改的以太网		TSN	IEEE 802.1
1	物理层	物理层 RS485, MBP							

图 5-4　TSN 在 OSI 参考模型中的位置关系图

5.2.3　TSN 数据帧格式

TSN 的数据帧结构主要基于以太网帧格式，并对其进行了扩展和优化以满足实时通信的需求。为了清晰地展示 TSN 的数据帧结构，本节从 VLAN 数据帧结构和 TSN 数据帧结构两方面进行阐述。

（1）VLAN 数据帧结构。

VLAN 是一种网络技术，它允许将一个物理局域网划分为多个逻辑局域网。VLAN 技术不依赖于物理位置，而是根据用户需求、设备功能、部门或应用来对网络进行逻辑分段。这种技术可以提高网络性能、安全性和管理效率。IEEE 802.1Q 为带有 VLAN 标识的以太网建立了一种标准方案，定义了 VLAN 网桥操作。此外，通过在 VLAN 数据帧结构中添加 VLAN 标签信息实现了差异化服务质量控制。因此，本节对 VLAN 的数据帧格式进行介绍，以此为基础分析 TSN 的数据帧格式。

图 5-5 是 VLAN 数据帧结构的示意图，该格式同意了标识 VLAN 的方法，并为识别数据帧所属的 VLAN 提供一个标准的方法，从而保证不同厂商设备的 VLAN 可以互联互通。具体地，VLAN 数据帧结构是在标准以太网数据帧结构的基础上插入了 4 字节的 VLAN 标签。增加的 VLAN 标签中包含字段的具体含义如下。

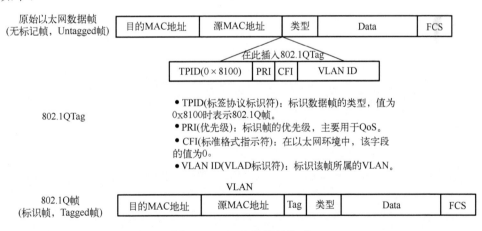

图 5-5　VLAN 数据帧格式

①标签协议标识符：两字节，是 IEEE 定义的新类型，表明这是一个加了 802.1Q 标签的数据帧，其值固定设置为 0x8100。

②优先级字段：3 位，标识数据帧的优先级，主要用于 QoS 的控制。采用数值为 0～7 表示 8 个优先级，数值越大优先级越高，默认值为 0。

③标准格式指示符：1 位，其中，0 表示规范格式，1 表示非规范格式。

④虚拟局域网标识：12 位，唯一标识数据帧所属的 VLAN，可以配置的 VLAN ID 的范围为 0～4095。

通过在以太网数据帧中添加 VLAN 标签，可以实现对不同 VLAN 的数据帧进行识别和处理。这使得网络设备能够根据 VLAN 标签对数据帧进行过滤、转发和处理，从而实现虚拟局域网功能。

(2) TSN 数据帧结构。

TSN 的数据帧结构符合 IEEE 802.1Q 提出的 VLAN 数据帧结构，即在标准以太网数据帧中插入 4 字节的 VLAN 标签，其区别在于 VLAN 标签中字段的定义与 VLAN 存在差异。具体的，TSN 的数据帧结构如图 5-6 所示。

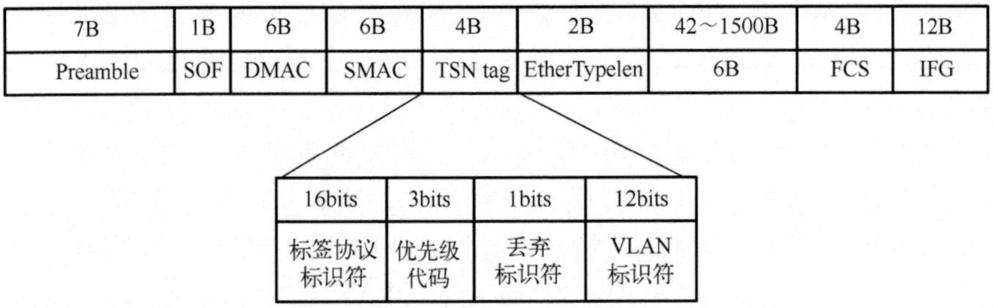

7B	1B	6B	6B	4B	2B	42～1500B	4B	12B
Preamble	SOF	DMAC	SMAC	TSN tag	EtherTypelen	6B	FCS	IFG

16bits	3bits	1bits	12bits
标签协议标识符	优先级代码	丢弃标识符	VLAN标识符

图 5-6　TSN 数据帧格式

①TPID：两字节，其值固定设置为 0x8100，与 VLAN 标签中的 TPID 意义一致。

②优先级代码：3 位，标识数据帧的优先级，与 IEEE 802.1Q 数据帧中的优先级字段长度和意义相同。但在 TSN 中定义了对应的优先级代码(priorty code point，PCP)值的业务类型，从而为差异化控制 QoS 奠定基础。

③丢弃标识符：1 位，与 IEEE 802.1Q 中 VLAN 数据帧中的规范格式指示(canonical format indicator，CFI)长度相同，该标识符表示该类型业务流对应的数据帧是否能够被丢弃，主要用于网络拥塞控制和流过滤等过程。具体地，0 表示不可以被丢弃，1 表示可以被丢弃。

④VID：12 位，该字段与 IEEE 802.1Q 中 VLAN 数据帧中 VID 完全一致。

TSN 数据帧结构在标准以太网帧格式的基础上，针对实时通信需求进行了优化。通过引入时间同步、流量调度、帧抢占等技术，TSN 数据帧能够在网络中实现低延迟、低抖动和高可靠性的数据传输。这使得 TSN 技术在工业自动化、车载网络等领域具有广泛的应用前景。

5.3　小　　结

时间敏感网络是一种基于以太网技术的实时通信解决方案，旨在为音视频、工业自动化、车载网络等领域提供低延迟、低抖动和高可靠性的数据传输。本章从工业网络技术发展以及时间敏感网络基本概念两方面进行介绍。在工业网络技术发展中，分别介绍了工业现场总线、工业以太网以及时间敏感网络技术的发展过程，并重点阐述了 TSN 协议的分类与特点。此外，在时间敏感网络基本概念部分，分别介绍了 TSN 标准体系架构、协议层次以及数据帧格式。由本章的学习可知，TSN 协议通过实现低延迟、低抖动和高可靠性的数据传输，为实时通信需求提供了强大的支持，推动了各行各业的数字化转型和智能化发展。后续章节将进一步介绍各类 TSN 标准协议的具体原理。

第 6 章 时间敏感网络时间同步技术

时间同步技术是一种用于将多个设备、系统或网络中的时钟进行协调和同步的技术。它的主要目的是确保各个设备的时间保持一致，从而实现更高效、可靠和协同的工作。然而，传统通信网络中的时间同步精度不能满足端到端数据确定性、低时延转发的需求，需要更高精度的时间同步机制。

因此，本章首先概述 TSN 采用的时间同步技术；然后简要介绍了时间同步原理及常见的时间同步协议；最后重点阐述了 TSN 采用的时间同步协议 IEEE 802.1AS、协议的工作原理和运行机制，并介绍增强了 IEEE 802.1AS 安全性和可靠性的 IEEE 802.1AS-Rev 协议。

6.1 时间同步技术概述

以太网设备间数据的确定性传输需要各种流量调度方式来保证，而网络中各个节点时间同步是进行流量调度的前提，由于在传统以太网技术中缺乏高精度时间同步机制，一般通过给网络中各节点配置全球定位系统(global positioning system，GPS)时钟来实现以太网节点间的时间同步，但是工业应用场景中网络设备节点数量较为庞杂，通过 GPS 时钟实现时间同步成本较大。时间同步的主要功能是通过对本地时钟的操作，实现整个系统的统一时间标度[71]。

2008 年电气和电子工程师协会制定了 IEEE 1588 协议用来同步设备之间的时钟，并在 2019 年更新了此标准，此标准通过规定时间戳的生成位置和延迟测量补偿机制，将时间同步的精度提高到了亚微秒级。IEEE 802.1AS 通用精准时间协议(gPTP)由 IEEE 1588 标准精简而来，它采用双步延迟测量与补偿机制，周期性的报文交互保证系统内时钟同步的精确性。

时间敏感网络推荐采用 IEEE 802.1AS 定义的 gPTP 机制实现时间敏感网络的时间同步，相比 IEEE 1588v2 定义的 PTP 协议，gPTP 具有更快速的启动能力，可以在几秒钟内锁定并进行精准时间同步，同时由于实现了同步机制的简化和优化，并可以利用含有低成本晶振的网卡实现。gPTP 系统使用逻辑同步(频率对齐)技术，而非其他 PTP 系统中的物理同步技术，同时结合通道和设备延迟的实时测量技术，实现时间敏感网络中网络节点的时间对齐。

6.2 时间同步技术基础

为更好地理解 TSN 中的时间同步机制，本节将重点介绍时间同步的基本概念，并阐述工业以太网中常用的网络时间协议(network time protocol，NTP)。

6.2.1 时间同步基本概念

同步技术包括时钟同步(频率同步)和时间同步(相位同步)，时钟同步侧重于通过频率比对机制，确保分散于各地的频率源能够调整至高度一致的频率值，达到预定的准确度或符合度标准。而时间同步则聚焦于时刻比对，将分布于不同位置的时钟所指示的时刻值精确校准至同一基准，以满足特定的准确度要求或符合度标准。这两类同步技术共同协作，为网络通信、数据传输等系统提供了坚实的时间与频率基准保障。时钟同步和相位同步的关系可以用下面的秒表例子来说明(图 6-1)，假设有两块具有秒针的秒表，如果两块表的频率同步，意味着两块表的秒针具有相同的"跳跃"周期，也就是两块表走得一样快。但是这并不意味着两块表所表示的相位相同。相位同步首先要求两块表有相同的实现间隔。

通常情况下，我们选择其中一块表作为同步参考源，即主时钟；另一块表作为从时钟，使其保持与主时钟的频率和相位同步。为了消除相位差，主时钟可以提供一个以 60 秒为周期的基准脉冲信号(即"对表"信号)，使从时钟秒针的跳变位置在每一个基准信号脉冲出现时，与主时钟秒针的跳变位置保持一致，则两块表就能保持相位的对齐(或相位同步)和频率同步。

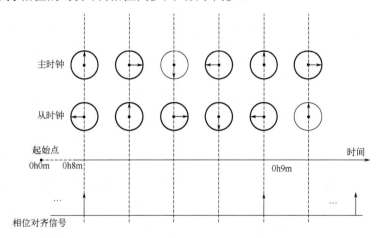

图 6-1 频率同步与相位同步的关系

时间同步是许多工业应用的必要需求，如运动控制中的精准事件序列、实时数据记录等场景。在工业领域中，通常要求独立的设备单元系统(产线、车间)的设备时间同步精度小于 1μs。精准的时间同步还是时间敏感网络其他特性的先决条件。工业领域大量典型应用存在分布式实时性部署要求，如运动控制、过程控制、高清机器视觉、实时数据采集等。

6.2.2　网络时间协议

NTP 是一种用于互联网上的时间同步协议。它使用分层的客户端-服务器体系结构，通过时间服务器提供参考时间，客户端通过与服务器进行周期性的时间同步，达到时间一致性[72]。它的目的是在国际互联网上传递统一、标准的时间。具体的实现方案是在网络上指定若干时钟源网站，为用户提供授时服务，并且这些网站间应该能够相互比对，提高准确度。NTP 发展史如表 6-1 所示，NTP 最早是由美国 Delaware 大学的 Mills 教授设计实现的，从 1981 年最初提出，已发展了将近 20 年，2001 年最新的 NTPv4 精确度已经达到了 200 毫秒。

表 6-1　NTP 发展史

版本	时间	协议号	描述
NTPv0	1981 年	RFC958	NTP 的名称首次出现在 RFC958 之中，该版本也被称为 NTPv0。该版本对于如本地时钟的误差估算、精密度等基本运算、参考时钟的特性等进行了描述
NTPv1	1988 年	RFC1059	NTPv1 首次提出了完整的 NTP 规则以及算法。这个版本采用了 Client/Server 模式以及对称操作
NTPv2	1989 年	RFC1119	NTPv2 在 NTPv1 的基础上支持认证和控制消息
NTPv3	1992 年	RFC1305	NTPv3 正式引入了校正原则，并改进了时钟选择和时钟过滤算法，而且还引入了时间消息发送的广播模式。NTPv3 目前应用较为广泛
NTPv4	2010 年	RFC5905	NTPv3 仅支持 IPv4 网络。NTPv4 是对 NTPv3 的扩展，同时支持 IPv4 和 IPv6 网络，并兼容 NTPv3。NTPv4 提供了一套完整的加密认证体系，安全性上相对 NTPv3 有了很大的提高

NTP 允许客户端从服务器请求和接收时间，而服务器又从权威时钟源(如原子钟、GPS)接收精确的协调世界时(coordinated universal time，UTC)。NTP 以层级来组织模型结构，如图 6-2 所示。通常将从权威时钟获得时钟同步的 NTP 服务器的层数设置为层 1，并将其作为主时间服务器，为网络中其他的设备提供时钟同步。而层 2 则从层 1 获取时间，层 3 从层 2 获取时间，以此类推。时钟层数的取值范围为 1～16，取值越小，时钟准确度越高。层数为 1～15 的时钟处于同步状态；层数为 16 的时钟被认为是未同步的，不能使用的。

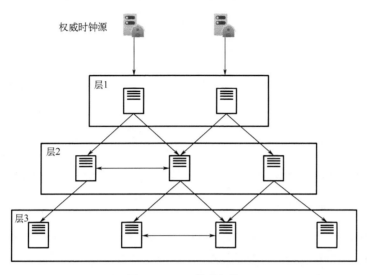

图 6-2　NTP 模型架构

NTP 最典型的授时方式是客户端(Client)/服务端(Server)方式,如图 6-3 所示。

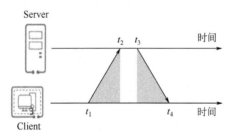

图 6-3　NTP 原理图

客户端首先向服务端发送一个 NTP 请求报文,其中包含了该报文离开客户端的时间戳 t_1;NTP 请求报文到达 NTP 服务器,此时 NTP 服务器的时刻为 t_2。当服务端接收到该报文时,NTP 服务器处理之后,于 t_3 时刻发出 NTP 应答报文。该应答报文中携带报文离开 NTP 客户端时的时间戳 t_1、到达 NTP 服务器时的时间戳 t_2、离开 NTP 服务器时的时间戳 t_3;客户端在接收到响应报文时,记录报文返回的时间戳 t_4。客户端用上述 4 个时间戳参数就能够计算出 2 个关键参数:NTP 报文从客户端到服务器的往返延迟 delay$=(t_4-t_1)-(t_3-t_2)$;客户端与服务端之间的时间差 offset;根据等式 $t_2 = t_1 + \text{offset} + \text{delay} / 2$ 和 $t_4 = t_3 - \text{offset} + \text{delay}/2$,可以解得时间差为 offset $= [(t_2 - t_1) + (t_3 - t_4)] / 2$ 。NTP 客户端根据计算得到的 offset 来调整自己的时钟,实现与 NTP 服务器的时钟同步。

6.3　IEEE 802.1 AS 协议机制

在 IEEE 1588 提出的精确时间协议基础上，TSN 工作组制定了 IEEE 802.1AS 协议，简化了精确时间协议以适应在工业等领域的应用。IEEE 802.1AS 提出的 gPTP 的同步原理和 PTP 类似，本节将重点介绍 gPTP 的工作原理和最佳主时钟选择方法，并分析了影响时间精度的因素和协议之间的差异性，最后简要介绍 IEEE 8021AS-Rev。

6.3.1　基本概念

由于在传统以太网技术中缺乏高精度时间同步机制，一般通过给网络中各节点配置 GPS 时钟来实现以太网节点间的时间同步，但是工业应用场景中网络设备节点数量较为庞杂，通过 GPS 时钟实现时间同步成本较大[73]。因此，IEEE 1588 协议中针对高精度时间同步提出了 PTP，在传统以太网的基础上，通过在网络中传递时钟同步信息报文实现高精度的时间同步。IEEE 802.1AS 协议在 IEEE 1588 协议的基础上进行了改进并提出了 gPTP，使网络系统能够满足。

gPTP 属于二层转发网络协议，利用标准的以太网报文来进行时间同步信息的传递、最佳主时钟的选举以及时钟频率的修正和链路传播延迟的计算，使网络中各个设备节点的时钟信息经过校准后与最佳主时钟同步，如图 6-4 所示为包含多个 gPTP 时钟域的时间感知网络示例[74]。gPTP 域中最佳主时钟节点会将当前的时钟同步信息发送到直接相连的 PTP 实例，每个 PTP 实例必须通过计算路径传输延迟来修正接收到的同步时间，然后将时间同步信息转发到相连的 PTP 实例上。

gPTP 定义设备工作在 OSI 模型中的 MAC 子层（属于数据链路层），离物理层仅一步之遥的距离即可以减少协议栈缓存带来的延时不确定性，又可以缩短报文的传输时间。该协议规定了两种设备类型：时间感知终端节点以及时间感知网桥。时间感知终端节点可以理解为 gPTP 的工作节点，可以作为主时钟，也可以作为从时钟。时间感知网桥是一种网桥，仅可以作为主时钟。gPTP 报文在进入网桥后会有一个处理时间，称为驻留时间，协议要求该网桥必须具备测量驻留时间的能力。

上述两种设备都具有本地时钟，都是通过晶振的振荡周期进行度量并由设备内部硬件计数器负责对振荡周期进行计数。网络中，发布时间同步报文的网络端口称为主端口，接收时间同步报文的端口称为从端口。主时钟是整个系统中的时间基准，这就要求它具有更高的时间精度，需要能被更高精度的时钟授时，如原子钟和卫星[75]。主时钟的分配可以分为动态分配和静态分配两种。对于汽车而言，其网络的组成一般是稳定的，可以采用静态的预分配来确定主时钟。对于网络组成部分会动态变化的系统，一般采用最佳主时钟选择算法(best master clock algorithm，BMCA)进行分配。

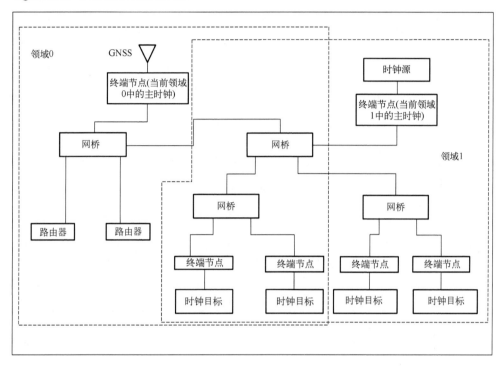

图 6-4　复合 gPTP 时钟域实例

　　gPTP 协议中的报文被划分为报文级别(message class)和报文种类(message type)两个属性，其中报文级别的具体划分如下：事件型报文(event massage)，这类报文的特点是设备在接收或发送事件类报文时，会对硬件计数器进行采样，将振荡周期计数值和时钟振荡频率以及基准时间相结合，生成一个时间戳；通用型报文(general massage)，这类报文在设备接收或者发送时，不会触发硬件计数器的采样，不会生成时间戳。

　　报文种类的划分以及对应的取值如表 6-2 所示。

表 6-2　报文类型对应的报文等级以及取值

消息类型	消息类	值
Sync	事件消息	0x0
Pdelay_Req	事件消息	0x2

消息类型	消息类	值
Pdelay_Resp	事件消息	0x3
Announce	通用消息	0xB
Signaling	通用消息	0xC
Follow_Up	通用消息	0x8
Pdelay_Resp_Follow_Up	通用消息	0xA

需要特别说明的是：Announce 报文是在主时钟分配中启用，包含最佳主时钟的运算时间；Signaling 报文主要用来传递信息、请求或者控制指令。

6.3.2　gPTP 工作原理

1. 频率同步

在实际的网络中，各个节点的频率往往不是完全一致的，所以需要用两组 Sync 报文和两组 Follow_Up 来计算出各个节点之间的频率偏差，如图 6-5 所示。频率同步过程为：主端口发送 Sync 报文，报文离开主端口 MAC 层时，触发主端口记录此时的时间戳 T_1；从端口接收 Sync 报文，报文到达从端口 MAC 层时，触发从端口记录此时的时间戳 T_2；主端口发送 Follow_Up 报文，将 T_1 值附在报文中发送；主端口发送 Sync 报文，报文离开主端口 MAC 层时，触发主端口记录此时的时间戳 T_3；从端口接收 Sync 报文，报文到达从端口 MAC 层时，触发从端口记录此时的时间戳 T_4；主端口发送 Follow_Up 报文，将 T_3 值附在报文中发送；从端口通过公式计算出自己与主端口时钟频率的偏差 $R=(T_3-T_1)/(T_4-T_2)$。

2. 传输延时测量

gPTP 采用 P2P 的方法来进行传输延迟的测量，该测量方法仅能测量相邻设备间的传输延迟，不可跨设备传输。这一步要求 AVB 网络内所有的节点都必须支持 gPTP。测量传输延迟的报文包括：Pdelay_Req、Pdelay_Resp 和 Pdelay_Resp_Follow_Up，和时钟偏差测量一样，这组报文也是周期性发送的。传输延时测量过程如图 6-6 所示，从端口发送 Pdelay_Req 报文，报文离开从端口 MAC 层时，触发从端口记录此时的时间戳 T_5；主端口接收 Pdelay_Req 报文，报文到达主端口 MAC 层时，触发主端口记录此时的时间戳 T_6；主端口发送 Pdelay_Resp 报文，将 T_5 的值附在报文中发送，报文离开主端口 MAC 层时，触发主端口记录此时的时间戳 T_7；从端口接收 Pdelay_Resp 报文，报文到达从端口 MAC 层时，触发从端口记录此时的时间戳 T_8；主端口发送 Pdelay_Resp_Follow_Up 报文，将 T_7 的值附在报文中发送；从端口通过下图公式即可算出相邻设备间的传输延迟 delay=$[(T_8-T_5) \times R-(T_7-T_6)]/2$。

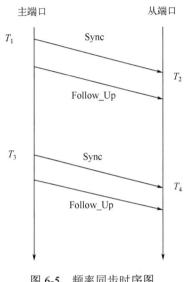

图 6-5　频率同步时序图

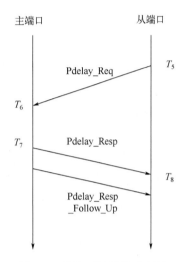

图 6-6　传输延迟测量时序图

3. 时钟偏差测量

在完成频率同步和传输延迟测量的基础上，该步骤使用了一组周期性发送的 Sync 和 Follow_Up 报文，来实现主从端口的时间同步。时间偏差测量过程为：主端口发送 Sync 报文，报文离开主端口 MAC 层时，触发主端口记录此时的时间戳 T_9；从端口接收 Sync 报文，报文到达从端口 MAC 层时，触发从端口记录此时的时间戳 T_{10}；主端口发送 Follow_Up 报文，将 T_9 值附在报文中发送；从端口可以通过下述公式 $T_a=T_9+$delay$+R \times (T_b-T_{10})$ 计算，根据本地时间戳 T_b 计算出主端口上的时间戳 T_a，至此完成时间同步（图 6-7）。

6.3.3　最佳主时钟选择方法

在整个 gPTP 域中用 BMCA 选择最佳主时钟来同步域内时间，与此同时确定时间感知系统内的

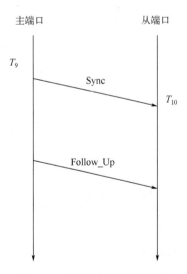

图 6-7　时钟偏差测量时序图

端口状态，构建时间同步生成树。在初始状态下，为确定 gPTP 域内各节点角色和节点内部端口的状态，Announce 帧会在节点相邻端口传递，帧内包含上述本地时钟的参数信息。各个节点把收到的 Announce 帧的时钟信息与本节点的时钟参数信息进行比较，选择较好的时钟信息保存下来，下次发送 Announce 帧时把较好的时钟信息发送出去。在 gPTP 域内只有桥和终端两种设备概念，同步开始的示例图如图 6-8 所示。

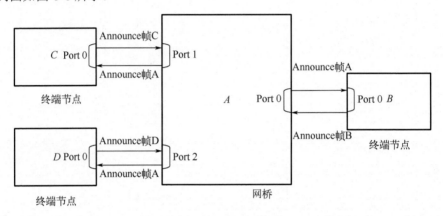

图 6-8　同步开始示例图

图 6-8 的设备当中都会有 systemIdentity 属性，它包含的属性按照重要程度从高到低分别为 priority1、clockClass、clockAccuracy、offsetScaledLogVariance、priority2、clockIdentity。当 priority1<255 时，表明节点具有成为最佳主时钟的能力，在节点内部把通过 Announce 帧组建的 systemIdentity 和本地的 systemIdentity 进行比较，如图 6-9 所示。设节点内部当前属性用后缀 C 标识，通过 Announce 帧接收的相邻节点属性后缀用 R 标识。时钟性能更好的节点参与最佳主时钟选择[76]。不考虑 PassivePort、DisabledPort 的情况下，若比较后，本节点的时钟性能最好，则节点内部与其他时间感知系统相连的端口为 MasterPort。若节点不是性能最好，则节点内部与更好时钟性能相连的端口为 SlavePort，其余与其他时间感知系统相连的端口为 MasterPort。若节点时钟性能不是最好，内部端口 systemIdentity 一致，stepsRemoved 最小的端口为 SlavePort；当 stepsRemoved 一样时，portNumber 最小的为 SlavePort。当两个节点的系统属性 systemIdentity 一致，则比较 stepsRemoved，stepsRemoved 较小的节点端口为 MasterPort，另一个节点端口为 SlavePort。

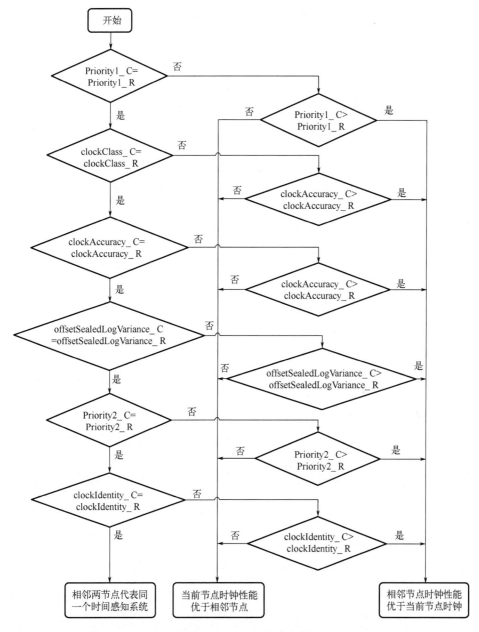

图 6-9　BCMA 运行流程图

6.3.4　校时精度影响因素

其实不同的校时协议，原理都大同小异。为什么 gPTP 可以达到 ns 级别的精度？我们不妨先看下影响校时精度的因素以及 gPTP 的对策。

（1）传输时延不对称。

前面提到的校时流程中，假设传输时延是对称的，即报文从 A 传到 B 和从 B 传到 A 耗时相同，实际情况中，路径有可能是不对称的，会导致校时误差，因此，gPTP 采用如下对策缓解传输时延不对称问题：

①要求网络内的节点都是时间敏感的；

②传输时延分段测量（P2P 方式）减少平均误差；

③中间转发节点可计算报文的驻留时间，保证校时信号传输时间的准确性；

④如果已知链路不对称，可以将该值写在配置文件中，对于终端节点，在校时的时候会把该偏差考虑进去；对于网桥设备，在转发的时候，会在 PTP 报文的矫正域中把对应的差值补偿过来。

（2）驻留时间。

对于网桥设备，从接收报文到转发报文所消耗的时间，称为驻留时间。该值具有一定的随机性，从而影响校时精度。

gPTP 要求：网桥设备必须具有测量驻留时间的能力，在转发报文的时候，需要将驻留时间累加在 PTP 报文的矫正域中。

（3）时间戳采样点。

前面提到的 t_1、t_2、t_3、t_4 等采样时刻的值，常规的做法是在应用层采样即在发送端，报文在应用层（PTP 校时应用）产生后，需要经过协议栈缓冲，发送到网络上；在接收端，报文要经过协议栈缓冲，才能到达接收者（PTP 校时应用）。这会导致协议栈缓冲带来不固定延时以及操作系统调度随机延时的问题，直接影响时间同步的精度。因此，gPTP 采用如下对策。

①比较合适的采集点就是 MAC 层：在发送方，当报文离开 MAC 层进入 PHY 层的时候记录当前时刻，在接收方，当报文离开 PHY 层刚到达 MAC 层的时候记录当前时刻。这样可以消除协议栈带来的不确定性。

②MAC 时间戳可以通过软件的方式打，也可以通过硬件的方式打，硬件方式会更精确（可以消除系统调度带来的不确定性）。gPTP 中要求使用硬件方式，也就是常说的硬件时间戳。

6.3.5　gPTP 与 PTP 的差异性分析

相较于 PTP 而言，gPTP 能够实现更高精度的时间同步，本节重点分析了两者之间的相同点和差异性。

PTP 和 gPTP 都是时间同步协议，它们的目的是确保设备具有相同 PTP 和

gPTP 都是用于时间同步协议的名称,它们有以下不同:PTP 是 IEEE 1588 标准定义的一种精确时间同步协议,而 gPTP 是基于 PTP 的一种升级版,定义在 IEEE 802.1AS-Rev 标准中;PTP 是点对点的协议,而 gPTP 是集中式的协议,可以由一个主时钟控制多个从时钟的同步,主时钟也被称为 Grandmaster 时钟;PTP 的时钟源可以是网络中的任何设备,如交换机、路由器等,而 gPTP 中只有 Grandmaster 时钟有权威发布时间信息[77];PTP 具有两种工作模式:单步和渐进式,单步模式将时钟直接同步到主时钟,而渐进式模式则逐渐调整时钟延迟以达到同步,gPTP 只支持渐进式模式,gPTP 是 PTP 的改进版,它提供了更强的同步控制和更可靠的同步机制,尤其是在大规模网络中使用时更为有效;但是,实际应用中 PTP 仍然被广泛采用,因为 gPTP 的复杂度相对较高,对硬件和软件的要求也更高。除了上述差异,PTP 和 gPTP 还有以下一些延展的差异。

(1)精度:PTP 可以实现亚微秒级别的时间同步,而 gPTP 提供更高的同步精度和小的延迟抖动。

(2)容错性:PTP 可以容忍小量的网络抖动,但当网络出现问题时,同步时间的精度会受到很大影响。而 gPTP 增强了容错性,可以在网络发生故障时快速地切换到备份时钟、保证链路故障发生时可以继续保持时钟同步等。

(3)并发性:PTP 需要在每个设备上实现时间同步,因此每个设备只能拥有一个 master 时钟。而 gPTP 引入了多 master 时钟的概念,可以同时存在多个 master 时钟并协调控制时间同步。

(4)可拓展性:PTP 的时间同步花费比较高,主要用于小规模的网络场景。而 gPTP 增加了更多的容错和安全性,使得它更适合大规模的企业网络,甚至是广域网的时间同步。

总的来说,PTP 和 gPTP 的选择取决于每个场景的具体需求和限制。如果需要高精度且小规模的同步,最好使用 PTP 协议;如果需要更高的容错性并且在较大范围内同步时间,gPTP 是一个更好的选择。

6.3.6　IEEE 802.1 AS-Rev 协议简介

IEEE 802.1AS-Rev 是 IEEE 标准化组织发布的一个标准,它定义了用于实时时钟同步的协议。AS-rev 是"audio video bridging(AVB) systems"的缩写,该标准旨在支持音视频传输和同步应用。

IEEE 802.1AS-Rev 是 IEEE 802.1AS 标准的修订版,其中,"AS"表示"audio systems"。该标准基于 PTP,并进行了一些改进和扩展。它提供了精确的时间同步,以满足音视频应用对时间精度和稳定性的要求[78]。IEEE 802.1AS-Rev 定义了网络中时钟同步的机制和协议，使得各个设备能够共享一个公共的时间基准。通过在网络中传递时间信息，各个设备可以自动进行时钟校准，以实现高度同步的音视频传输。该标准适用于各种音视频应用场景，包括音频工作站、音视频混合器、音视频编码器/解码器等设备。它可以为这些设备提供高质量的时钟同步，以支持实时的音视频处理和传输。总的来说，IEEE 80.1AS-Rev 是一个用于实时时钟同步的标准，它在 IEEE 802.1AS 标准的基础上进行了改进和扩展，以满足音视频应用对时间精度和稳定性的要求。

6.4　小　　结

时间同步技术在各个领域都有重要的应用，它可以提供一致的时间基准，确保各个设备或系统之间的协同工作和数据的一致性。对于通信、现代工业控制等领域而言，大部分任务都具有时序性要求，时间同步可以使整个网络中不同设备之间的频率和相位差保持在合理的误差范围内，尤其对于 TSN 而言，必须解决网络中的时间同步问题，才能确保整个网络的任务调度具有一致性。

第 7 章　时间敏感网络调度整形机制

TSN 的低时延和时延有界特性是网络确定性传输的首要特征,这些特性对于实时应用场景(如工业自动化、音视频传输和车载网络等)非常重要,其原因在于它们要求数据在严格的时间限制内传输,以确保系统的实时性和可靠性。具体地,TSN 通过基于精确时间的优先级队列控制方式,确保数据传输时延在一个可预测的范围内,即使在网络负载较高的情况下也能保持稳定的时延性能。数据调度是保证时间敏感的基础,它的核心思想是基于不同的整形机制进行不同应用场景的流控制,主要的整形机制包括基于信用的整形机制、时间感知整形机制、循环排队转发机制和异步流量整形机制等。TSN 时延抖动精确调控的本质在于对时序资源的有序分配和动态协调,从而解决"什么时间、哪个队列、进行多长时间传输"等问题[79]。因此,TSN 的调度整形机制是实现工业控制业务时延精确调控与时延相关的关键保障机制,也是 TSN 能够进行多业务承载的技术基础。

为了系统地阐述 TSN 调度整形的相关机制,本章首先回顾网络传输中流量监管与整形以及调度策略的概念;在此基础上,分别介绍基于信用的整形机制、时间感知整形机制和循环排队转发机制的工作原理与流程;最后,进一步介绍帧抢占机制,以降低高优先级业务的等待时延,提升网络宽带的利用率。

7.1　业务流控制概述

工业网络通信允许在各种工业设备、传感器、执行器和控制器之间进行实时数据交换和控制,其主要目的是实现工业自动化、提高生产效率、降低生产成本、增强设备可靠性和安全性。具体到实际工业应用场景中,网络需要实现多业务的承载,如何协调不同优先级业务之间的低时延可靠传输是首要解决的关键问题。业务流控制技术是协调多样化业务需求和有限网络资源之间矛盾问题的重要方法,因此,本节对业务流控制中的流量监管、流量整形以及调度策略的概念进行阐述,进而为读者进一步学习 TSN 的调度整形机制奠定基础。

7.1.1　流量监管与整形

流量监管和流量整形是 QoS 保证服务质量的关键要素,用于控制和管理数据流的传输速率,以提高网络性能和满足特定应用需求。图 7-1 所示为流量监管与整形的示意图。其中，流量监管是一种对网络流量进行监控和限制的方法，主要用于确保数据流不超过预定的速率。它的主要目的是防止网络拥塞和保证网络资源的公平分配。流量监管通常基于令牌桶技术(token bucket)或其他类似算法实现。当数据流的速率超过预定速率时，监管器可以采取丢弃数据包、降低数据包优先级或者重新标记数据包等措施。流量整形是一种对网络流量进行平滑处理的方法，主要用于改善网络性能和满足特定应用需求。流量整形通过缓存数据包并根据预定的策略(如加权公平队列对数据包进行重新排序和发送)实现对数据流的平滑控制。流量整形的主要目的是减少网络拥塞、降低数据包延迟和抖动，提高网络的吞吐量[80]。

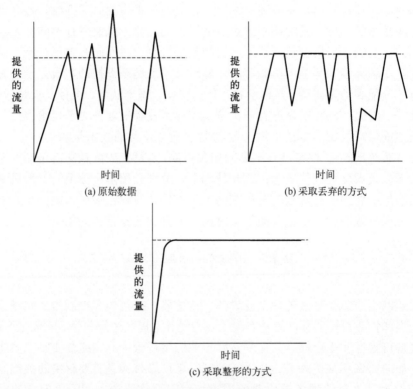

图 7-1　流量监管与整形示意图

令牌桶技术是一种流量监管与整形常用方法，主要用于网络通信中对数据流的传输速率进行限制和平滑处理。它可以有效地防止网络拥塞，提高网络资源利用率，并确保特定应用的服务质量[81]。令牌桶技术的主要思想是通过控制令牌的生成和消耗来调整数据流的传输速率。令牌桶技术主要包括以下几个关键概念。

①令牌(token)：令牌是令牌桶算法中的基本单位，代表网络中可以传输的数据量。令牌可以是固定大小，也可以是可变大小。

②令牌桶(bucket)：令牌桶是一个抽象的概念，用于存储令牌。令牌桶具有一定的容量，当令牌桶满时，新生成的令牌会被丢弃。

③生成速率(token generation rate)：指令牌以固定的速率添加到令牌桶中，生成速率决定了数据流的最大传输速率。

④突发能力(burst capacity)：指令牌桶的最大容量，即网络中可以瞬间传输的最大数据量。

令牌桶技术的主要原理是：系统以固定的速率向令牌桶中添加令牌。当有数据包需要传输时，数据包会消耗令牌。如果令牌桶中的令牌数量大于或等于数据包的大小，数据包被允许传输，并且令牌桶中令牌的数量需要减去数据包的大小。如果令牌桶中的令牌数量小于数据包的大小，数据包将被延迟、丢弃或降级。

具体而言，令牌桶是一种控制机制，用于决定何时可以传输流量，如图 7-2 所示，具有令牌生成率 ρ 和令牌桶深度 σ 的令牌桶工作原理如下。

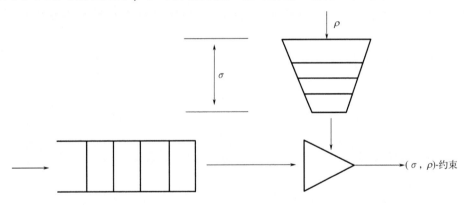

图 7-2 令牌桶工作原理示意图

步骤 1：桶可以容纳 σ 个令牌，并且桶内最初充满令牌。

步骤 2：每 $1/\rho$ 秒向桶中添加一个令牌，当令牌到达并且存储桶已满时，该令牌将被丢弃。

步骤 3：当长度为 1 比特的分组到达时，如果桶中的令牌数量不小于 1，则从桶中移除 1 个令牌，并且该分组立即从令牌桶中发送出去。

步骤 4：当分组到达时，如果桶中的令牌少于 1 个，则分组可以被丢弃或排队，直到桶中有足够的令牌，在这种情况下将重复步骤 3。

7.1.2　调度策略

调度策略是在计算机系统、网络通信和任务管理等领域中用于分配资源、确定任务执行顺序的方法和原则。调度策略的目标是提高系统性能、资源利用率和响应时间，同时确保公平性和满足特定应用需求，实现资源的合理分配与充分利用。具体到网络通信业务而言，网络通信业务调度策略主要关注如何在网络中高效地分配资源和优先级，以满足不同业务需求和提高网络性能。常见的网络通信业务调度策略包括：最大带宽优先策略、最大吞吐量优先策略、比例公平调度策略、加权公平排队、延迟敏感调度策略、最早截止时间优先策略等。网络通信业务调度策略需要根据实际应用场景和业务需求进行选择和优化。合理的调度策略可以提高网络性能，确保关键业务的服务质量，同时充分利用网络资源。在设计和实施调度策略时，需要权衡各种因素，如公平性、实时性、吞吐量和网络资源利用率等。

时间敏感网络中调度策略的核心原理在于控制网桥节点发送端口流量，即队列调度。队列调度是一种在计算机网络和通信系统中对数据包进行管理和传输的方法。它涉及数据包在发送端和接收端之间的排队、优先级分配和传输顺序。队列调度的主要目标是确保数据包的有序传输、降低延迟、提高网络吞吐量以及满足特定应用的服务质量要求。在时间敏感网络中，调度策略也被称为"整形"，其原理是在流量出队列进行链路传输时进行限制，以此提升数据传输的确定性。

为了满足不同优先级的业务需求，TSN 定义了多种调度整形机制。具体的，根据是否需要支持时钟同步的角度可分为同步类调度整形机制和异步类调度整形机制。其中，同步类调度整形机制包括时间感知整形机制、循环排队转发机制，异步类整形机制包括基于信用的整形机制和异步流量整形机制。下面将具体介绍部分调度整形机制的工作原理。

7.2　基于信用的整形机制

基于信用的整形机制(credit-based shaper，CBS)的产生背景与对实时通信需求的日益增长有关，尤其是在工业自动化、智能交通、物联网等领域。传统的以太网在满足这些应用中对实时性和可靠性的需求存在一些困难。为了解决这些问题，TSN 标准制定了一系列技术规范，而 CBS 就是其中的一部分。一方面，随着工业自动化和其他领域对实时通信的需求增加，传统的以太网技术在满足这些需求方面显得十分有限。传统以太网无法提供足够的可预测性和低延迟，这在很多应用场景中是关键的。另一方面，在实时网络中存在多种数据流，这些数据流对时间的敏感性不同。一些应用可能对低延迟非常敏感,而另一些应用则可能更注重带宽的可用性。CBS 机制的引入可以有效管理这些不同优先级的数据流。此外,工业自动化、智能交通、物联网等领域的迅速发展增加了对实时通信的需求。这些应用通常要求对于数据传输的可控性更强,以确保系统的可靠性和稳定性[81]。因此,CBS 的产生可以视为对传统以太网局限性的回应,它为 TSN 标准提供了一种有效的机制,以满足现代实时通信应用对网络性能的更高要求。CBS 机制的引入有助于提高以太网在工业和其他实时应用中的适用性和可靠性。CBS 机制是 IEEE 802.1AVB 工作组制定的早期调度整形机制,提供了一种兼顾高优先级 QoS 保障和低优先级传输机会的队列调度机制。

　　本节将从 CBS 机制的概述、时间敏感流的转发和排队机制,以及 CBS 的机制流程进行介绍,并在最后分析 CBS 的特点及局限性。

7.2.1　CBS 机制概述

　　CBS 机制是 TSN 领域中由 IEEE 802.1Qav 提出的用于实现流量控制的一种机制,通过信用分配和令牌机制为网络中的实时数据流提供了有效的流量控制,以满足各种应用场景中的实时性能要求。具体而言,CBS 通过引入信用的概念来进行流量控制。每个网络设备都被分配一定数量的信用。这些信用可以看作是一种资源单位,用于衡量设备在网络中发送数据的能力。信用的分配通常基于设备的性能、优先级以及网络中的实时需求。此外,在优先级管理方面,数据流的优先级通常根据应用的需求进行分配。高优先级的数据流被分配更多的信用,使其能够更频繁地发送数据。相反,低优先级的数据流拥有较少的信用,因此在网络中传输的频率较低。这种优先级管理有助于确保在网络中实现不同数据流的公平性和可控性。CBS 类似单速率令牌桶机制来管理信用。在每个时间周期内,网络设备可以使用它们的信用来发送数据。当设备的信用用尽时,它必须等待下一个时间周期才能获得新的信用。这种机制确保了对网络中流量的严格控制,防止过度拥塞和碰撞。在流量调度方面,通过调整信用的分配,CBS 可以实现对不同优先级流量的有效调度,高优先级的流量将更容易获得信用并因此更频繁地传输数据,而低优先级的流量则可能受到限制。这有助于满足网络中实时数据流的时序要求。CBS 的设计目标是确保实时数据在网络中的及时传输,通过对信用和令牌的管理,它可以提供对于时间敏感应用非常关键的可靠性和预测性。这对于工业自动化、智能交通和其他实时通信领域至关重要。

　　综上所述,CBS 机制的核心在于通过其独特的信用分配和令牌机制,为网络中的实时数据流提供了有效的流量控制,确保了网络的可控性和实时性能。

7.2.2　时间敏感流的转发与排队

　　IEEE 802.1Qav 定义了一种用于处理时间敏感流的转发和排队(forwarding and queuing of time sensitive streams，FQTSS)机制，这种机制主要关注于降低延迟和抖动，提高实时数据流在网络中的传输性能。FQTSS 机制的核心思想是为时间敏感流提供优先级处理和流量整形[82]。一方面定义了流量类型，将业务流分为需要进行带宽保障和资源预留的业务流和不需要进行资源预留的业务流；另一方面提出了 CBS 机制，根据实际业务需求将端口处接收到的帧按照流量类型及优先级进行排队与转发，并且为了防止高优先级业务流一直占用网络资源，也会限制高优先级流的带宽占用。

　　SRP 是一种流管理协议，主要用于在网络中预留资源以满足实时数据流的传输需求。SRP 通过在发送方和接收方之间建立预先分配的资源，确保实时数据流在网络中的优先传输，降低延迟和抖动。SPR 通常与基于优先级的帧调度或整形机制协同使用。SRP 在网络中为实时数据流预留所需的带宽、时隙等资源。这有助于确保实时数据流在网络中的优先传输，降低传输延迟。SRP 支持动态配置和调整预留资源。这意味着，根据实时数据流的需求变化，网络可以灵活地调整预留资源，以实现更高效的资源利用。SRP 在发送方和接收方之间建立端到端的预留通道，确保了实时数据流在整个传输过程中都能获得预留的资源，从而保证了数据的实时性和可靠性。

　　一般需要提前预留的 AVB 流分为 A 类和 B 类两类，高优先级的流为 A 类流，低优先级的流为 B 类。一般每个交换机的端口预留给 AVB 流的带宽和为总带宽的 75%，表 7-1 列出了 A 类流和 B 类流的一些配置属性。每个交换机端口都会有很多流量等待转发，每个端口先通过 FQTSS 标准进行流量的整形，主要分为两大类，预留的流量类别和尽力而为(best effort，BE)流量类别(普通的流量)。其中，预留的流量类别优先级会比 BE 流量类别优先级高优先转发，一般默认的预留的流量类别和 BE 流量类别推荐使用优先级如表 7-2 所示，其中，浅灰色的为 A 类流的优先级，深灰色的为 B 类流的优先级，当流量类别为 2 类时，A 类流和 B 类流使用最高的优先级 1，其他的普通流使用优先级 0；当流量类别为 3 类时，A 类流使用优先级 2，B 类流使用优先级 1，其他的普通流使用优先级 0，依此类推。

表 7-1　流预留业务分类参数

SR 类型	默认优先级	测量时间间隔/μs
A	3	125
B	2	250

表 7-2　多业务类型下 SR 类业务流的优先级映射关系

	业务流种类数量						
	2	3	4	5	6	7	8
优先级	0	0	0	0	0	0	1
	0	0	0	0	0	0	0
	1	1	2	3	4	5	6
	1	2	3	4	5	6	7
	0	0	1	1	1	1	2
	0	0	1	1	1	2	3
	0	0	1	2	2	3	4
	0	0	1	2	3	4	5

FQTSS 定义了 CBS 机制和严格优先级(strict priority，SP)机制。其中，CBS 机制用于处理 SR 类业务流，SP 机制用于处理非 SR 类业务流。CBS 机制引入"信用值"的概念，定义数据的信用值与传输顺序的对应关系，实现不用优先级业务流的有序传输。SP 机制给每个任务都分配一个优先级，算法根据任务的优先级进行调度，具有较高优先级的任务会在较低优先级任务之前执行。

FQTSS 数据流排队转发过程如图 7-3 所示，其中包含非 SR 业务流和 SR 业务流(SR_A 和 SR_B)。该发送端口共设计有 4 个队列(一个端口可以设计最多 8 个队列，分别对应 VLAN 标签中的 8 个优先级)，优先级依次为 3、2、1、0，分别用于传输 SR_A、SR_B、BestEffort_0、BestEffort_1 这四类流量。其中 A、B 是 SR 类流，使用基于信用的流量整形算法；0、1 是 BestEffort 类流，使用严格优先级的传输算法。具体的排队与转发的流程如下。

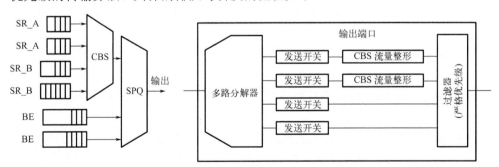

图 7-3　FQTSS 数据流排队转发过程示意图

步骤 1：SR 类业务流的优先级高于非 SR 类业务，故优先处理 SR 类业务队列。
步骤 2：当有多个 SR 类业务等待时，先比较不同队列的信用值，后比较他们的优先级。如果有多个 SR 业务队列的信用值均满足发送要求，则选择优先级高的业务流发送。

步骤 3：如果没有 SR 类业务流满足发送要求，则发送非 SR 类业务流。

步骤 4：不同队列的多个非 SR 类业务流等待发送时，严格按照优先级进行发送。

步骤 5：同对联的数据帧按照先入先出的原则发送。

总之，FQTSS 通过优先级标记、CBS 机制配置流预留协议等机制，实现了对不用优先级业务数据流的低延迟、低抖动和高可靠性传输。这使得 FQTSS 在音视频传输、工业自动化、车载网络等领域具有广泛的应用前景。

7.2.3　CBS 机制流程

基于前面的介绍，本节将分别从 CBS 机制处理数据流程、相关参数说明，以及应用实例分析三方面进行介绍，以便读者充分了解 CBS 机制。

(1) CBS 处理数据流程。

CBS 机制的核心思想是根据预先分配的信用值来调整数据流的传输速率，从而实现对网络资源的公平分配和有效利用。在 CBS 中，每个数据流都会被分配一定数量的信用值。信用值代表了数据流在特定时间内可以传输的数据量。信用值可以根据数据流的优先级、实时性需求等因素进行动态调整。当数据流进行传输时，会根据实际传输的数据量消耗相应的信用值。在数据流空闲期间，系统会根据预先设定的规则为数据流补充信用值[83]。这种机制使得数据流能够在保证实时性的同时，实现对网络资源的公平分配，具体流程如下。

步骤 1：当队列的信用值≥0，该 SR 数据流具有传输资格。

步骤 2：当 SR 业务流无法传输时，该业务流的信用值将以累积信用速率（bit/s）增加。

步骤 3：当 SR 业务流正在传输时，该业务流的信用值将以信用减少速率（bit/s）减少。

步骤 4：当信用值>0 且该 SR 类业务流对应的队列中无数据传输时，该业务流的信用值归 0。

步骤 5：当信用值<0 时，如果该 SR 类业务流对应的队列中无数据传输时，则信用值以累积信用速率增长，直至信用值达到 0；如果该 SR 类业务流对应的队列中有数据等待发送，则信用值以累积信用速率持续增加。

(2) CBS 相关参数说明。

在 IEEE 802.1Qav 中，对于信用值相关参数及各参数关系之间的说明如下。

①idleSlope：CBS 机制中的累积信用速率，单位是 bit/s，在 SR 类业务流对

应的队列无数据帧发送时，信用值以该速率上涨。

②sendSlope：CBS 机制中的信用减少速率，单位是 bit/s，在 SR 类业务流对应的队列数据帧正在发送时，信用值以该速率减少。

③transmitting：队列数据传输状态标志位。TRUE 表示该队列有数据发送，FLASE 表示无数据发送。

④transmitAllowed：队列信用值标志位。当信用值大于等于 0 时，该值为 TRUE；当信用值<0 时，该值为 FLASE。

⑤loCredit：SR 类业务流所对应的信用值累积的最小值，单位为 bit。

⑥hiCredit：SR 类业务流所对应的信用值累积的最大值，单位为 bit。

(3) CBS 应用实例分析。

为了便于读者理解 CBS 机制的具体流程，此处以三个实例介绍 CBS 的运行过程。

实例 1：SR 队列中仅有一个数据帧要发送，且发送端口无冲突场景，流程如图 7-4 所示。

实例 2：SR 队列中仅有一个数据帧要发送，且发送端口有冲突场景，流程如图 7-5 所示。

实例 3：SR 队列中有多个数据帧要发送，且发送端口有冲突场景，流程如图 7-6 所示。

从图 7-4 中可以看出，一个帧在信用值为零的时候排队，没有高优先级的流量等待传输，并且端口上没有帧正在传输。帧立即被选择用于传输，并且信用随着传输的进行以发送坡度(sendSlope)的速率递减。一旦帧传输完成，信用以闲置坡度(idleSlope)的速率增加到零，此时，可以选择帧进行传输。

从图 7-5 中可以看出，当端口传输冲突流量时，帧处于排队的状态。当排队的帧等待端口变得可用时，信用值以 idleSlope 的速率增长。冲突流量的传输在信用值被 hiCredit 限制之前完成，并开始传输排队的帧[84]。信用值开始以 sendSlope 的速率下降；然而，由于帧不够大，不足以消耗所有可用的信用，并且没有更多的帧排队，信用在传输完成时减少为零。

从图 7-6 中可以看出，端口在传输冲突流量时，有 3 个数据帧在排队，即数据帧 A、数据帧 B 以及数据帧 C。由于发送端被占用，SR 队列的信用值以 idleSlope 的速率累积。当冲突的数据帧发送完成后，第一帧和第二帧将相继传输，其原因在于：传输完第一帧时的信用值仍大于 0。然而，在传输数据帧 B 的过程中，SR 队列的信用值以 sendSlope 速率继续降低，在数据帧 B 传输完成时，信用值变为负值；此时，数据帧 C 的传输被延迟，直到信用值返回零。

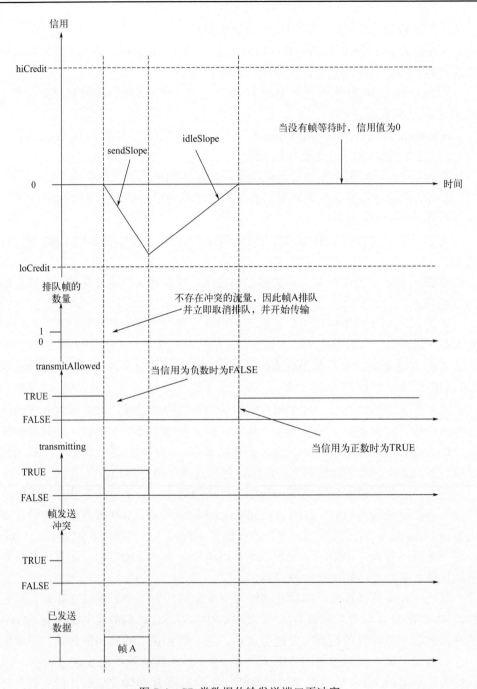

图 7-4　SR 类数据传输发送端口无冲突

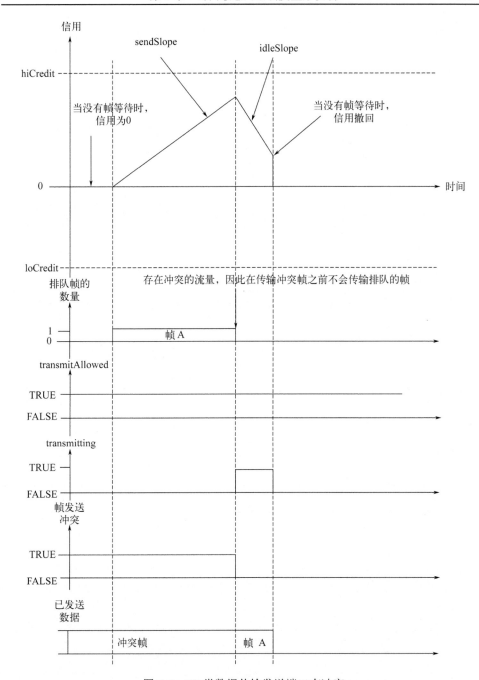

图 7-5　SR 类数据传输发送端口有冲突

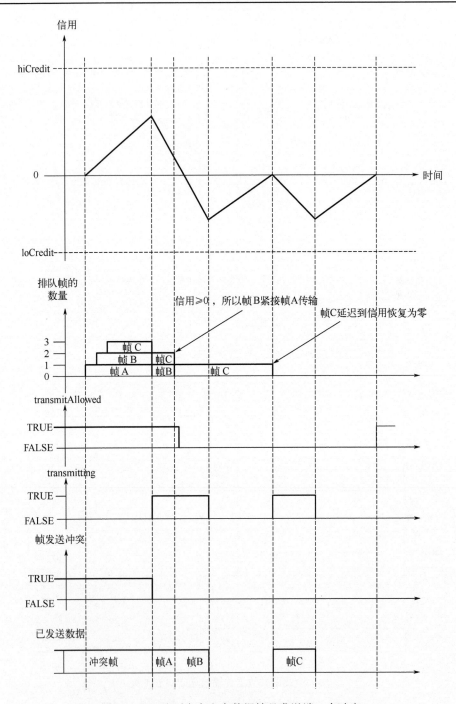

图 7-6　SR 队列中有多个数据帧且发送端口有冲突

7.3　时间感知整形机制

许多领域中都需要有界低延迟的网络连接，例如，工业自动化领域要求端到端延迟在 μs～ms 量级，车载网络要求延迟不能超过 250μs，车内控制系统更是要求在 10 μs 内完成传输，并且，以上应用还要求抖动在几微秒之内甚至零抖动。而 CBS 理论下只能达到毫秒级的确定性时延，不能满足这些应用的需求。因此，TSN 引入了一种新的流量类型——时间触发量来承载这些业务以满足硬实时性要求，即业务流必须在指定的时间内完成传输，否则会造成系统故障，产生严重的后果[85]。为了解决这个问题，TSN 工作组提出了 IEEE 802.1Qbv 协议引入了门控调度机制，通过时分多址技术保证时间触发(time triggered，TT)流无干扰地传输，并且提供了能够预测的确定性端到端时延。

IEEE 802.1Qbv 标准定义了时间感知整形器(time aware shaper，TAS)机制，考虑到 TT 流一般是周期性的，其基本思想是采用时分复用技术将传输时间划分为相同长度的时间片，在每个周期时间片内，调度器为具有实时性要求的数据流提供独立的时隙，以避免其他类型的流量对实时流量造成干扰，从而满足关键业务的低延迟、低抖动需求。

TAS 本质上是一种基于时钟同步的选通机制，通过建立完全独立的时间窗口来实现 TT 流的低延迟传输，TAS 定义了一个门控机制，输出端口中的每个队列都与一个定时门相关联，每个定时门有开启和关闭两种状态，"O" 代表开启状态，"C" 代表关闭状态，只有当门处于打开状态时，队列中等待的数据才会被传输。门状态之间的切换是由门控制列表(gate control list，GCL)控制的，GCL 经过离线设计，指定相关队列门的打开和关闭时间。因此，数据流到达以及离开每个节点的时间都是确定的，并且能够隔离其他流量对关键业务流的干扰，使得关键流量独占带宽，从而满足确定性时延和零抖动需求[86]。同时，所有网络节点需要进行严格的时间同步，否则将产生较大的延迟和抖动。

7.3.1　TAS 机制概述

门控机制是时间感知整形机制中的核心机制，主要功能是允许或禁止传输选择功能从相应队列中选择数据对其转发，方式是通过设置与时间关联的门控列表，实现对门控状态的控制。TAS 机制架构示意图如图 7-7 所示。

时间感知整形机制由多个部分组成，包括优先级过滤器(priority filtering)、缓存队列(buffer queue)、传输选择算法(transmission selection algorithm)、传输门(transmission gate)和门控列表等(gate control list)。这些部分共同协作，完成对

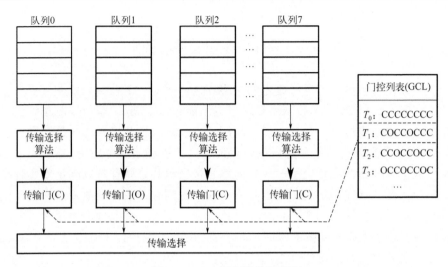

图 7-7　TAS 机制架构示意图

不同优先级数据在输出端口队列中的映射，并通过门控列表来实现对不同队列门状态的控制。优先级过滤器在传输报文的 VLAN 字段中，可以通过 PCP 字段来识别优先级代码的值。PCP 字段用于标识报文的优先级，PCP 优先级代码分为 0 到 7 共 8 个代码，每个代码对应一个特定的优先级。根据 PCP 字段的值，可以确定传输的各个流量所属的优先级，并将其分配到相应的队列中进行排队。缓存队列按照先入先出的顺序规则传入和传出数据帧。在传输门的状态为打开时，队列中缓存的数据会按顺序依次传出。反之，传输门为关闭状态时，不再进行数据的传输。每个队列缓存的数据都有最大服务数据单元大小，超过最大服务数据单元大小的数据帧会被丢弃。传输选择算法：有严格优先级，CBS 等传输选择算法进入数据，根据不同的算法在端口进行数据传输。传输门从传输数据队列连接或者断开传输选择的一个控制门，允许或禁止从相关的队列中选择数据帧进行传输，传输控制门有两种状态，即打开和关闭。传输选择（transmission selection）是在转发传输完符合传输条件的数据帧之后，传输选择部件会选择符合条件的数据帧进行转发传输，符合条件的数据帧的传输门为打开状态且队列中有数据帧要进行传输[87]，同时，传输选择部件在选择下一数据帧进行传输时，会检查传输门和整形机制的状态，如果传输门和整形机制的状态发生改变，数据帧的传输也会发生改变。门控列表每个端口都包含一个有序的门操作状态列表。每个门操作都会改变每个端口流量类队列相关联门的传输状态。门控列表中 T_0 代表的是 T_0 时间点，O 代表的是在该时间点传输门的状态为打开，C 代表的是在这个时间点传输门的状态为关闭。随着时间的流逝，门控列表会依次执行各个时间点的门传输操作状态，TAS 传输的数据具有周期性，因此，门控列表在执行完所有门状态操作后，重新从 T_0 开始执行下一个循环。

7.3.2　TAS 相关参数

（1）门状态参数。

该参数用来标记门的开闭状态，有 2 个取值，分别对应"开"（Open）和"关"（Close）的状态。当该参数完成设置时，该队列对应的门状态就会立刻进入所设置的状态，并触发相应的门状态事件，即"门开"或"门关"事件，以便后续用于基于状态机的控制。

（2）间隔时间参数。

间隔时间参数用来反映门控列表中一条门操作所对应的执行时间。当前门控列表中一条门操作已经执行了"完整时间间隔"后，则会跳转到下一条门操作。在 TAS 中，门控列表是周期性执行的，而门控列表的执行主要通过状态机进行控制，IEEE 802.1Obv 中对于门控列表的执行定义了 3 种状态机。

端口的门控列表中的门操作的执行是由三个状态机控制的：

①循环计时器状态机（the cycle timer state machine）；

②列表执行状态机（the list execute state machine）；

③列表配置状态机（the list config state machine）。

每个状态机的一个实例将为每个支持流量调度增强的端口实例化。循环计时器状态机启动门控列表的执行，并确保维护为端口定义的门控周期时间。列表执行状态机依次执行门控制列表中的门操作，并在每个操作之间建立适当的时间延迟。列表配置状态机管理更新当前活动计划的过程，在执行更新过程时中断其他两个状态机的操作，并在安装了新的计划后重新启动它们。

7.4　循环排队转发机制

虽然时间感知整形机制能够实现对高优先级业务流的微秒级逐跳逐包调度，但由于门控列表配置需要在涉及端到端的终端站点和网桥设备之间进行，并需要门控列表之间相互协同，以便为高优先级业务的端到端传输建立一条"隔离"的保护通道，因此随着网络规模和业务流数量的增加，这种配置的复杂度急剧上升。

此外，网桥设备的门控列表容量有限，无法无限制地配置门控条数。在复杂网络和业务环境下，并不一定存在能够保障高优先级业务流端到端传输的可行调度解。基于这些考虑，IEEE 802.1Qch 标准基于 TAS 提出了一种名为循环排队和转发(cyclic queuing and forwarding，CQF)的易用模型，也称蠕动整形器。CQF 提供确定性且易于计算时延的时间敏感流量调度，无须复杂地配置，TSN 的实现与管理复杂度大大降低，因此，CQF 已成为重要的整形器。

7.4.1　CQF 机制概述

CQF 由一个循环定时器(cycle timer，CT)和两个传输队列构成，循环定时器用于计时，当时间从一个时隙周期到下一个时隙周期时，循环定时器会向门控发送信号，改变出队门状态和入队门状态。实现 CQF 需要结合 IEEE802.1Qci 的 PSFP 和 IEEE802.1Qbv 的 TAS 机制，PSFP 主要分为流过滤、流门控和流计量三个部分，流过滤主要对网桥的输入接口进行控制。

PSFP 在循环排队转发机制中主要起到两个作用：一是根据对应业务流或优先级，匹配相应的策略表，相应地对 CQF 的入队队列进行管理；二是对入队数据进行过滤及监管，根据策略快速地对数据包进行处理，将不符合要求的包丢弃，将符合要求的数据包根据优先级快速映射到出口的奇偶队列。总而言之，通过 PSFP 对数据进入队列进行预先判断，CQF 能够严格对不同优先级、不同类型的业务流进行精细化地控制[88]。

在 CQF 模型中，全局时间被划分为等长的时隙，时隙即为数据传输的时间间隔，需要遵循以下两条基本规则：①上游交换机传输报文的时隙与下游的邻居交换机接收报文的时隙相同；②交换机在某个时隙内接收的报文一定会在下一个时隙传输出去。CQF 相关的功能与约束均是根据这两条基本规则推导得出的[89]。

CQF 最早被称为蠕动整形器，正是因为在上述两条规则中，每个数据包在一个时隙中仅能走一步，而在上一个时隙中处于接收/发送状态的队列，在下一个时隙状态反转，从而实现"蠕动"转发功能。CQF 的整体机制框架如图 7-8 所示，根据 TSN 的协议规定，TSN 交换机有 8 个优先级队列，对于 TT 流的调度，通常选择优先级最高的两个队列即 $Q7$，$Q6$ 作为 CQF 的两个队列，交替执行接收、发送的功能。例如，在奇数时隙时，队列 $Q7$ 保存输入端口接收的帧(接收状态，不发送帧)，同时队列 $Q6$ 发送在上一个偶数时隙缓存的数据帧(发送状态，不接收帧)，如图 7-8(a)所示；偶数时隙，两队列的接收、发送状态反转，如图 7-8(b)所示。

基于上述传输方式，CQF 可以确定报文的延迟范围，这也是选用 CQF 的主要原因之一。假定时隙长度为 d，链路速率足够大，故传输时间可以忽略。交换机 SW_i，要将报文 msg 传输给下游的邻居交换机 SW_j。在最坏情况下，若 SW_i 在时隙 $slot_k$ 的开始时刻将报文 msg 传输到 SW_j，SW_j 在时隙 $slot_{k+1}$ 的结束时刻将 msg 传输出去，即在两个相邻时隙的最远端完成收发，那么 msg 在这两个交换机

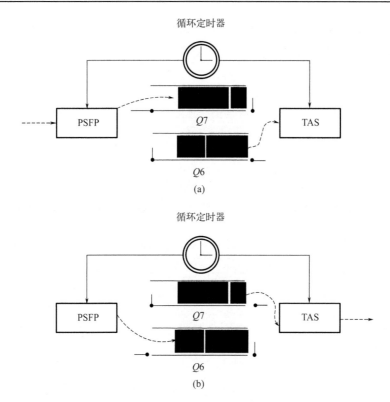

图 7-8　CQF 机制框架

之间的延迟就是 $2d$；在最好情况下，若 SW_i 在时隙 $slot_k$ 的结束时刻将 msg 传输到 SW_j，SW_j 在时隙 $slot_{k+1}$ 的开始时刻（即时隙 $slot_k$ 的结束时刻）将 msg 传输出去，即在两个相邻时隙的邻接处完成收发，那么 msg 在这两个交换机之间的延迟就是 0。将上述情况一般化，假定 h 为跳数（路由路径上的交换机的数目），那么一个帧的最大延迟 maxDelay 和最小延迟 minDelay 即

$$maxDelay = (h+1)d \tag{7-1}$$

$$minDelay = (h-1)d \tag{7-2}$$

由此可见，一个帧的端到端延迟范围仅由时隙长度和跳数确定，与拓扑结构无关。

7.4.2　CQF 系统建模

将 TSN 网络的拓扑用无向图建模，用 G 表示网络拓扑，$G=\{V, E\}$。V 表示网络节点的集合，$V=\mathrm{SW}\cup H$，其中，SW 表示交换机的集合，H 表示终端的集合[90]。E 表示连接两个网络节点的边的集合。交换机的每个输出端口包含 8 个队列，其中优先级最高的两个队列用作 CQF 队列，用于缓存时间敏感流，图 7-9 所示的 $Q6$ 和 $Q7$ 即交换机 SW_0 的端口 SW_0^2 的两个 CQF 队列。SW_j^i 表示交换机 SW_i 的第 j 个端口，在端口 SW_j^i 的第 k 个时隙内，在端口 SW_0^2 的输出队列中，PSFP 和 TAS 根据用户配置的时隙控制两个 CQF 队列的切换。

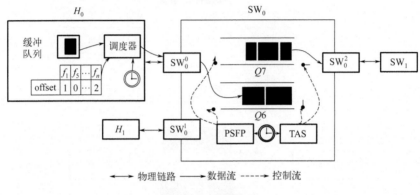

图 7-9　系统模型

终端是数据流的来源及目的地，它对每条流报文的发送时隙进行配置，调度器根据配置信息和全局时钟调度缓存队列中的报文，如图 7-9 中的终端 H_0 所示。终端也能够对数据流进行准入控制，数据流被标记为无法调度时，调度器不会调度属于该数据流的帧，如果属于同一条流的数据帧的偏移量不同，那么它们的端到端延迟也不同，从而产生抖动，因此假定数据同一数据流的所有数据帧在源端的发送偏移量相同，交换机和终端均使用 IEEE 1588 PTP 进行全局的时间同步，时隙的长度是相同的，并且是固定的。

为了实现 CQF 的两条基本规则，需要满足一些条件约束，下面用系统的建模方法引出约束：时间敏感流是周期性的，属于同一条流的两个数据帧之间的最小发送间隔即为该流的周期，每个周期发送的数据量是固定的，假定流的信息是已知的，流在每个周期只发送一个报文，并且在 0 时刻就开始产生数据。用包含源端、目的端、发送周期、每个周期的数据量大小、传输路径和允许的最大端到端延迟的六元组来描述数据流：

$$f_i = \{f_i.\mathrm{src}, f_i.\mathrm{best}, f_i.\mathrm{period}, f_i.\mathrm{size}, f_i.\mathrm{path}, f_i.\mathrm{deadline}\} \tag{7-3}$$

用 $f_{i,\,j}$ 表示流 f_i 的第 j 个数据帧。由于属于一个数据流的所有数据帧在源端的偏移是相同的，因此用 $f_i.\mathrm{offset}$ 表示数据帧从源端发送时对应的时隙。选取调度粒度为交换机输出端口上的 CQF 队列，交换机的每个端口都存在一个优先级队列，因此在描述传输路径时需要携带传输端口。用 f_i 传输经过的交换机端口来表示路径，通常以端口的集合来表示路径，表达式如下：

$$f_i.\text{path} = \{H_i, \text{SW}_k^m, \text{SW}_{k+1}^n, \cdots, H_i\} \tag{7-4}$$

同一交换机不同端口间的传输延迟小于 1μs，可以忽略，相邻交换机端口具有相同的流负载，故在记录 f_i 路径中的端口时只需要保留交换机的出端口。

根据 CQF 的传输规则，时隙长度 lenOfSlot 也需要满足一些约束。由于以时隙为基本单位对数据进行偏移，假定 lenOfSlot 能够整除所有数据流的周期，即所有数据流的周期都应是时隙长度的整数倍。将所有数据流的周期记作 P，那么最大的时隙长度为

$$\max(\text{lenOfSlot}) = \text{GCD}(P) \tag{7-5}$$

即 lenOfSlot 的最大值为数据流周期的最大公约数。CQF 规定，报文在相邻两个节点的发送时隙与接收时隙相同[91]。那么，时隙的长度至少需要保证队列中的最后一个报文在相邻节点之间的发送时隙与接收时隙相同，因此最小的时隙长度为

$$\min(\text{lenOfSlot}) = \frac{\text{lenOfCQF}}{B} + d^{\text{proc}} + d^{\text{prop}} + \text{synprec} \tag{7-6}$$

其中，lenOfCQF 是 CQF 队列的长度；B 是链路发送速率；lenOfCQF/B 即队列资源全部被占用时，最后 1 比特发送到链路上所花费的时间；d^{proc} 和 d^{prop} 是处理延迟和传播延迟；synprec 为同步精度，以上为设置 CQF 参数时需要满足的基本约束，而其他如截止时间、包大小等约束需参照实际情况。

7.4.3　CQF 调度策略

尽管 CQF 极大简化了 TAS 门控列表的计算复杂度，且实现了端到端时延与网络拓扑结构无关，然而在复杂的调度情况下，仍需要进行合理的规划调度，调度的核心目的在于缓解流的堆积现象，从而提高调度成功率与带宽使用率，故引入"时隙偏移"的方法，该方法具体作用见以下示例。

图 7-10(a) 所示 TSN 网络中包含三个终端 host1、host2 和 host3，以及一台交换机 SW_1。假定时隙长度为 150μs，交换机的输出端口中每个 CQF 队列的长度均为 3.2kB。网络中有 f_1、f_2、f_3 三条时间敏感流，流的信息如图 7-10(b) 所示，假定三条数据流均从 0 时刻开始传输。

若不采用任何调度策略，三条流的传输实例如图 7-10(a) 所示。根据 CQF 的两条传输规则，上游交换机在时隙 slot 内发送的帧会在相同的时隙内，即时隙 slot_i 内被相邻的下游交换机接收，下游的邻居交换机在时隙 slot_{i+1} 将该帧传输出去。

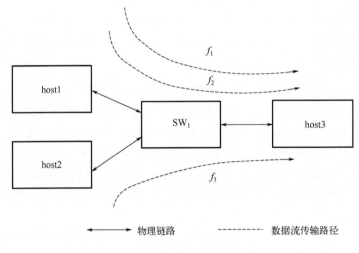

物理链路　　　　　- - - - - -　　数据流传输路径

(a)

f	周期/μs	最后期限/μs	大小/Bytes
f_1	300	300	300
f_2	450	450	450
f_3	300	300	300

(b)

图 7-10　网络拓扑与流的实例

数据流 f_3 第 0 个周期的报文 $f_{3,0}$ 在 host2 的第 0 个时隙 $slot_0$ 送往 SW_1，SW_1 本应该在时隙 $slot_0$ 将 $f_{3,0}$ 缓存到 CQF 队列，并在第 1 个时隙将 $f_{3,0}$ 发往 host3，但在 SW_1 的时隙 $slot_0$ 内，报文 $f_{1,0}$ 和 $f_{2,0}$ 已经占用了 1000 Bytes +1200 Bytes =2200 Bytes 的队列资源，SW_1 在时隙 $slot_0$ 上可用的队列资源即 3200–2200 Bytes =1000 Bytes，小于 $f_{3,0}$ 的帧长 1500 Bytes，SW_1 只能丢弃 $f_{3,0}$，所以 $f_{3,0}$ 无法在时隙 1 传输到 host3。

虽然 SW_1 在 $slot_0$ 内的队列资源有限，但在 $slot_1$ 内队列资源充足，因此，可以将 $f_{3,0}$ 的发送时间往后偏移一个时隙，从而提高资源利用率，如果 $f_{3,0}$ 能够在 $slot_0$ 被 SW_1 缓存，并在时隙 $slot_1$ 被 SW_1 送往 host3，根据 CQF 的最大延迟计算公式(7-1)，其最大的端到端延迟为 $(1+1)×150μs = 300μs$。那么将 $f_{3,0}$ 往后偏移一个时隙后，其最大的端到端延迟即 $300μs +150μs = 450μs$，小于其允许的最大端到端延迟 $750μs$，因此将 $f_{3,0}$ 的发送时间往后偏移一个时隙是可行的。简而言之，时隙偏移就是通过适当地推迟一些流的发送时间，以规避在某些拥挤端口的丢包。

将三条流的传输用甘特图表示，如图 7-11 所示，值得注意的是，$f_{3,0}$ 偏移发送时间后的最大端到端延迟变成了 450μs，但 f_3 其余报文的最大端到端延迟为 300μs，会在 host3 上造成抖动，所以将 f_3 所有报文的发送时间都往后偏移一个时隙。综上所述，合理地安排流的初始发送时间，可以提高网络资源的利用率[92]。该问题为 CQF 调度问题的核心，设置多少时隙偏移量、推迟哪些流都是需要计算的问题，对于如何求解最佳初始偏移时隙量，可等价于装箱问题，近年来大量学者进行了研究，该问题被证明是一个 NP 完全问题，针对该问题的求解算法有整数线性规划、可满足性模理论、启发式算法等，此外，还有一些学者提出了联合路由的规划方法。传统的增量式调度算法采用固定路由，按照流的某种特性如包大小、周期等先排序，后进行偏移量计算的方式，而最近的研究提出了更为灵活有效的方法，综合考虑了路由、排序等多重因素的影响[93]。

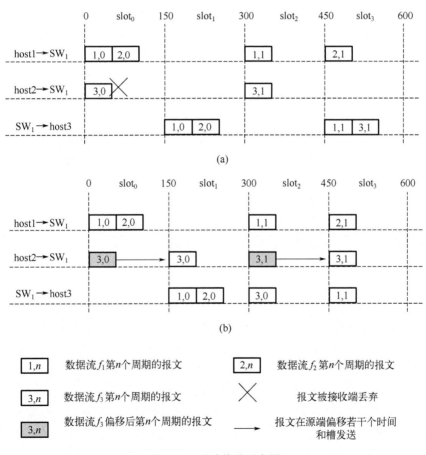

图 7-11　时隙偏移示意图

7.5　帧抢占机制

根据前边的章节我们了解到，TSN 技术由一系列标准组成，该系列标准定义了 TSN 中时间同步、高可靠性保证、有界低时延、专用资源和 API 管理等核心技术。其中，有界低时延技术保证了在复杂的异构网络中，关键控制帧的传输时延极低且有界，确保了系统的稳定。有界低时延技术主要应用于交换网络中 MAC 网桥设备，通过信用流量整形、帧抢占(frame preemption，FP)、流量调度、循环队列转发、异步整形等具体技术实现。本节将对其中的帧抢占技术进行详细介绍。

7.5.1　FP 机制概述

TAS 提供了一种基于时间开关门的机制：对于一个队列，当它的门状态为开时，可以传输报文；反之，门关时，不可传输报文；通过 GCL 来对各队列门的开关状态进行配置。而在 TAS 机制中，会存在两个问题：①保护带宽消耗了一定的采样时间；②低优先级反转的风险。因此，IEEE 802.1Qbu 标准和 IEEE 802.3br 标准定义了帧抢占技术，普通以太网中的帧是不支持中断的，一个帧必须完整地发送完成后才能发送另一个帧，接收端接收的帧不完整就会丢弃这个帧[94]。因此要支持帧被抢占，就必须设计不一样的帧格式，这个就是由 IEEE 802.3br 协议来进行规定的。帧抢占技术旨在降低数据流延迟的同时，最大限度地提升数据链路的有效带宽。帧抢占技术属于 OSI 七层参考协议中数据链路层的 MAC 子层，如图 7-12 所示。TSN 将帧抢占机制引入 MAC 子层，在数据传输冲突时，通过对低优先级数据帧的拆解、分时传输和重新组帧，保证了高优先级数据流的低时延，同时降低了保护带的影响，避免了带宽利用率的大幅下降。

帧抢占是 TSN 协议族中另一个提供延迟保障机制的协议，该协议通过修改前导码将正常的以太网帧分为两类：高优先级帧(express MAC，eMAC)和低优先级帧(preamble MACP，pMAC)。通过高优先级帧可以打断正在发送的低优先级帧这一特性，减小高优先级的等待时间。以图 7-13 中的数据为例，正常情况下，第一行灰色的 pMAC 帧先发送后，即使后面再来的 eMAC 帧也必须等待当前正在发送的 pMAC 帧发送完成后才能发送。但是应用了帧抢占后，eMAC 帧可以打断 pMAC 帧进行发送，当 eMAC 帧发送完成后，剩余的 pMAC 帧再进行发送。这样一来就节约了 eMAC 帧的等待时间[95]。因此，帧抢占属于"降低时延"的技术，尤其对于低速率链路，一个低优先级正在发送的长报文，就能阻挡高优先级几百微秒时间。帧抢占使得高优先级能够打断正在传输的低优先级报文，大大降低了高优先级的时延上界。而且，帧抢占还可以配合 TAS 机制，降低保护带(guard band)对于带宽的消耗。

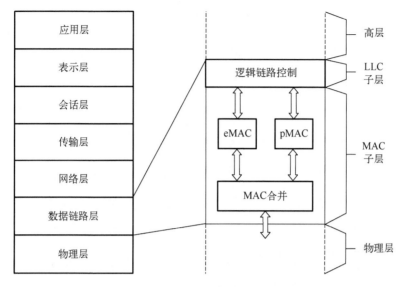

图 7-12　OSI 七层协议参考模型

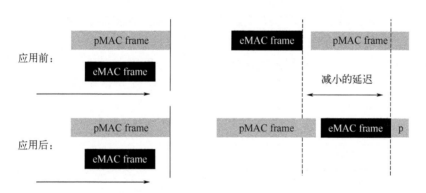

图 7-13　帧抢占举例

除了帧抢占自己单独使用可降低延时之外。还可以与上面提到的 TAS 结合使用以减小保护带的大小，从而在频繁开关门的情况下提高网络利用率，如图 7-14 所示。

因此，其核心思想可概括为高层与 MAC 子层有两条独立的数据通道，分别传输时间敏感帧和优先级较低的可被抢占帧。时间敏感帧通过 MAC 子层的 eMAC 组成 mPacket 帧格式的数据帧，而可被抢占帧通过 pMAC 进行 mPacket 帧的组帧。所有 mPacket 帧均通过数据链路层与物理层之间仅有的一个媒体独立接口与物理层进行数据的交互。

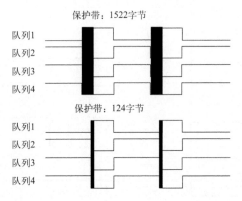

图 7-14　帧抢占结合 TAS 减小保护带

7.5.2　时间片与保护带技术

基于 IEEE 802.1AS 标准建立全局精确时钟同步,并基于 IEEE 802.1Qbv 标准将全局时间轴划分成多个时间周期,在每个时钟周期内划分成多个连续的时间片,在每个相同编号的时间片内,仅能传输相同类型的数据帧[96]。通过这种方式对各个流量等级的数据流进行调度传输,以避免传输冲突

保护带技术简单的可理解为:低优先级数据流较大,在时间片 2 内未传输完毕而占用了时间片 1 的资源,导致高优先级数据流传输延迟增加,如图 7-15所示。

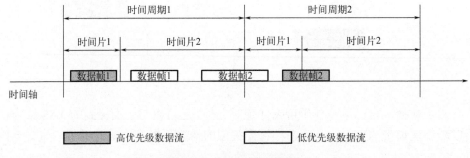

图 7-15　资源占用问题举例

为应对这种干扰,引入了保护带机制。如图 7-16 所示,在保护带内,未传输完毕的数据帧可以继续传输,未开始传输的数据帧必须停止传输,以防止低优先级数据帧侵入时间片 1。但是当网络中的数据帧较长时,保护带十分冗长,仍然会存在有效带宽较低的情况。

图 7-16　保护带机制

7.5.3　FP 原理

本节主要介绍帧格式、帧抢占过程以及帧抢占切片帧合成过程。

1. 帧格式比较

如图 7-17～图 7-21 所示，IEEE 802.3br 帧和传统以太网帧的帧格式的主要区别是在数据帧的第 8 个字节。传统以太网帧的第 8 个字节用来作为帧起始定界符，IEEE 802.3br 帧的第 8 个字节用来判断数据帧类别。另外，该协议中还定义了 eMAC 帧和 pMAC 帧，通过第 8 个字节的帧类别来区分 eMAC 帧和 pMAC 帧。图 7-20 和图 7-21 分别展示了其帧格式，PCS（physical code sublayer）为物理编码子层。

前导码	帧起始定界符	目的MAC地址	源MAC地址	类型	数据载荷	PCS
7字节	1字节	6字节	6字节	2字节	46～1500字节	4字节

图 7-17　传统以太网帧格式

前导码	帧起始定界符	目的MAV地址	源MAV地址	TPID	PCP	DEI	VID	类型	数据载荷	PCS
7字节	1字节	6字节	6字节	2字节	3位	1位	12位	2字节	46～1500字节	4字节

（表上方：802.1Q Tag 跨越 TPID、PCP、DEI、VID 列）

图 7-18　IEEE 802.1Q 帧格式

前导码	帧类别	目的MAC地址	源MAC地址	类型	数据载荷	PCS
7字节	1字节	6字节	6字节	2字节	46～1500字节	4字节

图 7-19　IEEE 802.3br 帧格式

前导码	SMD-E	目的MAC地址	源MAC地址	类型	数据载荷	PCS
7字节	1字节	6字节	6字节	2字节	46～1500字节	4字节

图 7-20　eMAC 帧格式

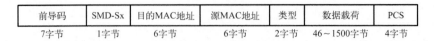

图 7-21　pMAC 帧格式

当 pMAC 帧被 eMAC 帧抢占时，被抢占的 pMAC 帧分成 pMAC 切片帧首帧、pMAC 切片帧中间帧和 pMAC 切片帧尾帧这几部分，三种数据帧格式如图 7-22～图 7-24 所示。

图 7-22　pMAC 切片帧首帧

前导码	SMD-Cx	F Count	数据载荷	mCRC
7字节	1字节	1字节	大于60字节	4字节

图 7-23　pMAC 切片帧中间帧

前导码	SMD-Cx	F Count	数据载荷	FCS
7字节	1字节	1字节	大于60字节	4字节

图 7-24　pMAC 切片帧尾帧

pMAC 切片帧中间帧和尾帧有着相似的帧格式，但使用的循环冗余校验码不同。其中，切片帧首帧和切片帧中间帧使用的是 mCRC 校验码。当发生帧抢占时，为了保证切片帧首帧和切片帧中间帧的准确性，TSN 交换机需要给切片帧添加一个校验字段。为了区别于原数据帧的帧序列校验(frame check sequence，FCS)校验码，新添字段称为 mCRC。mCRC 计算过程如下。

①根据该切片帧数据计算出 CRC 值，这一步骤与普通以太网帧 CRC 计算方式相同。

②将 32 位 CRC 与 0x0000FFFF 进行异或运算，得到 mCRC 值。切片帧尾帧使用的是 FCS 校验码，它的 FCS 校验码与原可抢占帧的 FCS 校验码相同。

2. 帧抢占过程

(1)帧抢占验证。

开启帧抢占前交换设备会通过链路层发现协议(link layer discovery protocol，LLDP)向相邻设备发送验证帧，如果在规定时间内收到相邻设备发来的响应帧，则帧抢占验证成功，可以启用帧抢占功能。如果在规定时间内没有收到相邻设备发来的响应帧，则交换设备会再次向相邻设备发送验证帧，若还是没收到相邻设备发来的响应帧，则帧抢占验证失败，无法启用帧抢占功能。当帧抢占功能验证通过后，数据帧的附加信息将添加到 mPacket 头部，描述其抢占特性。

（2）帧抢占切片过程。

时间敏感网络帧映射成 pMAC 帧和 eMAC 帧。pMAC 帧进入 pMAC 层传输，eMAC 帧进入 eMAC 层，判断抢占条件是否成立（交换机会检查该 pMAC 的长度是否大于 124 字节，且还未传输的数据是否大于 6 个字节）。

交换机给 pMAC 帧已传输的部分补上 4 字节的 mCRC 校验码，并暂停 pMAC 层中 pMAC 帧的传输，然后切换到 eMAC 层传输 eMAC 帧。当该 eMAC 帧传输完成后，若还有 eMAC 帧需要传输，则继续传输 eMAC 帧，若没有 eMAC 帧需要传输，则暂停 eMAC 层中的数据传输，切换到 pMAC 层传输被抢占 pMAC 帧的剩余部分。切片过程形成的数据帧如图 7-25 所示。

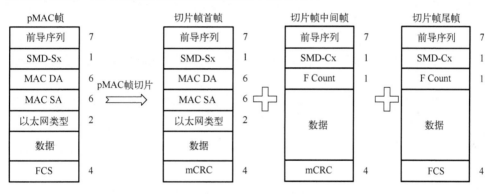

图 7-25　切片过程形成的数据帧

此外，IEEE 802.3br 标准定义不同的 SMD（sub MAC delimiter）值来区分不同类别的数据帧，具体可参照表 7-3 中的内容，只有 SMD-Cx 值顺序正确且第一个切片帧中间帧使用 SMD 编码值 0x61 时切片帧才能合成原 pMAC 帧。如果切片合成时不满足此条件，该切片帧将会被丢弃。

表 7-3　不同类别数据帧的 SMD 值

帧格式	帧序列	SMD 编码
SFD（SMD-E）高速帧	NA	0xD5
SMD-Sx 分片计数	0	0XE6
	1	0x4C

帧格式	帧序列	SMD 编码
SMD-Sx 分片计数	2	0x7F
	3	0XB3
SMD-Cx 低速分片中间帧及尾帧	0	0x61
	1	0x52
	2	0x9E
	3	0xAD

3. 帧抢占切片帧合成过程

①在接收端节点，独立接口（xMII）在帧到达时检查每个帧的 SMD 值。

②判断若是 eMAC 帧（即包含 SMD-E 的帧），则由 eMAC 帧接收器直接接收。否则，pMAC 帧和切片帧由特定帧处理器处理。特定帧处理器负责保证每一个可抢占帧的所有切片帧都被完整且按正确的顺序合成并接收，它通过同时使用"mCRC"和"分段计数"值来保证可抢占帧的接收。

③特定帧处理器接收到切片帧后会生成一个 mCRC 校验码，通过这个 mCRC 校验值与原始帧切片时生成的 mCRC 值比较：值相同，说明该切片帧传输正确；值不同，说明该切片帧传输错误。

④通过"分段计数"值检测切片帧传输的顺序是否正确。只有"mCRC"和"分段计数"值都无误的切片帧才能合成原数据帧并接收。

7.6 小　结

当前，各流量调度机制的主要目标是提高实时性，主要内容从影响流量调度的相关因素（如帧大小、优先级划分、时间同步、保护带、网络负载）直接提升实时性，拓展至影响延迟计算的相关因素（如路由选择、数据压缩、多帧传输，综合提升实时性。

时间敏感网络流量调度机制主要有基于信用整形、时间感知整形、帧抢占、循环排队转发、异步流量整形等。按照调度原理，可分为按时分复用原理调度机制和按竞争规则调度机制。

按时分复用原理调度机制，将传输实时性要求直接与传输时隙划分相对应，通过调整传输时隙控制流量调度，因传输时隙易与周期流量匹配，因此该类调度对周期流量调度效果较好，调度机制有时间感知整形和循环排队转发。按竞争规则调度机制，将传输实时性要求与优先规则相对应，按优先规则调度流量，该类调度对流量周期性无要求，可混合调度周期流量和突发流量，如帧抢占（即严格优先级调度）是按照流量的优先级调度，基于信用整形按照信用值调度，异步流量整形以合格时间（即流量传输紧急度）作为调度依据，该机制相关研究正处于探索阶段，研究主要集中在与调度直接相关的因素，如模型设计、性能论证、参数设置、与其他机制的综合运用等方面。各调度机制可单独使用，也可多个综合运用。

第 8 章　时间敏感网络可靠性保障机制

工业网络不仅要为工业业务提供有界低时延的传输保障，同时要为工业数据传输提供高可靠性保障。本章主要介绍时间敏感网络的可靠性保障机制，重点从数据流过滤与监管机制和帧复制与消除机制两个方面进行介绍。

8.1　数据流过滤与监管机制

IEEE 802.1Qci 提出的 PSFP 是时间敏感网络技术协议族的重要协议之一，是差异化业务 QoS 保障的重要支撑协议，其为进入 TSN 网桥设备的业务流提供流过滤、流门控和流计量等操作，对特定标识的数据帧加以控制，确保输入流量符合规范，有效防止由于故障或拒绝服务攻击等引起的异常流量问题，提升时间敏感网络的稳定性和可靠性。在一定程度上可以说，PSFP 是时间敏感网络各调度整形机制的前提，其在入口处对于业务流的处理为各种调度整形机制基于队列的管理提供了基础。

8.1.1　PSFP 机制概述

PSFP 是对每个数据流采取过滤和控制策略，以确保输入流量符合规范，从而避免由故障或恶意攻击引起的异常流量问题。

异常流量是指发送端或交换机发送了过多流量，或是在错误的时间发送流量，这样就占用了其他流量的带宽，导致这些流量的带宽和时延都无法保证，甚至会影响到整个网络。图 8-1 展示了基本的异常流量现象，图中 T1、T2 是 2 个发送节点，L1、L2、L3 是 3 个接收节点，B1、B2 是 2 个网桥设备，白色、黑色分别表示 T1、T2 发送的数据流；这里 T1 发送的数据流超出其规定的带宽，导致同样从 B1 流出的 T2 数据流受到影响，使得接收节点 L3 接收数据的带宽和延迟要求没有满足。为了解决上述异常流量现象，可以在异常流量进入网桥设备时采取过滤和控制策略，如图 8-2 所示。

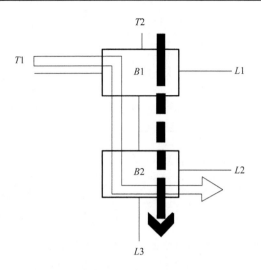

图 8-1　数据流 $T2$ 受到数据流 $T1$ 影响

图 8-2 中，在 $B1$ 输入端口处引入过滤器，过滤器会对经过的异常流量采取限制措施，使得在 $B1$ 输出端口处各流量均能满足其带宽要求。

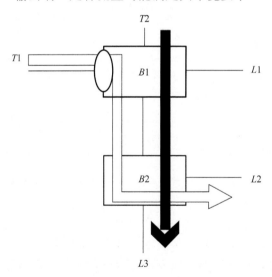

图 8-2　过滤后，数据流 $T2$ 不再受到影响

8.1.2　PSFP 整体架构

PSFP 由图 8-3 中流过滤器表（stream filters）、流门控表（stream gates）和流量计表（flow meters）3 个表配合完成。

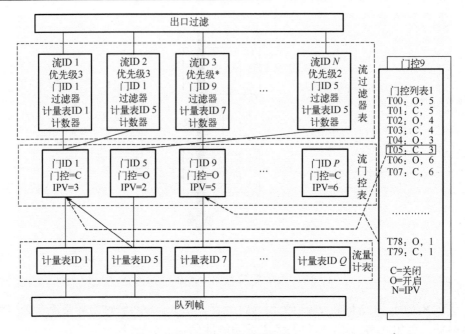

图 8-3　PSFP 整体架构

流过滤器表的每个表项表示某个流对应的过滤器，与下文中的特定门控和流量计关联；流门控表的每个表项表示对某个流采取的门控措施（如门控状态为关，表示禁止对应流量流入）；流量计表的每个表项表示对某个流的流量统计，当该流量超过了限制带宽则采取限流或阻断的控制[97]。

PSFP 的基本工作流程：首先流过滤器根据其中定义的流标识（stream ID）、优先级（priority）信息，识别出流量是否遵循该过滤器，若由该过滤器控制，根据对应的门控决定是否允许流量流入，若允许流入，则由流量计中参数判断是否超出限额，若超出限额，根据配置决定采用限流还是阻断。再来考虑 PSFP 的基本应用场景：①对于未知来源的流量，PSFP 通过设置门控关闭，阻止可疑流量流入；②对于已知来源的异常流量，这里的异常表现不限于带宽（带宽超出预留带宽），还包括如最大数据服务单元长度超出要求等，PSFP 可以选择阻断或限流。由此，PSFP 通过对入站流量的过滤和控制策略，提高了网络的可靠性。

8.1.3　过滤和控制策略

在对流量的限制上，有多种过滤和控制策略。按照过滤方式可以分为：对单个流量过滤（以下简称单流）（图 8-4）和对单个流量类（traffic class）过滤（以下简称单类）（图 8-5）；按照控制方式可以分为限流和阻断。组合起来就有 4 种过滤和控制策略，接下来分析这些策略。需要注意的是，过滤和控制都是针对有带宽要求的流量，即不适用于 BE 数据流。

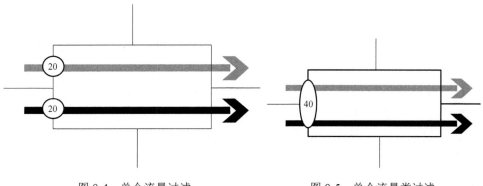

图 8-4 单个流量过滤　　　　图 8-5 单个流量类过滤

（1）单类+限流。

如图 8-6 所示，每个交换节点的输入端口均设置了单类过滤器，在输出端口设置有 CBS。图 8-6 中的白、灰、黑 3 种颜色表示的流量均属于同一流量类，因此，在 $B1$ 的单类过滤器处，由于白色流量发生异常，导致总的流量类带宽为 35+20，超出 40Mbit/s 的限额，从而触发限流控制策略，使得白色流量实际输出带宽为 30Mbit/s，灰色流量实际输出带宽变为 10Mbit/s；在 B2 输入端口处，白、灰、黑流量均满足了单类过滤器的要求，但在输出端口处，白、黑流量之和为 30+55，超出了 75Mbit/s 整形要求，使得黑色流量的最终输出变为 45Mbit/s。

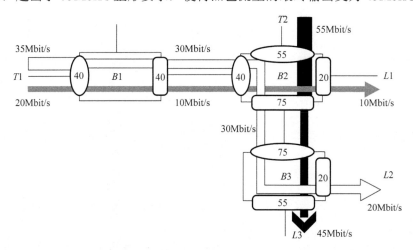

图 8-6 单类限流方式

　　由此可以看出，单类+限流的过滤控制策略不能隔绝异常流量的影响，在图中灰、黑流量自身没有异常，但最终仍受到白色异常流量的影响。

　　(2) 单类+阻断。

　　如图 8-7 所示，通过改变控制方式为阻断，可以确保黑色流量的带宽要求，但灰色流量因为与白色流量同属一个流量类，因此也被阻断。再考虑另一情况，如图 8-8 所示，同样是单类+阻断的过滤控制，但是仅白色流量异常变为 30Mbit/s，而灰色流量此时没有数据发送，所以对于 B1 的单类过滤器无法检测出白色流量的异常；在 B2 输出端口，由于 CBS 限制使得白色流量变为 25Mbit/s，而黑色流量变为 50Mbit/s，由此可以看出单类检测会存在不能彻底检测异常流量的情况，也就无法隔绝异常流量对其他流量的影响。

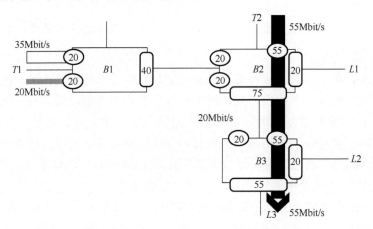

图 8-7　单类阻断方式场景 1

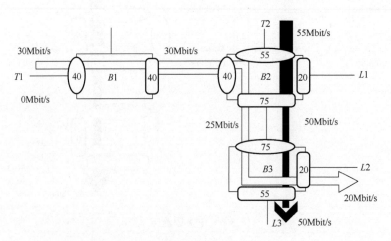

图 8-8　单类阻断方式场景 2

(3) 单流+限流。

如图 8-9 所示，采用单流+限流的方式，成功限制了异常流量，并且其他流量没有受到影响；但是，由于采用限流的方式，这意味着存在选择性丢包的情况，即数据可能发生错误，而接收端会认为接收到的是正常的流量。

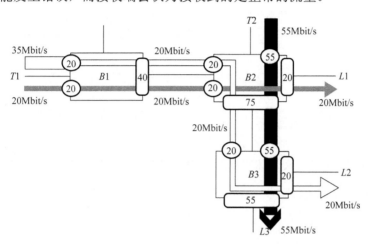

图 8-9 单类限流方式

(4) 单流+阻断。

图 8-10 是单流+阻断的过滤控制策略，此时，仅有出现异常的流量受到影响，其他流量正常传输。

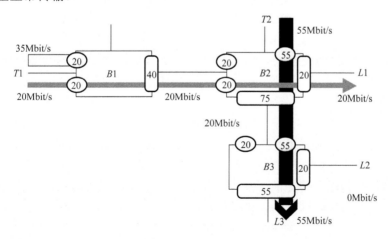

图 8-10 单流阻断方式

从以上 4 种过滤控制策略的对比可以看出，单类过滤仅需要实现更少的过滤器，但无法保证正常流量的带宽和延时要求；与之相对的，单流过滤可以确保仅异常流量受到控制，其他正常流量不受影响，但需要对每个流量都要实现单独的过滤器，这无疑需要更多开销。阻断控制相比限流控制更直接也更安全，一方面确保恶意流量无法进入，另一方面确保流入的数据是完整的[98]。PSFP 支持以上4 种过滤控制方式，但推荐采用的是单流过滤和阻断控制的组合，因为此种方式既隔绝异常流量，又不影响网络中其他流量，还能最大限度地保障数据的完整性。

8.2　帧复制与消除机制

IEEE 802.1CB 标准解决了帧的可靠通信问题，控制类帧传输时的重要目标之一是高可靠性，因此对丢包率指标有着严格的要求。为了解决该问题，IEEE 802.1CB 标准制定了 FRER 机制，将拥塞和故障影响降到最低。

8.2.1　FRER 机制概述

2017 年 10 月，IEEE 802.1CB-2017 标准正式发布，标准中规定了网桥和端系统的程序、管理对象和协议，为冗余传输提供数据包的识别、复制和消除功能。IEEE 802.1CB 是 TSN 协议族中唯一通过冗余路径发送相同数据包来提高网络可靠性的协议，可防止链路或节点故障导致的数据包丢失。标准中定义了 FRER，它能够兼容工业容错架构，并且对于那些对数据传输时间敏感的应用，如工业自动化系统、自动驾驶等(这些应用对网络的可靠性和实时性要求非常高，即在网络级别，消息必须按时传递，故障不得影响通信；在节点级别，任务必须在截止日期之前完成，并且故障不得影响执行)，仅容忍通信子系统中的故障是不够的，还必须容忍节点故障。传统的冗余解决办法已经难以满足需求，时间敏感网络中的 FRER 机制可以实现对时间敏感的应用程序的无缝冗余。

FRER 作为 TSN 容忍链路和节点故障的主要解决方案，是时间敏感网络中提高可靠性的一种关键技术。在 IEEE 802.1CB 标准中，通过在网络的源端系统和中继系统中对每个包进行序列编号和复制，并在目标端系统和其他中继系统中消除这些复制帧，为以太网提供无缝冗余特性，从而提高可靠性。其中，可靠性是指从系统启动到特定时间点的正确操作概率，它从空间冗余方面提供了可靠性和容错性的保证，可用于遏制网络中的桥接错误，并创建冗余路径以容忍可能出现的链路失效等永久性故障。FRER 的标准化进程如图 8-11 所示。

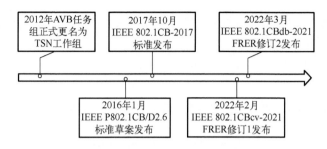

图 8-11　FRER 的标准化进程

FRER 的主要工作过程：通过源节点（即 TSN talker）的不同路径复制流；消除中继节点或目标节点（即 TSN listener）上每个流的副本数据包。FRER 的工作原理如图 8-12 所示，3 条路径用来传输成员流，其中两条用于冗余。在图 8-12 中，目标节点和转发两个成员流的中继节点都可以丢弃复制数据包[99]。

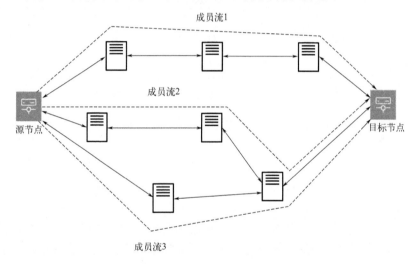

图 8-12　FRER 工作原理

通常，源节点执行以下几种功能。

（1）序列生成：对于流的每个数据包，将生成一个序列号，并在同一流中的每个数据包之后递增。

（2）流拆分：为流中的每个数据包生成 k 个副本，然后通过 k 个不同的路径转发，即划分为成员流。

（3）序列编码：生成的序列号将分配给每个数据包，以便对每 k 个副本使用相同的编号，它存储在以太网帧的冗余标签（R-TAG）中。

目标节点或中继节点执行以下几种功能。

（1）流识别：它标识收到的数据包属于哪个流，以便使用与该流关联的排序信息，可以使用空流识别方法（使用目标 MAC 地址和 VLAN ID 来区分流）。

（2）序列解码：在解码中，提取接收数据包中的序列号，以便与流识别的序列信息进行比较。

（3）序列恢复：使用排序信息和解码编号，目标节点或中继节点选择丢弃或接收数据包。通过这些操作，数据包可以在网络中进行复制传输，并且在目标节点的接收端进行消除。

8.2.2　FRER 机制分析

FRER 是一个独立的标准，用于对不能容忍数据包丢失的应用程序使用主动措施确保稳健可靠的通信，以额外的网络资源为代价，有效地提供无缝的主动冗余。为了最大限度地减少网络拥塞，可以根据流量类别和通过 TSN 流识别获取的路径信息选择数据包复制，并通过序列生成功能为复制的帧生成识别号，以确定丢弃哪些帧，传递哪些帧，从而确保正确的帧消除和恢复。其中帧冗余信息包含在冗余标签中，网络中的不同流量类别可以采用不同的传输方式，例如，FRER 可能只用于关键流量，而 BE 流量和其他可容忍损失的流量则正常传输，从而使网络既可以实现无缝冗余，又可以提高网络资源利用率。

但是，该标准仍然存在一些局限性[100]。第一，它可能会对时间敏感网络中的时延保证产生影响，因为复制可能会导致沿复制路径的突发性增加，以及数据包排序错误，这可能会增加交叉网桥或路由器中的时延，导致数据包错误排序，还可能对冗余和调度机制之间的交互产生负面影响。第二，它缺乏针对不适当配置的保护机制，这可能会使预期的可靠性无效。第三，虽然其核心功能由标准定义，但其有效使用主要取决于实际部署场景和路径选择策略，所以当场景和路径选择不当，也可能会引发部署场景的意外数据包消除或者资源浪费。在使用非不相交冗余路径的情况下，该机制会导致目的地的数据包丢失。在理想的情况下，一个流被复制在 k 个不相交的路径上，这样中继节点就不会接收到同一数据包的多个副本。即使 FRER 承诺无缝集成，也需要一个具有足够数量的不相交路径的网络。如果网络中缺少这样的路径，序列恢复功能（sequence recovery function，SRF）可能会由于位于多条路径交叉节点上的包消除而出现意外的丢包。为了在不存在不相交路径的情况下有效使用 FRER，应考虑 3 个要点：冗余路径数量、连接节点数量、连接节点的位置。

（1）冗余路径数量：在没有不相交路径的情况下，可以使用多于 k 条路径来容忍 $k-1$ 个故障，并补偿连接节点可能造成的效率低下。因此，评估冗余程度以获得所需的容错级别是很重要的。

（2）连接节点数量：当两条路径相交时，可能会出现成员流的意外消除，因此，最小化所选路径之间的节点数量是至关重要的。

（3）连接节点的位置：两条路径的早期交叉，在最初的几跳内，会对冗余造成更严重的影响，因为复制的数据包会很快被消除，流在剩下的路径中容易受到其他故障的影响。

数据包意外消除的主要原因是中继系统不知道它们是否为连接节点，从而丢弃冗余包。当中继可以推断出它作为连接节点的位置时，它可以转发一定数量的副本，而不是立即删除它们。所以需要检测交换机是否为连接节点，以及节点所处的网络位置，获得网络范围的视图，从而获得发送者和接收者之间端到端的路径。一个连接节点可以通过连接度精确地评估流的每个包应该有多少个副本，并消除过多的数据包，从而最小化副本的数量，以避免意外的消除。

8.2.3　FRER 机制展望

时间敏感网络要求低时延和高带宽的传输，时间敏感网络中的冗余机制需要在满足这些要求的同时保持高效性和可靠性。以下从三个方面提出对 FRER 机制的展望。

（1）工业网络。

利用冗余机制可以解决工业网络中的可靠性问题，但会导致网络复杂度增加，同时网络中的网络资源利用率也是需要考虑的，将 FRER 技术与流量调度结合可以提高网络的可靠性和资源利用率。时间敏感网络中的流量调度是一种用于控制网络流量的技术。它的主要作用是通过对数据包的发送时间和带宽进行控制，确保网络中的时间敏感应用程序能够及时地接收到数据，从而保证网络的实时性和可靠性。在工业网络中，存在多个应用程序同时使用网络资源的情况。如果不进行流量调度，网络中的数据传输可能会发生冲突，从而导致关键数据丢失、时延和抖动等问题。流量调度可以通过控制数据包的发送时间和带宽，避免这些问题的发生，同时还可以提高网络的带宽利用率。

（2）自动驾驶。

自动驾驶汽车的发展给汽车电子和车载网络设计带来了新的挑战，对车内数据传输的带宽和确定性提出了更高的要求，功能安全是未来汽车的最高要求，这需要通过车载网络交换大量的安全关键数据。作为时间敏感网络的重要标准，IEEE 802.1Qbv 提供了在车载网络中实现不同流量类别混合传输的可能性，但是车载网络中的故障随时可能发生，这可能导致关键安全数据丢失。因此，网络必须可靠，以保证安全关键数据的成功交付，为满足未来车载网络应用的高可靠性要求，将 FRER 容错机制引入车载网络，使得车载网络能够提供足够的保证，并且为基于 TSN 的车载网络(in-vehicle network，IVN)设计基于容错的动态调度和路由启发式方法，以满足自动驾驶汽车应用的高可靠性要求，也是未来发展的关注点之一。

(3)云化应用。

边缘云计算是一种分布式计算架构，它在边缘设备(如传感器、摄像头、智能手机等)和云服务器之间建立了一种连接。由于边缘设备通常位于网络边缘，离云服务器较远，因此边缘计算可以将计算任务从云端迁移到边缘设备上，从而提高计算速度和减少网络时延。在各种基于 TSN 的行业中采用网络功能虚拟化和云计算模型，使 TSN 云就绪，并实现端到端的确定性通信，当 TSN 云就绪功能与 5G 超可靠低时延无线功能和时间敏感通信组件相结合或集成时，各行各业将获得前所未有的网络可能性。在边缘云计算中，可靠性是至关重要的。由于边缘设备数量众多，且通常部署在复杂和恶劣的环境中，可能会产生各种故障和错误，因此数据传输可能会面临许多挑战，如网络时延、带宽限制和安全问题等。如何提高边缘云计算的可靠性是不得不关注的重点。在云中部署 TSN，将 TSN 可靠性扩展到云对时间敏感应用程序的可靠性，从而从云生态系统提供的优势中获益是至关重要的。TSN 标准的云化是一个广泛的主题，其中 FRER 协议的云化为云计算的可靠性提供了潜在的解决方案，如将 FRER 功能作为服务集成到云平台中，从而提高云平台可靠性。

8.3　小　　结

流过滤与监管机制能使网桥或终端站点根据网络约束条件对流量进行差异性管控，提升数据流在网络中传输的可靠性。在实际网络中，数据传输是端到端的过程，需要经过多个网络节点，在复杂组网环境下，为数据流进行端到端优化路径的选择及资源预留，将对数据传输端到端的确定性产生较大影响。帧复制与消除机制依赖于在发送方到接收方的网络中的不相交路径上的传送消息，对于可靠性通信而言，还需要保证数据传输的不失序和不重复。

第9章 时间敏感网络管理与配置机制

TSN 的功能是由一系列标准协议定义的，包括之前介绍的 IEEE 802.1AS、IEEE 802.1Qbv、IEEE 802.1Qbu 以及 IEEE 802.1Qcr 等多个协议，而若要完成端到端协议的确定性传输，需要对网络中的多个终端及网桥设备节点进行配置。因此，时间敏感网络制定了多个针对网络资源管理、终端及节点功能配置的协议规范，以方便用户能够主动地发现网桥节点和终端节点的能力，并根据节点状态进行配置和管理。本章着重介绍时间敏感网络管理与配置机制，对相关的配置协议、模型和数据格式进行阐述。9.1 节介绍了 TSN 网络的数据配置模型，包括网络管理协议(network configuration protocol，NETCONF)和 IEEE 802.1Qcp 提出的 YANG 模型，对两者的基本原理及协议架构进行了分析[101]；9.2 节介绍了 IEEE 802.1Qcc 协议，该协议定义了 TSN 网络管理和控制的模式和架构，支持分布式、集中式和完全集中式的网络管理和配置；9.3 节描述了一种采用 SDN 概念配置 TSN 网络的解决方案，描述了 SDN 南向接口中最重要的 OpenFlow 协议，展示了 SDN 和 TSN 的统一架构模型[102]，并对该模型的实现方法进行了分析；9.4 节描述了 TSN 配置架构的发展趋势；9.5 节为本章小结，简要概括了本章所阐述的内容。

9.1 时间敏感网络数据配置模型

时间敏感网络由多项关键功能构成，在实际组网过程中，经常会面临终端节点和网桥节点新增或因故障断开连接的问题，时间敏感网络的管理实体需要与网元不断交互来实时获取相应终端状态、拓扑状态、数据状态的变化。因此，基于互联网工程任务组(Internet Engineering Task Force，IETF)提出的新一代数据(yet another next generation，YANG)模型及 NETCONF 协议，TSN 工作组针对数据配置和管理模型的建立问题提出了 IEEE 802.1Qcp，IEEE 802.1Qcp 对网桥和桥接网络中的 YANG 模型和操作状态模型进行了定义。此外，针对时间敏感网络多项关键功能的配置，IEEE 802.1 工作组正在进行一系列 YANG 模型的修订和扩展标准工作，其中，IEEE P802.1Qcx 标准拟制定支持桥接网络中的连接、故障和管理配置功能的 YANG 模型，同时阐述 YANG 数据模型与其他管理功能模型之间的关系；IEEE P802.1Qcw 标准拟制定支持集中式网络控制模型及调度、抢占等配置功能的 YANG 模型；IEEE P802.1ABcu 标准拟制定支持本地链路发现协议配置功能的 YANG 模型；IEEE P802.1CBcv 标准拟制定支持帧复制消除配置功能的 YANG 模型。IEEE802.1Qcp 通过这些数据配置模型解决了时间敏感网络中节点数据配置和管理模型的建立问题。

9.1.1　YANG 模型

YANG 是一种新型数据建模语言，定位为 yet another next generation。YANG 模型定义了数据的层次化结构，可用于基于网络配置管理协议的操作，包括配置、状态数据、远程过程调用和通知，即 YANG 用于为网络配置管理协议使用的配置数据、状态数据、远程过程调用和通知进行模型化。与模型管理信息库（management information base，MIB）相比，YANG 模型更有层次化，能够区分配置和状态且可扩展性强。通过 YANG 描述数据结构、数据完整性约束、数据操作，形成了一个个 YANG 模型。YANG 模型组成元素介绍如表 9-1 所示。

表 9-1　YANG 模型组成元素

元素	描述
module	YANG 将数据模型构建为模块，模块名与 YANG 文件名一致 一个模块可以从其他模块中导入数据，也可以从子模块中引用数据 外部模块的引入："include"声明允许模块或子模块引用子模块中的材料，"import"声明允许引用其他模块中定义的材料
namespace	模块的名字空间，是全球唯一的 URL，在对数据的 XML 编码过程中会使用到名字空间
prefix	namespace 的简写，简写唯一
organization	YANG 归属组织名
contact	YANG 模块的联系信息
descrception	YANG 模块的功能描述
revision	YANG 模块的版本消息，提供了模块的编辑版本历史
container	容器节点，用来描述若干相关节点的集合
list	列表节点，定义了列表条目序列，每个条目就像一个结构体或者一个记录实例，由其关键叶节点的值(key 值)唯一识别
leaf	叶节点，一个叶节点包含简单的数据，如整形数据或字符串

YANG 在以下 RFC 标准中定义。

RFC 6020：2010 年 IETF 组织对 YANG 进行了第一次标准定义，YANG 是 NETCONF 的数据建模语言。

RFC 6021：2010 年 IETF 定义了网络通信技术里面常用的各种数据类型。我们在建立自己的 YANG 模型的时候，可以导入使用这些预先定义好的网络数据类型，无须重新定义。

RFC 6991：2013 年 IETF 在 RFC6021 的基础上新增补充了 YANG 模型的数据类型。

RFC 7950：2016 年 IETF 发布了 YANG1.1 版本，校正了在初始版本 RFC6020 中的歧义和缺陷。

随着标准化的推行，YANG 正逐渐成为业界主流的数据描述规范，标准组织、厂商、运营商等纷纷定义各自的 YANG 模型。如图 9-1 所示，设备上集成了 YANG 模型并作为服务端(Server)，网络管理员可以利用 NETCONF 协议或 RESTCONF 协议统一管理、配置、监控已经支持 YANG 的各类网络设备，从而简化网络运维管理，降低运维成本。

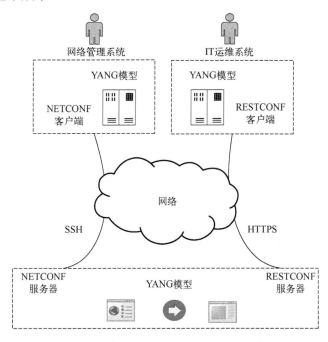

图 9-1　基于 NETCONF/RESTCONF 和 YANG 的网络管理架构

9.1.2　NETCONF 协议

NETCONF 协议是一种网络设备管理协议，类似简单网络管理协议(simple network management protocol，SNMP)，提供一套新增、修改、删除网络设备配置，查询配置、状态和统计信息的框架机制，NETCONF 协议基于 YANG 模型对设备进行操作。YANG 是数据模型定义语言，可以用来描述基于 NETCONF 协议通信的客户端和服务器之间的交互模型，类似 SNMP 使用 MIB 文件作为数据模型。

云时代对网络的关键诉求之一是网络自动化，包括业务快速按需发放、自动化运维等。传统的命令行和 SNMP 已经不适应云化网络的诉求。NETCONF 不仅采用分层的协议框架，更适用于云化网络按需、自动化、大数据的诉求，而且 NETCONF 支持对数据的分类存储和迁移，支持分阶段提交和配置隔离，NETCONF 定义了更丰富的操作接口，并支持基于能力集进行扩展。

IEEE 802.1Qcc 对于多属性注册协议、流预留协议作出了修改和补充，并提出了 3 种 TSN 下的网络配置模型，其中集中式配置模型使用 NETCONF 协议实现业务需求与网络资源的交互，以提供运行资源的预留、调度及其他类型的远程管理。本节主要介绍网络管理协议 NETCONF，NETCONF 协议是目前主流的网络管理协议，其基本网络架构如图 9-2 所示。整套系统必须包含至少一个网络管理系统(network management system，NMS)作为整个网络的网管中心，NMS 运行在 NMS 服务器上，对设备进行管理。

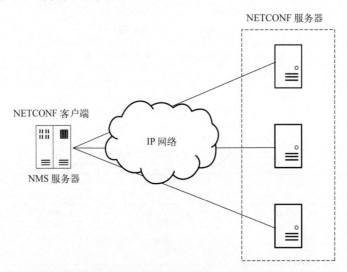

图 9-2　NETCONF 协议基本网络架构

客户端主要作用为利用 NETCONF 协议对网络设备进行系统管理，向 NETCONF Server 发送远程过程调用(remote procedure call，RPC)请求，查询或修改一个或多个具体的参数值，接收 NETCONF Server 主动发送的告警和事件，以获知被管理设备的当前状态。

服务器主要用于维护被管理设备的信息数据并响应客户端的请求。NETCONF

Server 收到客户端(Client)的请求后会进行数据解析,然后给 NETCONF Client 返回响应。当设备发生故障或其他事件时,NETCONF Server 利用通知机制主动将设备的告警和事件通知给 Client,向 Client 报告设备的当前状态变化。

NETCONF 协议采用了分层结构。每层分别对协议的某一方面进行包装,并向上层提供相关服务。分层结构使每层只关注协议的一个方面,实现起来更简单,同时使各层之间的依赖、内部实现的变更对其他层的影响降到最低。NETCONF 协议如图 9-3 所示划分为四层:由低到高分别为安全传输层、消息层、操作层和内容层。

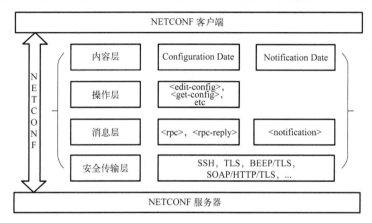

图 9-3　NETCONF 协议架构

安全传输层:提供了客户端和服务器之间的通信路径。NETCONF 协议可以使用任何符合基本要求的传输层协议承载。NETCONF 传输层首选推荐安全通道(secure shell,SSH)协议,可扩展标记语言(extensible markup language,XML)信息通过 SSH 协议承载。当前华为支持 SSH 协议作为 NETCONF 协议的承载协议。

消息层:提供一种简易的不依赖于传输层、生成 RPC 和通知消息框架的通信协议。客户端把 RPC 请求封装在一个<rpc>元素内,发送给服务器;服务器把请求处理的结果封装在一个<rpc-reply>元素内,回应给客户端。

操作层:定义一组基本的操作,作为 RPC 的调用方法,可以使用 XML 编码的参数调用这些方法。

内容层:由管理数据内容的数据模型定义。目前主流的数据模型有 Schema 模型、YANG 模型等。Schema 是为了描述 XML 文档而定义的一套规则。设备通过 Schema 文件向网管提供配置和管理设备的接口。Schema 文件类似于 SNMP 的 MIB 文件。YANG 是专门为 NETCONF 协议设计的数据建模语言。客户端可以将 RPC 操作编译成 XML 格式的报文,XML 遵循 YANG 模型约束进行客户端和服务器之间的通信。

NETCONF 协议使用 RPC 通信模式，NETCONF Client 和 Server 之间使用 RPC 机制进行通信。Client 必须和 Server 成功建立一个安全的、面向连接的会话才能进行通信。Client 向 Server 发送一个 RPC 请求，Server 处理完用户请求后，给 Client 发送一个回应消息。图 9-4 展示了 NETCONF 基本会话建立过程。

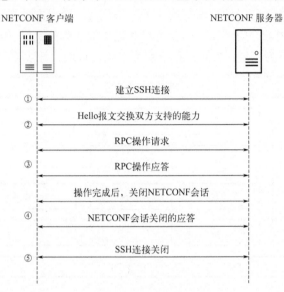

图 9-4　NETCONF 基本会话建立过程

NETCOF 会话建立和关闭的基本流程如下：

①Client 触发会话建立，完成 SSH 连接建立，并进行认证与授权；

②Client 和 Server 完成 NETCONF 会话建立和能力协商；

③Client 发送一个或多个请求给 Server，进行 RPC 交互（鉴权），如修改并提交配置、查询配置数据或状态，以及对设备进行维护操作；

④Client 关闭 NETCONF 会话；

⑤SSH 连接关闭。

9.2　时间敏感网络配置框架与模型

面向时间敏感网络应用，TSN 需要对发送端、接收端和网络中的交换机进行配置，以便为时间敏感型数据提供预留带宽等服务。IEEE 802.1Qcc 中定义的时间敏感网络的配置模型分为完全分布式配置模型、集中式网络/分布式用户配置模型以及完全集中式配置模型三种。

9.2.1　完全分布式配置模型

完全分布式配置模型使用动态信令协议(如 RSVP-TE)，采用分布式网络配置与分布式用户配置的方式，这种模型的核心是通过资源预留协议，从发送端到接收端，沿着路径，逐跳完成资源预留。用户的流量信息、需求，全部携带在资源预留协议信令的相关字段中。如果任何一跳的网络设备发现资源不足，则预留失败。由于不需要集中式用户/网络控制器的参与，结构上相对简单，但缺点是目前仅支持部分调度方法、整体网络资源利用效率较差、可扩展性较差。网络以完全分布式的方式配置，没有集中的网络配置实体，该模型如图 9-5 所示。

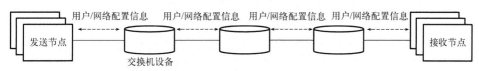

图 9-5　完全分布式配置模型

9.2.2　集中式网络/分布式用户配置模型

所谓分布式用户，即每个用户终端设备，亲自通过用户网络接口(user-network interface，UNI)和网络交互自己的信息与需求；所谓集中式网络，即网络中存在一个 CNC 功能实体，这个功能实体可以放在任何设备上，一般来讲，CNC 可以直接理解为网络控制器，CNC 负责管理网络设备。可以说，分布式用户、集中式网络模型是逻辑上最直接的 TSN 配置模型。集中式网络/分布式用户配置模型如图 9-6 所示。

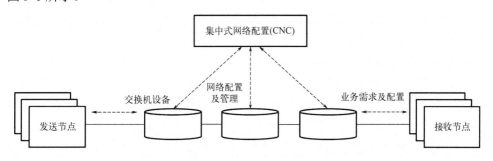

图 9-6　集中式网络/分布式用户配置模型

9.2.3　完全集中式配置模型

完全集中式控制平面架构是如图 9-7 所示的类似 SDN 的集中式配置模型，集中式网络控制器通过 NETCONF/YANG 收集 TSN 域中节点的拓扑和 TSN 能力。

与集中式网络/分布式用户配置模型的区别在于，多了一个 CUC 功能实体。提出这种模型的原因是，有些场景下，海量的终端设备并不能或不需要具备"智能"，它们仅仅单纯地执行来自某些服务器或控制器(不是网络控制器,而是应用的控制器)的命令。这时候，如果要求每个终端都向网络通告自己的信息和需求，既不方便，也不利于演进，甚至不可行。相反，如果有一个集中的功能实体，统一代表这些终端和网络进行交互,则方便许多。这样的功能实体就是 CUC, CUC 和 CNC 之间就是 UNI。另外，CUC 和它所控制的终端设备之间，属于用户到用户，不是 TSN 所"管辖"的范畴，故仍然可以使用原先的控制交互方式。

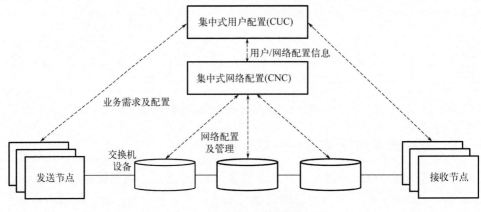

图 9-7　完全集中式配置模型

9.3　结合 SDN 控制器的时间敏感网络配置方法

在 TSN 技术规范定义的时候，SDN 的概念刚刚兴起。SDN 的出现，打破了对传统网络的管理与调度方式，其数控分离理念与流表定义的方式使得网络转发更具规划性与可控性。SDN 是一种网络架构及管理层面的突破，是为了让网络数据平面更专注、控制平面更灵活。而 TSN 的时间敏感特征应该是网络分组的一个专有属性，是对网络流特征的一种规范和定义，参考其规范要求实现传输则可以满足时间敏感特性，与网络架构、拓扑组成以及分组转发方式等无关。其核心调度规划和门控输出其实也符合 SDN 思想,可以通过软件方式来灵活定义不同的门控数据以控制流的精确传输。

从网络架构与功能特性上分析，通过 SDN 来管理和控制 TSN 网络，或者说将 TSN 的流特性加入 SDN 网络中会是一个更好的网络解决方案。同时具备时间敏感特性和网络灵活定义，其应用范围与适应能力会得到更好地扩大和强化。结合目前行业需求与 TSN 规范中存在的问题，我们分析认为，网络的转发行为及方式需要由我们自己灵活定义，并且是可以为每个节点不同队列定义不同的行为与方式，SDN 的灵活性及其可编程的特点在此显得格外重要。总之，SDN 技术可以为全系统的流量调度规划带来更大、更多的可能性。

9.3.1　OpenFlow 协议

自 2009 年底发布第一个正式版本 1.0 以来，OpenFlow 协议已经经历了 1.1、1.2、1.3 以及最新发布的 1.5 等版本的演进过程，其演进中的主要变化如图 9-8 所示。目前使用和支持最多的是 OpenFlow1.0 和 OpenFlow1.3 版本。

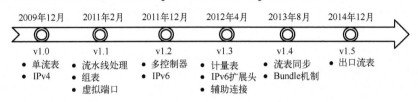

图 9-8　OpenFlow 各个版本的演进过程和主要变化

OpenFlow 协议架构由控制器、OpenFlow 交换机，以及安全通道组成，其架构如图 9-9 所示。控制器对网络进行集中控制，实现控制层的功能；OpenFlow 交换机负责数据层的转发，与控制器之间通过安全通道进行消息交互，实现表项下发、状态上报等功能。

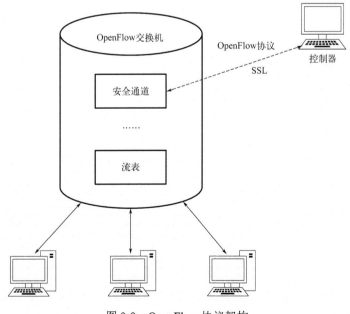

图 9-9　OpenFlow 协议架构

通过 OpenFlow 安全通道的信息交互必须按照 OpenFlow 协议规定的格式来执行，通常采用传输层安全协议(transport layer security，TLS)加密，在一些 OpenFlow 版本中(1.1 及以上)，有时也会通过 TCP 明文来实现。通道中传输的 OpenFlow 消息类型包括以下三种。

Controller-to-Switch 消息：由控制器发出、OpenFlow 交换机接收并处理的消息，主要用来管理或获取 OpenFlow 交换机状态。

Asynchronous 消息：由 OpenFlow 交换机发给控制器，用来将网络事件或者交换机状态变化更新到控制器。

Symmetric 消息：可由 OpenFlow 交换机发出也可由控制器发出，也不必通过请求建立，主要用来建立连接、检测对方是否在线等。

在传统网络设备中，交换机/路由器的数据转发需要依赖设备中保存的二层 MAC 地址转发表、三层 IP 地址路由表以及传输层的端口号等。OpenFlow 交换机中使用的"流表"也是如此，不过它的表项并非是指普通的 IP 五元组，而是整合了网络中各个层次的网络配置信息，由一些关键字和执行动作组成的灵活规则。OpenFlow 流表的每个流表项都由匹配域、处理指令等部分组成。

流表项中最为重要的部分就是匹配域和指令，当 OpenFlow 交换机收到一个数据包，将包头解析后与流表中流表项的匹配域进行匹配，匹配成功则执行指令。流表项的结构随着 OpenFlow 版本的演进不断丰富，不同协议版本的流表项结构如图 9-10 所示。

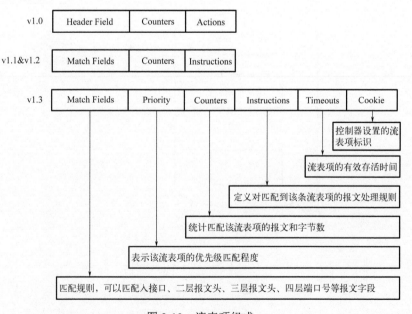

图 9-10　流表项组成

9.3.2　结合 SDN 控制器的 TSN 配置架构

针对 TSN 的集中式控制和管理问题，目前业内人士已经提出了多种实现方案，本节介绍了一种 SDN 与 TSN 相结合的统一模型[103]，该模型架构如图 9-11 所示。在 SDN 与 TSN 结合的统一模型中，TSN 和 SDN 不仅使用相同的网络抽象层(路径管理、拓扑管理、策略管理)，还使用统一的控制平面和数据平面，即北向接口 REST API 要支持 SRP 来实现 OPC UA 的发布-订阅模式，控制器要新添 CUC、CNC 等网络功能组件，要能通过 OpenFlow、NETCONF 等接口对 TSN 交换机下发流表和配置。

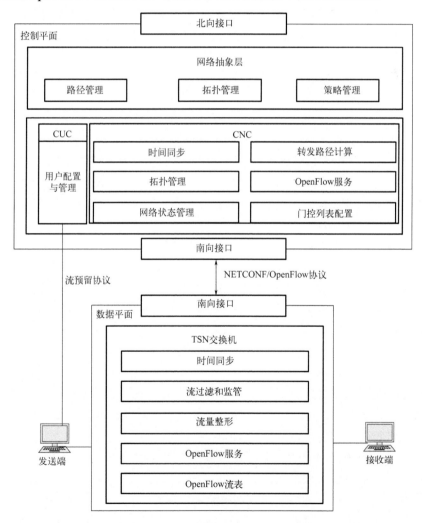

图 9-11　结合 SDN 控制器的 TSN 配置架构

SDN 和 TSN 结合的统一模型架构具有多方面优势。首先，在网络的统一管理和控制方面，SDN 提供了集中式的网络控制器，可以对整个网络进行动态配置和管理，而 TSN 提供了时间同步和严格的服务质量保证，网络管理员可以通过一个统一的控制平台管理整个网络，简化了管理过程。其次，在低时延和可靠性方面，TSN 提供了时间同步和严格的服务质量保证，可以在网络中实现低延迟和可靠的数据传输，结合 SDN，可以通过智能的网络路径选择和流量调度算法，进一步降低延迟并提高网络的可靠性。这对于需要高实时性和可靠性的应用，如工业自动化、智能交通等领域非常重要。最后，在资源利用率和性能优化方面，SDN 和 TSN 结合的统一模型架构可以更好地优化网络资源的利用率和性能，提高网络性能和用户体验。总之，这种结合方式可以为高实时性和服务质量要求的应用提供一种解决方案。

9.3.3　结合 SDN 控制器的 TSN 配置架构实现

以上给出了 SDN 结合 TSN 的统一模型，而实现基于 SDN 的 TSN 控制和管理功能还需要三个步骤。按照 SDN 的三平面两接口架构，由于 TSN 的数据面已经基本完善，目前已有可商用的 TSN 交换机，同时北向接口 API 可任意选用，软件定义的时间敏感网络架构还剩南向接口、控制面、应用面需要讨论和实现。因此，实现的三大步骤为：实现适配的南向接口，实现 TSN 控制功能，实现可编程 TSN 应用[104]。

（1）实现适配的南向接口。

南向接口可以采用 OpenFlow 和 NETCONF，OpenFlow 保持协议不变，完成流表下发等功能，对于 TSN 相关协议的配置和更新，可采用 NETCONF 对接口（需要修改很多的匹配字段）后进行下发。NETCONF 协议（RFC 6241）规定了网络设备中的 NETCONF Server 和控制器中的 NETCONF Client 组件，在 Server 端，配置被存储在配置数据库中，客户端可以通过 RPC 的方式进行 get-config 和 edit-config 这样的操作。例如，可以通过 edit-config 对 SRP 流预留资源进行实时建立和释放，以及对门控列表进行修改。

（2）实现 TSN 控制功能。

表 9-2 总结出了 TSN 中最主要的几个协议和功能，分别如下所示：

①先进行全网设备时钟同步；

②然后对流进行端到端的带宽分配和资源预留；

③再对入端口流量进行过滤；

④对出端口流量进行门控队列调度整形。

有了这 4 个协议，就基本能保证时延敏感流的确定性时延和抖动需求，将这 4 个功能移到控制面，也是目前大家讨论得比较多的点。

表 9-2　TSN 中主要的协议和功能

标准协议	功能作用
802.1AS-Rev	采用 BMCA 算法，进行全网纳秒级精度的时钟同步
802.1Qat	沿路由路径，对流进行端到端带宽分配和资源预留
802.1Qci	在入端口对流量进行过滤和实施策略
802.1Qbv	在出端口经 TAS 修改门控列表，保证确定性时延和抖动

考虑具体的协议实现，图 9-12 所示为 TSN 交换机内部的流量处理流程视图，包含从入端口过滤、查找转发，到出端口队列门控整形、帧抢占、物理层传输的一系列过程处理，深灰色区域代表 SDN 的功能组件，浅灰色区域代表新增的 TSN 功能组件，TSN 在结合 SDN 时要验证满足以下两个基本要求。

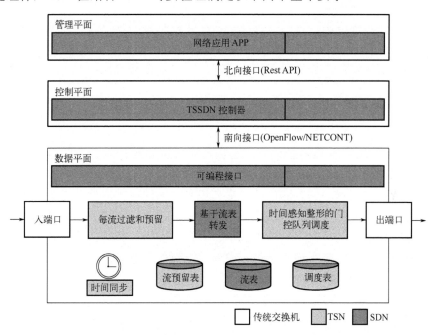

图 9-12　TSN 交换机内部的流量处理流程视图

①SDN 的数控分离开销不能影响 TSN 协议的实现效果。例如，若将时钟同步功能移至控制面，则有可能因为连接控制面的较大时间开销导致时钟同步出错。

②配置的更新和下发要保证实时性和一致性。例如，门控列表的下发，如果一台交换机的门控列表进行了更新，而下一跳更新不及时或者未能成功更新，就会导致流量无法在正确的时隙被传输，所以一般会检验所有的设备配置都成功后，才会给终端发送"确认可以发包"的消息。

(3) 实现可编程 TSN 应用。

TSN 的相关功能我们可以在基础设施层进行部署和实现，而根据网络用户需求以及网络中存在的一些问题，还需要实现一些可编程的 TSN 应用来辅助 TSN 功能的正常运行，以下列举了部分未来可能需要的 TSN 可编程应用。

①优先级管理应用：不同的应用对网络的实时性要求不同，因此需要能够根据应用的优先级来管理网络资源。可编程的 TSN 应用可以用于实现基于优先级的流量管理算法，确保高优先级的数据流能够得到及时处理和传输，从而满足实时通信的需求。

②故障恢复应用：在时间敏感网络中，故障恢复是一项重要的需求。可编程的 TSN 应用可被用于实现快速的故障检测和故障恢复机制，以最小化故障对网络性能和实时通信的影响。

③安全性增强应用：时间敏感网络往往面临来自网络攻击和数据泄露等安全威胁。可编程的 TSN 应用可被用于增强网络的安全性，如实现数据加密、身份认证和访问控制等安全机制，以保护网络中的实时数据和通信。

9.4　配置架构的发展趋势

(1) 实现分层分域与多级控制。在实现南向接口和控制功能的基础上，随着时间敏感网络规模的不断扩大以及不同层次服务质量需求的增加，未来 TSN 控制架构将通过控制器间的东西向接口提高控制平面的可扩展性，在纵向不同协议层间实现跨层的配置操作，并在横向不同域间(接入网、城域网、广域网) 实现跨域的管理和控制。同时，还需考虑成本、开销、安全、稳定性等问题。因此，实现面向大规模组网的多级控制是未来 TSN 控制技术的主要发展方向。

(2) 设计抽象控制功能。在抽象控制功能方面，尚未出现统一的解决方案。目前，功能抽象主要存在以下几个方面：一是采用带 configTSN 和 EthernetTSN 服务的 OpenDaylight 控制器作为 CNC 实体，基于 IEEE 802.1AS 协议的 MIB 具化 YANG 数据模型，实现了在 SDN 中自动地配置时钟同步功能，包括实时开启、关闭、配置和重配置时钟同步等操作；二是将 SRP 中的 talker 和 listener 分别匹配到以太网源地址和目的地址，并添加新的 OpenFlow 控制信息 ForwardSRP，以进行交换机和控制器间的流预留信息交换；三是基于软件定义流预留 (software-defined stream reservation，SDFR) 的架构，通过修改 TrustNode 设备的 YANG 数据模型，利用 RTman 应用连接 OpenDaylight 控制器的北向接口。在抽象控制功能方面，将更多 TSN 协议和网络功能抽象到控制平面，实现 TSN 网络的控制平面和数据平面真正的解耦，这是未来的重要发展方向。

(3)优化集中配置开销。目前，采用组件性能分析(compositional performance analysis，CPA)方法证明了集中式网络配置的最坏情况是时延低于 50 ms，故时间敏感网络的接入控制、故障恢复和重配置等配置开销优化是未来的重要研究方向。现阶段主要有以下几种优化研究方法：一是增加配置代理，通过监控、抽象、调度、重配置 4 个步骤实现时间敏感网络的自动配置，该方法的可行性仍有待验证；二是在实时以太网设备中增加 SDN 代理，或在传统以太网设备采用支持 TSN 升级的 Nano Profile 配置机制；三是用本体论的时间敏感网络的即插即用配置方法，基于明确的形式化规范对应用、设备、服务质量的需求和时间感知整形建立综合数学模型。

9.5　小　　结

本章主要介绍了时间敏感网络的管理与配置相关机制，首先 9.1 节详细描述了 TSN 的数据配置模型，分析了主流的网络管理协议 NETCONF，并介绍了数据建模语言 YANG 模型，两者共同为接下来的网络配置模型提供了协议基础和数据格式；紧接着，9.2 节对 TSN 的配置框架与模型进行了介绍，IEEE 802.1Qcc 协议定义了 3 种标准的 TSN 网络配置模型，包括完全分布式配置模型、集中式网络/分布式用户配置模型以及完全集中式配置模型；在 9.3 节中，我们介绍了一种结合 SDN 控制器的 TSN 网络配置方案，从架构和实现方式的角度对该方案进行了详细的描述，SDN 的基本思想是通过逻辑上集中的控制器来控制网络设备的行为，依据 SDN 概念改编的集中式配置方法结合 OpenFlow 协议和 NETCONF 协议，可以帮助 TSN 网络解决重新配置可部署的问题。

第三部分 5G 与 TSN 协同技术

5G-TSN 协同技术的发展是当今科技领域的一个重要前沿，它融合了 5G 和 TSN 两大关键技术，为工业自动化和智能交通系统等领域带来了全新的可能性。5G 作为第五代移动通信技术，以其高带宽和低延迟的特性而闻名。高带宽意味着它能够支持更大规模的数据传输，为大规模机器通信和物联网提供了更强大的支持。低延迟则意味着通信之间的响应速度更快，这对于实时通信和对时序要求敏感的应用至关重要。另外，5G 还具备大连接性的特点，可以支持大规模设备的连接，为各种智能设备之间的互联互通提供了可能。

TSN 则注重时间同步、流控制和资源分配。它采用精确的时间同步机制，确保网络中各个设备的时钟同步，以便实现协同操作。TSN 的时间敏感性使得它可以在需要高度同步和精确控制的领域发挥重要作用，如工业自动化和智能交通系统。

5G 和 TSN 的协同使用使得 5G 网络能更好地支持对实时通信和对时序要求敏感的应用。在工业自动化领域，这种协同可以实现高度可靠、低延迟的通信，支持机器人和其他自动化设备的协同操作，从而提高生产效率和灵活性。工厂中的各种设备可以通过 5G-TSN 协同实现精确的协同工作，从而提高生产线的效率和灵活性。这种协同操作还可以帮助实现工业设备的智能化管理和监控，为工业生产带来更高效的解决方案。

随着 5G-TSN 协同技术的不断创新和应用，它将为各个领域带来革命性的变化。在智能交通系统中，5G-TSN 协同可以提供实时的车辆间通信和交通管理，从而提高交通效率和安全性，减少交通事故的发生，并为城市交通管理带来更多的智能化和自动化选择。通过 5G-TSN 协同技术，车辆可以实时获取周围车辆和道路信息，以更好地规划行驶路线和避免潜在的交通拥堵或事故。这将为城市交通管理带来革命性的变革，提高交通效率和安全性，减少交通拥堵和排放，为城市居民带来更加便利和舒适的出行体验。在医疗领域，5G-TSN 协同可以支持远程医疗服务和医疗设备的实时监测，为患者提供更加便捷和高效的医疗服务。在物流行业，5G-TSN 协同可以实现智能物流管理，提高货物运输的效率和安全性。

第 10 章　5G-TSN 概述

工业互联网是新一代信息通信技术与工业经济深度融合的新型基础设施、应用模式和工业生态，网络作为工业互联网的基础，是实现人、机、物、系统等全要素互联互通，支撑生产制造、管理控制智能化发展的关键基础设施。5G 发展正处于向以工业互联网为代表的产业领域应用扩展延伸的关键时期，其万兆带宽的接入能力、千亿级别的终端连接能力，以及毫秒级的高可靠传输能力，能为新的产业应用场景提供有力的网络支撑，是工业互联网发展的关键使能技术，但面对工业互联网业务对于网络安全性、可靠性、确定性的严格要求，之前主要面向消费互联网的5G 网络系统难以满足相关需求，这对 5G 网络架构和技术实现提出了新的挑战。TSN 技术是基于标准以太网架构演进的新一代网络技术，其具有精准的时钟同步能力、确定性流量调度能力，以及智能开放的运维管理架构，可以保证多种业务流量的共网高质量传输，兼具性能及成本优势。工业互联网体系的发展如下。

(1) 工业控制系统向智能化方向演进。

伴随信息通信技术与工业制造技术的深度融合，传统工业控制系统经历了数字化、网络化阶段，当前正逐步朝着智能化的方向发展如图 10-1 所示。

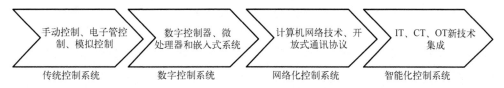

| 手动控制、电子管控制、模拟控制 | 数字控制器、微处理器和嵌入式系统 | 计算机网络技术、开放式通讯协议 | IT、CT、OT新技术集成 |
| 传统控制系统 | 数字控制系统 | 网络化控制系统 | 智能化控制系统 |

图 10-1　工业系统发展

传统控制系统时期(20 世纪 50～70 年代)是工业控制系统发展的第一阶段，主要应用手动控制、电子管控制和模拟控制等技术。大多数控制系统都采用硬连线连接设备的方式，控制逻辑基本固定不变，难以满足工业自动化控制的需求。

数字控制系统时期(20 世纪 80～90 年代)，主要采用数字控制器代替模拟控制器，并引入微处理器和嵌入式系统等技术[105]。数字控制器可以更准确地对工业过程进行控制，同时也具有更高的灵活性和可扩展性。

网络化控制系统时期(21 世纪初至今)，主要采用计算机网络技术和开放式通信协议，在全球范围内实现了联网控制。这种方式使得工业控制系统的中央处理器、操作界面、传感器和执行器等实现相互连接，并能够远程访问和监控，从而提高控制系统的灵活性和可靠性。

智能化时代，工业控制将迎来发展新阶段。第四次工业革命以工业数字化、智能制造为主导，是集成了大量计算机、通信和控制技术的一体化智能系统。随着各类新技术的高度集成，特别是 ChatGPT 等人工智能技术的引入，工业控制正处于新的技术转折点。未来，工控系统的系统架构将更开放、集成度将更高，实现功能模块化、应用及终端智能化，部署方式将更为灵活，为新型工业化提供重要支撑[106]。

(2) 5G+工业互联网为传统工业控制系统带来重大变革。

5G、物联网、云计算、边缘计算、大数据、人工智能等新一代通信技术与信息技术、控制技术的集成，拓展了工业控制的发展空间，带来新的发展机遇，推动感知、传输、计算、控制向一体化耦合迈进，助力工业数据、确定性网络、云边算力、控制算法等基本要素得到充分发展，打造智能化基础设施，并充分利用开源软件、低代码等技术，打造丰富的工业应用和数字服务生态，从端、网、云、边、用的全链条来满足客户的个性化需求和差异化竞争需求。

5G 拓展了物联网的能力与应用领域，加速推动 OT、IT 和 CT 融合，并逐渐具备为工业控制提供高带宽、低时延、高可靠、海量连接的现场承载网络的能力；工业互联网实现了对生产数据的技术变革，将工业控制系统的数据进行规模化集中存储和处理，并利用云平台的超大规模计算能力进行大数据分析，提高生产效率；智能装备则实现底层从传感器到执行器等物理设备的数字化和智能化，使得现场设备、机器和工厂变得更智能，能够通过工业网络采集到各类现场数据。这三者的快速发展赋予未来制造更高的灵活性，使小批量、多品种和可定制的柔性生产方式逐渐成为可能，也对现代生产制造的核心技术——工业自动化控制系统提出了更高的灵活性和扩展性要求，即一方面要能够充分利用工业互联网平台提供的数据分析、优化算法、人工智能等服务，提高控制效率和质量，优化控制过程或结果；另一方面要能够与智能设备(如机器人、传感器、执行器等)进行高效的数据交换和协同控制，实现工业生产的数字化、智能化、柔性化。

(3) 5G uRLLC、5G-TSN 匹配确定性控制通信需求。

工业控制场景对实时性、可靠性、确定性有着极高的要求，部分场景实时性要求在 10ms 以内。随着现代工业生产不断向大型化和连续化发展，基于有线的工业控制系统逐渐呈现出广域互联成本高而能力弱、感知深度与精度不够等突出问题。5G 超高可靠低延迟通信、时间敏感网络在工业领域可应用于现场级 OT 网络，在 3GPP R16 版本中，uRLLC 特性保障了相关应用从单链路的远程操控逐步进入工业自动化的人机界面控制和产线实时控制；随着标准持续演进，5G uRLLC

的能力将不断增强，未来可满足大多数工业自动化的同步和实时控制场景。R16
还针对工业互联网场景开展了 5G 支持 TSN、5G LAN 以及 5G 非公共网络
（non-public network，NPN）等相关技术的研究和标准化工作，逐步使终端摆脱线
缆束缚，完善网络确定性服务能力，打造工业无线专网。未来 5G 确定性网络能
够在带宽、时延、抖动及可靠性指标上提供承诺和严格保障。

10.1　5G 与 TSN 发展现状

随着 5G 在千行百业的广泛应用，工业互联网逐渐成为 5G 应用的蓝海市场。
相较于消费互联网，终端之间交互需求增长，需要更为灵活开放的架构、低时延
高可靠的性能要求，因此确定性前传网络也将越来越受到关注，时间敏感网络、
FlexE、SDN 技术在前传网络的融合应用将为其在新的场景下适应新的需求提供
有力支撑。

在《工业互联网创新发展规划（2021—2023 年）》中，明确将"时间敏感网络
超过第五代（5G）电信技术"作为关键创新技术之一。以前，TSN 一直是一种有线
技术，通常用于工厂的确定性服务。然而，作为一种有线技术，由于不同的考虑
因素，如不同设备之间需要的空间和连接，电线限制了其使用范围和应用。工业
互联网，也被称为第四次工业革命（工业 4.0），被公认为是工业革命的基石。移
动 TSN 成为一种发展方向，5G 被选为移动技术，将与 TSN 融合，将人、机器、
事物、系统等互联起来，形成新的生态。基于 TSN 的 5G 系统不仅实现了人们生
活的数字化，而且开创了工业互联和数字化的新时代。

中国信息通信研究院最近的一份报告显示，仅从 2022 年第一季度开始，中
国工业互联网行业的收入就超过了万亿元人民币，这是工业企业数字化转型的诱
人结果。另一方面，5G 网络以支持超低延迟通信和大带宽而闻名。工业互联网有
望成为 5G 的杀手级应用。5G 与工业互联网的融合，正在加快中国新型工业化进
程，成为中国经济发展的土壤。

"十四五"时期，国家相关部门相继出台《"十四五"智能制造发展规划》《"十
四五"信息通信行业发展规划》《工业互联网专项工作组 2022 年工作计划》等系
列文件，形成了相对完备的政策支撑体系。5G 作为新一代信息技术和工业互联网
同为新基建的重要组成部分，二者的深度融合是未来的发展趋势。

当前工厂自动化控制网络技术仍然以传统工业控制网络技术为主，时间敏感
网络 TSN 在工业领域的应用还处于探索阶段，但是发展潜力巨大。TSN 已逐渐
被行业组织认可，国内外已经有众多组织以及企业在积极推动 TSN 的发展。工业
互联网产业联盟在 2020 年启动时间敏感产业链名录计划，并持续推动 TSN 芯片、

模组、交换机、网关等设备的评测工作，推动产业链发展。在标准化方面由工业和信息化部发布的《工业互联网时间敏感网络需求及场景》行业标准，是国内首个 TSN 技术标准，标志着我国 TSN 技术标准体系建设迈出了坚实的一步。

围绕 5G-TSN 相关的关键技术与产业愿景，运营商、设备厂商、研究机构等已经发布了多本白皮书，旨在促进产业的进一步发展成熟。此外，工业互联网产业联盟启动了"5G-TSN 联合测试床"项目，为产业界提供标准研制、技术试验、产品研发、方案验证、应用孵化等一系列服务。

截至 2022 年，我国已完成全球最大的精品 5G 网络建设，可以满足垂直行业网络接入和业务发展的初步需求。垂直行业、IT 领域、通信领域和终端几个方面通过技术融合，打通了 5G 上下游产业链，加速了 5G 专网产业成熟，促进了整个工业领域安全防护和智能化。中国的"中国制造 2025"、德国的"工业 4.0 平台"、美国的"工业互联网计划"等，都有一个重要的目标，即推动 5G 通信技术、互联网、大数据、人工智能与实体经济深度融合，进一步推进产业转型、升级和优化。

5G 专网新技术涉及网络切片、5G LAN、非公众网络和时延敏感性网络等。垂直行业对通信网络的要求导致互联网面临跨时代的发展，从 BE 的消费联网到具备确定性 SLA，保障的工业互联网可以说是从"信息高速"到"信息高铁"的划时代提升。为了达到工业互联网对 5G-TSN 确定性网络 SLA 需求，即确定性时延、"零"抖动、"零"丢包、超高带宽精准定时与同步、高可靠、高安全、超融合等，将考虑从总体架构和关键技术两个层面进行研究，以解决如何实现 5G-TSN 网络、如何实现不同级别的低时延、如何实现各种 QoS 保障需求、如何完成高可靠性保障等关键问题。首先对复杂的 TSN 网络进行分层完成总体架构设计；其次根据网络覆盖面进行分阶段实施规划；然后通过无线空口物理层优化、无线边缘与核心网联动、增强型路径冗余等技术解决前述关键问题；最终完成 TSN 局部确定性产品的研发。

10.2 5G-TSN 协同的产业需求

工业互联网可以实现人、机、物全要素的网络互联。工业互联网平台则可以把设备、生产线、工厂、供应商、产品和客户紧密地连接并融合起来。5G 是工业互联网的关键使能技术，而工业互联网是 5G 的重要应用场景之一，5G-工业互联网是赋能智慧工厂数字化、无线化、智能化的重要方向[107]。

5G 网络的大带宽、低时延、高可靠特性，可以满足工业设备的灵活移动性和差异化业务处理能力需求，推动各类增强现实/虚拟现实终端、机器人、自动导引运输车场内产线设备等的无线化应用，助力工厂柔性化生产大规模普及。工业互联网给 5G 带来了广泛的应用场景，同时也带来了前所未有的挑战。

　　传统的 TSN 是有线网络，但是在很多应用场景中，有线网络存在成本高、灵活性差等局限性。例如，在电力行业的差动保护应用场景中，差动保护装置数量多、部署分散，如果铺设光纤，成本就会很高，施工难度也较大；在很多大型智能工厂的自动化生产线中，机械臂需要根据产品型号来调整位置，如果使用有线网络线缆，成本会很高，而且不灵活，同时频繁地移动会降低线缆的可靠性。在这些应用场景中，无线网有着得天独厚的优点。在无线技术中，**Wi-Fi** 切换时延较大，稳定性、抗干扰能力和安全性均较差，很难承担工业 OT 中对时延、抖动等有很高要求的任务。随着 5G 技术的发展和边缘计算的成熟，5G 网络的低时延、高可靠性使得 5G 与工业互联网的结合越来越紧密。目前，5G 已应用于航空、矿业、港口、冶金、汽车、家电、能源、电子等多个重点行业。

　　时间敏感网络是工业互联实现低时延、高可靠和确定性传输的重要技术之一，5G-TSN 是未来实现工业互联网无线化和柔性制造的重要基础。TSN 在做数据转发时，可以针对工业互联网不同优先级的业务数据进行队列调度，从而实现质量差异化保证。在工业互联网场景下，TSN 可以针对各类工业应用涉及的业务流特性进行建模和定义，并在此基础上，提供不同的优先级与调度机制。工业互联网的业务流量类型非常多，如视频、音频、同步实时控制流、事件、配置和诊断等，表 10-1 是工业互联网业务流的典型分类示例。

表 10-1　工业互联网业务流的典型分类示例

流类型	周期性	时延要求	同步	传输保证	允许丢包	包大小/B
同步实时	周期	<2ms	是	时限	无	固定 30～100
周期循环	周期	2～20ms	否	时延	1～4 帧	固定 50～1000
事件	非周期	不适用	否	时延	是	可变 100～1500
网络控制	周期	50ms～1s	否	带宽	是	可变 50～500
配置和诊断	非周期	不适用	否	带宽	是	可变 500～1500
BE 流	非周期	不适用	否	无	是	可变 30～1500
视频	周期	帧率	否	时延	是	可变 1000～1500
音频	周期	采样率	否	时延	是	可变 1000～1500

　　从表 10-1 可以看出，工业互联网中不同的业务流有不同的 SLA 需求。按照周期性划分，业务流可以分为周期和非周期两种。同步实时流对时延的要求最高，时延主要用于运动控制，其特点是：周期性发包，其周期一般小于 2ms；每周期内发送的数据长度相对稳定，一般不超过 100B；端到端传输具有时限要求，即数据需要在一个特定的绝对时间之前抵达对端。事件、配置诊断、BE 类无时延特

定要求。音频和视频类主要是依赖于帧率和采样率。周期循环和网络控制类对时延有要求但相比同步实时类要低。

TSN 在工业互联网中的应用场景，可以包括控制器与现场设备之间、控制器与控制器之间、信息技术网络与运营技术网络之间等。5G TSN 兼具 TSN 确定性传输和 5G 网络移动性的特点，在工业互联网中，可以替代部分有线工业以太网实现无线化和柔性制造。

5G TSN 典型的应用场景包括场内产线设备控制、机器人控制、AGV 控制、5G PLC。

(1)场内产线设备控制：面向数控机床、立体仓库、制造流水线，基于 5G TSN 打通产线设备和集中控制中心的数据链路，实现工业制造产线的远程、集中控制，以更好地提升生产效率。

(2)机器人控制：在工业自动化产线，利用 5G-TSN 低时延特性，结合传感器技术，实现机器人和机械臂的环境感知、姿态控制、远程操作、自动控制等功能，满足智能生产需求。

(3)AGV 控制：在生产车间及园区中，通过视觉、雷达、无线等多种技术进行融合定位和障碍物判断，经低时延 5G 网络上传位置和运动信息，实现 AGV 的自动避障和相互协同工作，提升产线自动化水平。

(4)5G PLC：在生产过程中，利用 5G 网络实现 PLC 之间、PLC 与厂内系统间的系统数据传输，在保证数据安全和实时性的同时，减少车间内布线成本，快速实现产线产能匹配，助力柔性制造。

10.3　5G-TSN 协同的挑战

5G-TSN 确定性网络总体架构如图 10-2 所示。这是一个分层架构，从三个层面进行确定性承诺：服务可靠性、端到端安全、端到端 SLA。其中，SLA 部分设计目标主要参考工业互联网项目关键任务对通信网络的关键绩效指标(key performance indicator，KPI)需求。目前，大型智能工厂 OT 层对 5G 与 TSN 的融合已经提出明确的需求，并且对相关技术指标要求很高[108]，基本要达到：小于 1ms 的超低抖动和精准时钟同步；低至 1～20ms 的端到端确定性时延(在某些场景下甚至小于 1ms)；6 个 9 以上(>99.9999%)的超高可靠性。

5G 网络的空口无线传输受环境影响很大。5G 网络要实现与 TSN 的融合，还需要应对 3 个技术挑战：高精度时间同步、低时延确定性的数据转发、高可靠的传输。由于工业互联网目前还没有统一的标准，因此 5G-TSN 如何与现有的工业互联网进行适配也是在实际应用中需要考虑的。

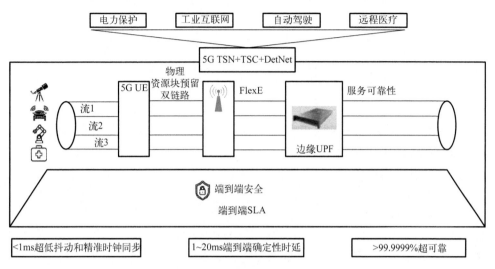

图 10-2　工业互联网业务流的典型分类示例

10.4　小　　结

本章首先分析了工业控制系统从传统时代到智能化时代的跨越。信息技术的飞速进步，尤其是 5G 和 TSN 的发展，为工业控制系统带来了前所未有的变革。这些技术的应用不仅提高了生产效率，还增强了工业系统的灵活性和可靠性。随着工业 4.0 的到来，工业控制系统的未来将是开放的、集成的，并且高度智能化。本章探讨了 5G uRLLC 和 TSN 技术如何为工业控制场景提供必要的实时性和可靠性，以及这些技术如何在工业互联网中找到应用，从而对工业自动化控制系统提出了新的挑战和机遇。最后，本章讨论了 5G-TSN 协同带来的产业需求和面临的挑战，展望了未来工业控制系统的发展方向。

第 11 章　5G 与 TSN 的融合

在本章中，我们将探讨 5G 技术的定义、发展和应用，特别是在工业互联网和工业控制系统中的影响。5G 技术，由 3GPP 定义，是一种全新的通信技术，它承诺提供更高的数据传输速率和超低延迟服务。本章将详细介绍 5G 的关键部署场景，包括增强型移动宽带 eMBB、大规模机器类型通信 mMTC 和 uRLLC，并分析 3GPP Release 15 及其后续版本如何标志着 5G 时代的开始，并带来架构上革命性的变化。此外，我们还将讨论 TSN 技术如何作为一种新一代网络技术，通过精准的时钟同步能力和确定性流量调度能力，为工业控制系统带来变革。最后，我们将深入研究 5G uRLLC 和 5G+TSN 如何匹配确定性控制通信需求，并探讨 5G 与 TSN 融合的产业需求、挑战和架构。

11.1　3GPP 定义下的 5G

5G 是最新一代的移动通信技术。它是由 3GPP 定义的电信和 IT，从 4G、3G 和 2G 系统演变而来。在 5G 新无线电或 5G NR 中，多天线增强技术的增强提高了频谱分集和效率，调制和编码技术用于更好的小区覆盖，以及时隙操作用于系统灵活性[109]。因此，与 4G 相比，5G 提供更高的数据传输速率和超低延迟服务。5G 网络有三大部署场景。

(1) 增强型移动的宽带：大带宽和中等延迟，适用于新兴的增强现实（augmented reality，AR）/虚拟现实（virtual reality，VR）媒体和应用，适用于 M2M 通信的低带宽传输。

(2) 大规模机器类型通信：低成本、低功率广域，用于延迟敏感的应用，如连接所有物理事物（人与人、人与物、物与物等）的物联网。

(3) 超可靠低延迟通信：极低延迟应用，如车对车和车对基础设施通信。

3GPP Release 15 标志着 5G 时代的开始，架构较上一代有了革命性的变化。架构中的 3 个主要变化包括控制面与用户面分离（control and user plane separation，CUPS）、SBA 基础设施和网络切片。在 CUPS 中，控制平面与用户平面的分离有利于网络计算卸载，从而允许更灵活和可扩展的部署。例如，将用户平面实体放置得更靠近基站允许边缘计算具有更低的应用延迟。SBA 基础设施已经将网络核心调制成 NF，其中，NF 通过 HTTP 2 协议互连。基于服务的接口简化了不同 NF 之间的协议，使部署，升级和扩展更加高效。网络切片旨在将网络划分为不同市场和需求的切片。每个切片与其他切片隔离，资源可以共享，但每个切片中的资源满足不同的需求。

从第 15 版开始，3GPP 标准不断发展，几乎将所有东西和人连接在一起，以更低的延迟提供更高的数据速率，变得更加可靠，提供更好的体验。通过这些性能增强和效率提高，新的用户体验和新的行业正在实现。Release 15 是 5G 第一阶段，Release 16 是 5G 第二阶段，Release 17 是 5G 增强版本。Release 15 为新架构和安全性奠定了基础，Release 16 为其他用例添加了更多功能，Release 17 协议冻结于 2022 年 6 月，支持新的用例和垂直领域，如覆盖和定位增强、NPN、无人机系统、5GC 中的边缘计算和 5G 网络自动化等。Release 18 被命名为 5G Advanced，因为它将智能引入到网络的不同级别的无线网络中。

11.2 TSN 技术

TSN 技术是基于标准以太网架构演进的新一代网络技术，其具有精准的时钟同步能力、确定性流量调度能力，以及智能开放的运维管理架构，可以保证多种业务流量的共网高质量传输，兼具性能及成本优势。

TSN 技术遵循标准的以太网协议体系，天然具备良好的互联互通优势，可以在提供确定性时延、带宽保证等能力的同时，实现标准的、开放的二层转发，从而显著提升了系统的互操作性，并有效降低了成本。此外，TSN 技术还具备强大的整合能力，能够将原先相互隔离的工业控制网络统一起来，为传统分层工业信息网络与工业控制网络向扁平化融合架构的演进提供了强有力的技术支撑。这一变革不仅优化了网络结构，也提升了工业生产的整体效率和可靠性。

在 TSN 技术体系中，一系列创新的流量调度特性被引入，这些特性包括时间片调度、抢占机制、流监控及过滤等。这些功能使得二层网络能够为数据面中不同等级的业务流提供差异化的承载服务，从而极大地提升了工业设备到工业云之间各类工业业务数据的传输和流转能力。通过这些精心设计的流量调度机制，TSN 技术确保了全业务网络承载的高质量，为工业应用提供了更加可靠和高效的网络支撑。

TSN 技术的互操作架构遵循 SDN 体系架构，可以实现设备及网络的灵活配置、监控、管理及按需调优，以达到网络智慧运维的目标。TSN 系列标准中已经制定或正在研制的控制面协议，将会大大增强二层网络的配置、动态配置与管理的能力，为整个工业网络的灵活性配置提供了支撑。

11.3　3GPP 标准进展

3GPP 5G R16 标准在提升增强型移动宽带能力和基础网络架构能力的同时，强化支持垂直产业应用，其涵盖载波聚合、大频宽增强、提升多天线技术、终端节能、定位应用、5G 车联网、低时延高可靠服务、切片安全、5G 蜂窝物联网安全、uRLLC 安全等[110]。其中一个重要的特征是提出了 5G 与 TSN 网络的协同，5G uRLLC 能力的逐步成熟为实现 5G 与 TSN 的融合提供了低延迟、高可靠保障。然而，作为两种通信机理不同、协议机制各异的通信技术，如何在不对各自的系统架构和机制造成颠覆性改动的前提下实现两个系统的有机协同，成为 3GPP 在进行 5G 支持 TSN 功能时重点考量的因素。

5G R17 版本中，支持了更多更灵活的应用场景，引入了无须外接 TSN 网络的 5G 内生确定性通信。5G 系统不再局限于作为 TSN 逻辑网桥嵌入到 TSN 网络中，而且还提供了端到端的 5G 确定性传输能力，其内生确定性主要增强如下。

(1) 适配非 TSN 场景的确定性通信：5G 系统无须连接 TSN 网络中的 CNC 控制器。

(2) 在 5GC 中引入时间敏感通信时间同步功能，取代 CNC 实现了 5G 网络内端到端确定性调度和配置能力。

(3) 增加 IEEE 1588v2 时间同步能力，不再局限于 TSN 网络的 IEEE 802.1AS 时间同步机制，同时兼容非 TSN 网络的 IEEE 1588 时间同步机制。

(4) 支持非 TSN 的常规 Ethernet/IP 确定性传输，适应更广泛、更灵活的应用场景。

此外，R17 版本中，引入了 5G 系统对业务生存时间 (survival time, ST) 的感知，增强 5G 网络对业务 SLA 保障的能力；为了满足空口时钟同步的精度需求，引入了基于时间精度 (time accuracy, TA) 的传播延迟补偿和基于往返时间 (round-trip time, RTT) 的传播延迟补偿；还提供了灵活的授时机制，5G 网络可作为时钟源对外授时、支持 IEEE 1588v2 协议，并且可结合能力开放功能，实现行业网络对 5G 确定性服务能力的定制和协同。

5G R18 版本即将发布，增强了 5G 网络的开放能力，增加了基于包错误率选择分组数据的协议以及一些冗余传输方案的机制；增强了 5GS 对时钟源故障的感知和处理机制，增强了时间同步功能的高可靠机制；引入了 5G 回传网作为 TSN 网络与外部业务网络间的协同机制，支持超低时延等增强功能，完善了 E2E 确定性保障机制；此外，还引入了和 DetNet 网络的互通，完善 L3 网络的确定性转发能力，增强适应更广域的确定性服务能力。

11.4　5G-TSN 协同架构

3GPP 发布的 5G R16 版本中，定义了 5G-TSN 协同架构，5G 整个网络包括终端、无线、承载和核心网，在 TSN 网络中作为一个透明的网桥。图 11-1 所示为 3GPP 标准定义的 5G-TSN 网桥协同架构模型，其在 5G 核心网用户面和控制面分别增加了新的功能实体，实现跨域业务参数交互（时间信息、优先级信息、包大小及间隔、流方向等）、端口及队列管理、QoS 映射等功能，支持跨 5G 与 TSN 的时间触发业务流端到端确定性传输。为了适配 TSN 网络，5G 网桥需要满足 IEEE 802.1 Qcc 定义的对于 TSN 网络集中化配置模型中网桥的要求，并且支持以下功能与 TSN 网络进行适配。

通过 MAC 寻址支持以太网流量；保证服务的流量差异化，可以实现 UPF 与 UE 之间的确定性多种业务流量的共网高质量传输；支持 TSN 集中式架构和时间同步机制；支持 TSN 网络的管理和配置。

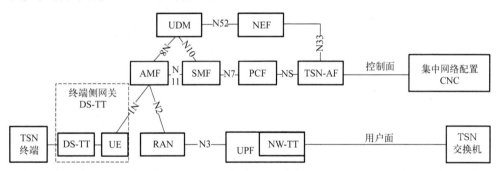

图 11-1　3GPP R16 提出的 5G-TSN 网桥协同架构

在控制面 5G-TSN 新增了周围的应用功能实体（time sensitive networking application function，TSN-AF），主要完成三方面的功能：首先，与周围域中的集中网络配置实体交互，实现流传递方向感知、流周期、传输时延预算、业务优先级等参数与 5G 的交互与传递；其次，与 5G 核心网中 PCF、会话管理功能等实体的交互，实现周围的业务流关键参数在 5G 时钟下的修正与传递，并结合周围的业务流优先级配置相应的 5G QoS 模板，实现 5G 内的 QoS 保障[111]；最后，TSN-AF 将经由 5G 系统与网络侧 TSN 转换器（network TSN translator，NW-TT）及设备侧 TSN 转换器（device side TSN translator，DS-TT）交互，实现 5G-TSN 网桥端口配置及管理功能。

在用户面，为了实现 5G 网络和 TSN 网络间的接口互通，而不对 5G 系统内部网元进行较大的改动，5G 系统边界增加了两个协议转换网关：在 UPF 中新增 NW-TT，在 5G 终端侧增加了 DS-TT。NW-TT 和 DS-TT 一方面支持 IEEE802.1Qbv 调度机制、IEEE802.1Qci PSFP 及报文缓存和转发机制，以满足多种类别流量对网络可用带宽和端到端时延不同的要求，将由时延关键类比特保证速率（guaranteed bit rate，GBR）来保障。另一方面，DS-TT 和 NW-TT 侧分别实现 TSN 网络与 5G 时钟的同步：NW-TT 接收来自 TSN 网络域的 gPTP 报文，并在 gPTP 报文头中加上 5GS 时间戳；通过 UPF 将 gPTP 报文经 5G 网络空口发送给 DS-TT；DS-TT 根据接收到 gPTP 报文的时间以及时间戳信息，计算 gPTP 报文在 5GS 内的驻留时间，并设置 gPTP 报文头进行时延补偿，完成和网络侧 TSN 域时钟的同步，以及与 TSN 终端站的时间同步。

　　此外，对于控制面的 PCF、AMF、SMF 等网元，以及用户面的 UPF 网元，需要进行功能增强，以实现 5G 与 TSN 网络的适配，获取 TSN 配置信息及相关业务信息。从系统整体角度，5G 网络被视为一个逻辑的 TSN 网桥，由 DS-TT 和 NW-TT 提供基于精准时间的 TSN 数据流驻留和转发机制[112]。每个 5G 网桥由 UE/DS-TT 侧的端口、UE 与 UPF 之间的用户面隧道（professional development units，PDU），以及 UPF/NW-TT 侧的端口组成。其中，UE/DS-TT 侧的端口与 PDU 会话绑定，UPF/NW-TT 侧的端口支持与外部 TSN 网络连接。UE/DS-TT 侧的每个端口可以绑定一个 PDU 会话，连接在一个 UPF 的所有 PDU 会话共同组成一个网桥；在 UPF 侧，每个网桥在 UPF 内有单个 NW-TT 实体，每个 NW-TT 包含多个端口。5G 系统可以充当多个网桥，用 UPF 区分，网桥 ID 与 UPF 的 ID 具有关联关系。5G 系统多网桥与 TSN 网络组网的架构如图 11-2 所示。

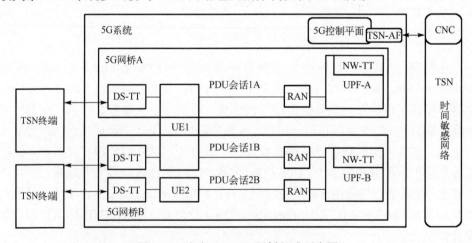

图 11-2　多个 5G-TSN 网桥组成示意图

11.5 小 结

本章深入探讨了 3GPP 定义下的 5G 技术及其在现代工业系统中的应用。5G 技术作为一种先进的通信手段,其在工业互联网中的应用正逐渐成为现实。随着 3GPP Release 15 的发布,5G 技术的架构、安全性和功能得到了显著的增强,其中 CUPS、SBA 以及网络切片技术的应用逐渐走向成熟。

此外,TSN 技术的出现,为工业控制系统带来了一种新的网络解决方案,它通过精确的时钟同步和确定性流量调度,保证了数据传输的高质量。结合 5G 技术,TSN 有望在工业自动化中实现更广泛的应用,特别是在需要超低延迟和高可靠性的场景中。

本章还着重分析了 5G 标准的进展,包括从 Release 15 到 Release 18 的发展情况,每个版本都在前一个版本的基础上增加了新的功能和改进,以支持新的用例和垂直领域的需求。这些进展不仅展示了 5G 技术的演进,也反映了工业通信需求的不断变化和发展。

5G-TSN 的协同架构和传输机制分析揭示了如何在无线信道的时变特性和不确定性中实现强实时业务的确定性传输。这包括如何克服无线信道时变带来的不确定性,提升 5G 网络中核心网及基站的时间感知能力,以及实现 5G 与 TSN 系统之间的协同和融合。随着 5G 和 TSN 技术的不断融合和优化,未来的工业互联网将能够支持更加复杂和要求苛刻的工业应用,推动工业自动化和智能制造向更高水平发展。

第 12 章　5G-TSN 协同传输机制分析

时间敏感网络要确保传输路径上所有节点都在同一时间基准上，并且能"感知"信息的传输时间，从而确保信息在一个精准的、确定的、可预测的时间范围内从源节点发送到目标节点[113]。TSN 基于以太网架构，采用有线的方式进行信息传输，有线信道变化较小，信道特征对于信息传输时间的影响较小，具有较好的"可控性"，而 5G 蜂窝移动通信系统重要的特征是空口无线传输，因此，如何在 5G 与 TSN 协同网络中实现强实时业务的确定性传输，面临如下问题。

第一，如何克服无线信道时变带来的不确定性。无线信道是时变信道，并且由于无线终端的移动特性，无线信道中快衰落和慢衰落同时存在，这对数据传输的可靠性造成了极大的影响。终端移动、无线信道变化会带来数据的丢失，并进而带来数据重传，这将对确定性低时延、低抖动等指标的实现带来挑战。

第二，如何提升 5G 网络中核心网及基站的时间感知能力，实现基于精准时间的资源调度与数据转发。传统蜂窝移动通信系统中的资源分配是基于业务优先级、队列情况等进行综合调度，虽然也强调对实时业务传输时延的优化，但并未严苛地按照精准时间进行资源调度及数据发送。

第三，如何实现 5G 与 TSN 系统之间的协同和融合。5G 网络需要能够与 TSN 网络交互，实现网络拓扑配置与信息交换。同时，由于 5G 与 TSN 在业务保障策略的差异，需要能够实现两个系统的 QoS 参数映射。此外，两个网络之间需要实时的感知与协同，实现端到端的闭关控制，保障业务的确定性传输。

12.1　支持 TSN 业务的 5G 增强机制

TSN 的业务传输机制，是将业务按照优先级映射到不同的队列，使用预先配置的周期性门控列表对出口进行开关控制，保障高优先级业务的通信质量。由于空口信道条件的不确定性，如果数据包在 5G 系统传输时延预算之前到达，则该数据包需在队列中等待，直到下一个门控打开时间。如果数据包未能在预算时间内到达，由于出口队列门控列表状态已经改变，该业务流所对应队列已经关闭，造成该数据包无法在规定周期内进行传送，影响控制业务流的稳定性。

可以看出，对时间敏感业务流跨 5G 与 TSN 传输带来最大不确定的就是空口时延，其与无线信道质量相关，而无线信道是一个时变信道，从而给确定性传输带来较大的"随机性"。在 R15 和 R16 版本中，针对低时延和高可靠保证，5G 在支持更大子载波间隔配置、微时隙设置、更低频谱效率的调制编码方案(modulation and coding scheme，MCS)等物理层技术及上行免授权调度、快速接入、双连接等高层协议方面做了较多的增强和改进，进一步降低无线网络接入时延和调度等待时延。

1. 灵活的物理层帧结构

5G NR 定义了更加灵活的物理层帧结构，其帧长度可变，如可以为 uRLLC 配置短周期、为 eMBB 配置长周期。除了支持 4G 中 15kHz 的子载波间隔外，5G NR 还能支持 30kHz、60kHz 和 120kHz 的子载波间隔，从而使得时隙的长度分别为 0.5ms、0.25ms 和 0.125ms。

此外，为了进一步降低空口传输时延，5G uRLLC 中提出了微时隙的概念，可以将调度的时间间隔缩短为连续的 2、4 或 7 个 OFDM 符号长度。

2. 支持周期性 TSN 业务的 5G 调度机制

为了让 5G 无线接入网更有效地适配确定性传输机制，5G 引入了时延敏感通信辅助信息(time sensitive communication assistance information，TSCAI)，5G 核心网将通过 N2 接口向 gNB 传递 TSCAI 参数，用于描述 gNB 入口和 UE 出口上的 TSC 流业务模式，分别用于下行链路和上行链路方向的业务。TSCAI 来自于 AF，经由 PCF/SMF/AMF 发送给 gNB，以便 NG-RAN 预知 TSN 业务流的到达时间，提前预留网络资源，从而对 TSN 业务流进行更有效的周期性调度。

TSCAI 的参数主要包括以下几方面。

①突发到达时间：用于指示 5G 网络中入端口的突发到达时间。

②业务周期：用于指示突发之间的时间间隔。

③流方向：指示上述参数对应的是上行流还是下行流。

④生存时间：指在没有任何数据到达情况下，业务可以存活的时间。

TSN 业务通常是周期性、确定性的，消息大小固定或在指定范围内。对于这类业务，通过核心网提供的 TSCAI，有助于 gNB 通过半持续调度(semi persistent scheduling，SPS)或动态授权进行更有效的调度。为了支持下行方向上周期非常短的 TSN 业务流，3GPP R16 支持额外的、较短的 SPS 周期，并且单个 UE 支持多套 SPS 配置，最大数量为 8，gNB 依靠配置多套 SPS 等方法能够更有效地进行周期调度和低时延调度来实现固定 TSC 业务模式传递时的 QoS 增强，从而降低 TSN 业务流在空口传输的时延和抖动[114]。

3. UE 上行免授权调度

UE 上行调度方式可分为动态调度方式和基于资源预留的免授权调度方式。对于动态调度方式，UE 在每次发送上行数据前都需要先通过调度请求（schedule request，SR）向基站申请上行资源，再由基站通过 PDCCH 给该 UE 配置相应的上行资源块（resource block，RB）后，UE 才能在相应的上行信道上发送数据。此过程中，信令多次交互，耗时较长，无法满足 uRLLC 短时延的要求。

为缩短空口传输的双向传输时延，可在上行配置免授权的调度方式。gNB 通过激活一次上行授权给 UE，在 UE 未收到激活指令时，将会一直使用第一次上行授权所指定资源进行上行传输，可节省上行调度的空口信令交互时间，上行免授权有两种传输类型。

类型 1：由无线资源控制（radio resource control，RRC）通过高层信令进行配置。

类型 2：由 DCI 进行指示上行免授权的激活和去激活，其需要的参数由高层信令（IE configured grant config）进行配置，但是需要由 DCI 激活时才进行使用。

4. 冗余传输方案

提高可靠性的一个简单原理就是利用重复传输获得增益，因此 3GPP 标准中也定义了各类冗余传输的方案，主要包括以下几个方面。

PDCP 重复传输：允许应用层的数据包在 PDCP 层被复制，并将不同的复制版本分别提交到不同的无线链路控制（radio link control，RLC）实体来传输，以多路径来获得分集增益，提高可靠性。具体可适用于双链接（dual connectivity，DC）和载波聚合（carrier aggregation，CA）架构。

N3/N9 冗余传输：为了提高 UPF 和 RAN 之间 N3 接口的可靠性，可通过部署两个独立的 N3 隧道进行冗余传输。gNB 上行收到的报文复制为 2 份，通过不同的 N3 隧道发送给核心网。下行 UPF 将从外部数据网络中获取的报文复制为多份，然后通过不同的 N3 隧道给 gNB。

基于双连接的用户面冗余传输：UE 可以通过 5G 网络发起两个冗余 PDU 会话。5G 系统将两个冗余 PDU 会话的用户平面路径设置为不相交。当启动 PDU 会话设置或修改时，RAN 可以根据从 5G 核心网接收到的冗余信息，在一个 NG-RAN 节点或两个 NG-RAN 节点（一主一从）中为两个冗余 PDU 会话配置双连接，以确保用户平面路径不相交。对于 UE 而言，两条 PDU 会话可以视作两条不同的无线网络接口，从而提升了空间分集增益，提升数据传输的可靠性。

基于双卡终端的用户面冗余传输：由于基于双连接的用户面冗余传输方案对 5G 终端的要求较高，因此可采用双卡双会话的 FRER 机制来替代。该场景下，双卡终端(如一个 CPE 集成 2 个 5G UE 模组)通过不同频率连接到不同的 NR 系统中，实现双路径冗余的传输能力，在网络侧 UPF 或者 N6 接口的 DN 网络进行业务流汇聚，双卡终端和 UPF/DN 执行 FRER 机制的帧复制和冗余去重处理，实现 5G 网络端到端的高可靠冗余传输能力。

5. 5G+TSN 前传

5G 和 TSN 的一个明显应用是前传，并且存在单独的 IEEE 标准(IEEE 802.1CM)。该标准包括两个配置文件，其中，配置文件 A 不使用任何高级以太网 TSN 功能，配置文件 B 使用帧抢占。配置文件 A 是强制支持的，配置文件 B 是可选的，此外，IEEE 802.1CM 还包括同步要求。

从本质上讲，将关键流高 PCP 进行映射，并以这种方式确保这些流正在接收它们所需的服务，而不会受到其他流的干扰。

Profile A 使用现有的以太网功能进行路由和调度，这是前传 Profile 的强制部分，需要严格的优先级排序。高优先级流被赋予优先级，使得不会发生由于高优先级帧的拥塞而导致的延迟。仍然可能发生的情况是，多个最高优先级的帧到达入口端口，并竞争从同一个出口端口传输出去[115]。

在规划前传网络时，鉴于几乎所有流均被赋予高优先级，必须特别关注 M 平面这一主要例外情况。设计阶段应充分预见并考虑可能遇到的最不利场景，这包括评估入口流量的到达速率以及出口服务的处理速率，以确保网络能够高效且稳定地应对各种流量状况。低优先级帧从出口端口的持续传输还意味着以相同出口端口为目标的最高优先级帧需要等待，直到持续的帧传输完成。对于支持前传流量的端口，帧大小定义为最大 2000 个八位字节。为了保证延迟、网络拓扑、链路中的物理距离、跳数和节点数，将上述因素考虑在内，以确认最坏情况下的延迟值仍在延迟预算内。可选部分(包括在配置文件 B 中，但不包括在配置文件 A 中)是帧抢占。如果流量混合中存在大型非关键帧、路径上存在多个网桥且链路速度较低，则这一点尤其有用。

6. 5G 空口要求

(1)N1 接口。

N1 接口上透传的会话管理消息中包含 TSN 相关参数(如端口管理信息容器)。

(2)N2 接口。

5G 核心网通过 N2 会话将 TSC 辅助信息(TSCAI)提供或更新给 NG-RAN。

（3）N4 接口。

5GS 网桥管理：为建立 TSC 以太网 PDU 会话，SMF 应向 UPF 发送 PFCP 会话建立请求消息，以建立相应 PFCP 会话。此外，SMF 应要求 UPF 为 DS-TT 分配端口号并提供相关的 TSN 网桥 ID，方法是在 PFCP 会话建立请求中包含创建网桥信息。如果请求，则 UPF 应在对 SMF 的 PFCP 会话建立响应消息中提供建立的网桥信息。

5GS 网桥和端口管理信息：SMF 和 UPF 可以使用与 5GS TSN 网桥相关联的任何 PFCP 会话的相关流程发送端口管理信息容器（port management information container，PMIC）或用户管理信息容器（user-plane management information container，UMIC）。SMF 可以通过包括 TSC 管理信息 IE 的 PFCP 会话修改请求向 UPF 提供与 NW-TT 相关的 UMIC 和/或 PMIC[73]。对于为 TSC 建立的 PDU 会话，UPF 可以通过发送包含 TSC 管理信息 IE 的 PFCP 会话修改响应或 PFCP 会话报告请求，将 NW-TT 相关 UMIC 和/或 PMIC 发送到 SMF。

（4）Nbsf 接口。

Nbsf 接口是绑定支持功能（binding support function，BSF）提供的服务化接口，主要包括 Nbsf 管理注册、Nbsf 管理删除、Nbsf 管理发现服务、Nbsf 管理更新、Nbsf 管理订阅、Nbsf 管理取消订阅和 Nbsf 管理通知操作。

在 TSN 应用场景下，TSN-AF 或时间敏感通信和时间同步功能（time sensitive communication and time synchronization function，TSCTSF）发起的服务请求的 UE 地址信息中包含 DS-TT 端口的 MAC 地址。

（5）Npcf 接口。

Npcf 接口是 PCF 提供的服务化接口，主要包括 AM 策略控制、策略授权、SM 策略控制、背景流量转发（background data transfer，BDT）策略控制、UE 策略控制和事件能力开放操作。

在 TSN 应用场景下，TSN-AF 或 TSCTSF 通过 Npcf_Policy Authorization 服务与 PCF 交换端口的管理配置信息、用户面节点的配置信息，SMF 通过 Npcf_SMPolicy 服务获取和上报端口的配置信息，以及用户面节点的配置信息。

（6）Ntsctsf 接口。

Ntsctsf 接口是 TSCTSF 提供的服务化接口，主要提供时间同步服务、QoS 参数和信息的服务。

①通过 Ntsctsf_Time Synchronization 服务提供支持基于 gPTP 或者 5G 接入层时间分发方法的时间同步业务。允许 NF 消费者为 PTP 或 5G 接入层时间同步服务订阅 UE 和 5GC 能力，允许 NF 消费者为基于 PTP 的时间同步服务配置终端和 5GC。

②通过 Ntsctsf_ASTI 服务提供支持基于 5G 接入层时间分发方法的时间同步业务，允许 NF 消费者为终端配置 5G 接入层时间同步服务的 5GC 和 RAN。

③通过 Ntsctsf_QoS and TSC Assistance 服务允许 NF 消费者提供 QoS 参数和信息用于创建时间敏感通信辅助配置(time-sensitive communication assistance configuration，TSCAC)。

此外，Ntsctsf 接口支持通过发现与选择服务(discovery and selection service，DSS)和 S-NSSAI、GPSI 或外部组标识、SUPI 或内部组标识的 TSCTSF 发现和选择功能。TSCTSF 实例可以被其他 NF(如 NEF、AF 和 PCF)发现和选择。

12.2　5G-TSN 跨网时间同步机制

IEEE 802.1AS 标准中定义的通用精确时间协议是 IEEE 802.1 TSN 任务组开展 TSN 标准化工作的基石。如今，TSN 包含许多不同的标准化文档，其中 IEEE 802.1Qav、IEEE 802.1AS 和 IEEE 802.1Qat 描述了该技术的不同方面。5G-TSN 的关键技术之一就是基于 5G 系统的时间同步，以支持时间关键业务的端到端时间同步。如图 12-1 所示，5G 系统与 TSN 域分属两个不同的同步系统，两个同步系统之间彼此独立逻辑。网桥、5G GM、UE、5G gNB、UPF、NW-TT 和 DS-TT 实现了时间同步[74]。

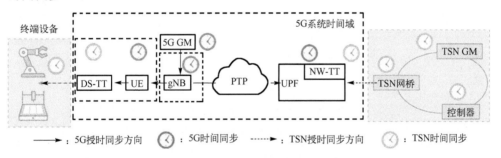

图 12-1　5G-TSN 时间同步

5G 系统边缘的 TSN 转换器需要支持 IEEE 802.1AS 的相关功能，用于 TSN 系统和 5G 系统之间的互通。TSN 同步域遵循 IEEE 802.1AS 协议，根据 gPTP 通过共享时钟，从而形成一个 gPTP 域。gPTP 域中的一个节点充当共享时钟的源，并将其表示为 GM，时钟信息从 GM 分发到域中的所有节点。这两个时间域的同步进程可以认为是相互独立的。gNB 只需要与 5GGM 时钟同步，保证无线接入网功能正常，5G 同步进程不受外部 gPTP 同步进程的影响。两个同步进程的独立性为时间同步部署带来了灵活性。若在已有 5G 系统的场景想要使用 gPTP，只有 UPF 和 UE 方面需要额外的增强，整个 5G 时间域保持不变。同时，如果将 5G 引入到具有时间同步的固定 TSN 网络中，TSN 时间域不会发生改变。

　　在 5G 第 3 版标准 R17 中，时间同步预算(5G 系统在时钟同步消息路径上的入口和出口之间的时间误差)被设置为 900ns。时钟同步消息流经过空口两次，因此空口之间的同步误差不应超过 450ns。该时间精度受 gNB 处的时间对准误差、UE 处的定时误差以及传播时延的影响。gNB 和 UE 之间的时间同步基本上可以通过 3 个步骤来实现：

　　第 1 步是 gNB 发送参考时间信息；

　　第 2 步是 UE 进行下行帧定时；

　　第 3 步是可选的，进行下行链路传播时延估计及补偿。

　　时间同步的基本过程如图 12-2 所示，gNB 向 UE 传送的参考时间可由系统信息块或 RRC 中的参考时间信息字段承载，通过周期性的广播使 gNB 与 UE 的时间一致。并且，其时间粒度已经从 10ms 增强到了 10ns，假设舍入误差均匀，将引入±5ns 的误差。

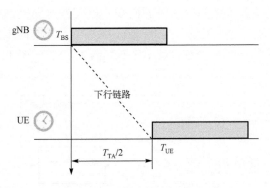

图 12-2　gNB 与 UE 时间同步过程

　　UE 接收端的下行帧定时代表下行信号的到达时间，可通过检测参考小区的下行同步信号得到。在时分双工系统中，上下行链路之间的时间间隔足够短，可以看作下行链路和上行链路的信道衰落有很强的相关性，下行链路和上行链路传播时延之间的不对称性主要是由于小规模衰落。在频分双工系统中，由于下行链路和上行链路信号在不同的载频上传输，因此传播时延会更大。参考时间从 gNB 传输到 UE 直到空口完成同步，其造成的时间误差主要来源有参考时间精度、UE 帧定时误差以及下行传播时延测量误差等[107]。因此，在同步过程中需要尽可能地减小误差，从而完成 gNB 与 UE 高精度的时间对准。全局网络时钟同步是实现跨网确定性时延传输的基础和关键。然而，5G 和 TSN 属于不同的时间域，两个网络均有各自域内的主时钟。因此，如何实现两者的时间同步成为 5G 与 TSN 协同传输的关键问题。

　　当前 5G-TSN 网络主流的时间同步技术是在全局的角度把 5G 系统看作是一

个 IEEE 802.1AS 时间感知系统，并把整个融合网络分为 5G 时钟域和 TSN 时钟域。对于实现 5G 与 TSN 域的跨网时间同步，主要有两种方案，一种是边界时钟补偿方案，另外一种就是时钟信息透明传输方案。

如图 12-3 所示，对于边界时钟补偿方案，5G 网络中终端侧及网络侧的网关处能同时感知到两个时间域的时钟消息，边界网关将对两个时钟间的误差进行测量，通过将测量值补偿到 5G 时钟信息上，使得 5G 和 TSN 两个不同的网络能够处于同样的时间基础，实现 5G 核心网及 5G 基站的精准时延转发功能。对于该方案而言，两个时钟间误差测量的精度及误差更新的频度，成为跨网时钟同步的关键。

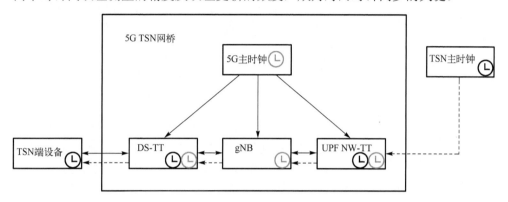

图 12-3　时钟边界补偿方案

如图 12-4 所示，对于时钟信息透明传输方案，将 TSN 域内时间同步消息，即 gPTP 消息，在 5G 域内进行透明传输。但是，在传输链路上经过每一个节点时，都需要将在该节点的停留时间进行标记，即记录进入该节点入口和离开该节点出口时的时间戳，并将时间戳消息填入 PTP 事件消息的修正字段，TSN 网络设备时钟收到 PTP 消息后可根据驻留时间对积聚误差进行误差补偿，从而实现 5G-TSN 跨网时间同步[116]。对于 5G 网络而言，空口时间同步的精度将影响其时间戳的精度，进而影响端到端时间同步的精度，3GPP R16 中引入空口时间同步增强，将空口时间同步的时钟粒度减小到 10ns，空口时间同步精度可达到 250ns 内。在 R17 为了满足空口时钟同步的精度需求，引入了空口授时传播延迟补偿技术，支持基于 TA 的传播延迟补偿和基于 RTT 的传播延迟补偿，其中，基于 TA 的传播延迟补偿是针对一般时钟精度的场景，基于 RTT 的传播延迟补偿是针对高时钟同步精度的场景。

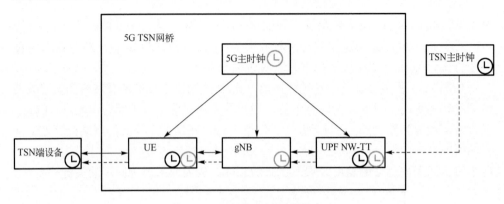

图 12-4　时钟信息透明传输方案

12.3　5G-TSN 网桥管理

为了实现在协同架构下 TSN 业务流端到端的顺利传输，TSN 域的 CNC 需要与 5G 系统进行通信，为数据在两个网络中的转发建立相应的逻辑控制通道。NW-TT 和 DS-TT 需完成相关 TSN 网桥信息的配置，主要包含以下流程。

(1) 网桥预配置。

网桥预配置分为两个方面，一方面 5G 网桥根据自身存储的 DNN、流量类别、VLAN 信息为承载当前 TSN 业务的 PDU 会话选择适当的 UPF，同时 UPF 确定网桥 ID 和 UPF/NW-TT 侧端口；另一方面，TSN-AF 预先配置 QoS 映射表，用于查询 PDU 会话所对应的 TSN QoS 参数。

(2) 网桥信息上报。

CNC 需要掌握整个网络的物理拓扑结构和各个网桥节点能力的完整信息，并对复杂的业务信息集中计算出对应于业务流的调度信息 (传输路径、资源需求和调度参数)，配置交换设备。因此，CNC 需要了解 5G 网桥的必要信息。例如，网桥 ID、DS-TT 和 NW-TT 端口上的预定流量配置信息、5G 网桥的出口端口、流量类别及其优先级等[67]。

其中，网桥 ID、NW-TT 中以太网的端口号可以在 UPF 上预先配置。在 PDU 会话建立期间，UPF 为 PDU 会话分配在 DS-TT 上的以太网端口号，并存储在 SMF。SMF 通过 PCF 将相关 PDU 会话的 DS-TT 和 NW-TT 中的以太网端口号和 MAC 地址提供给 TSN-AF。另外，UE 将在 UE 和 DS-TT 内、UE 和 DS-TT 端口之间转发数据包所用的 UE-DS-TT 驻留时间传递给 TSN-AF 用于更新网桥延迟。TSN-AF 接收上述信息将其注册或更新到 TSN 网络。

(3) 网桥/端口管理信息交换。

TSN-AF 与 DS-TT/NW-TT 之间传输标准化的端口配置信息，为此 5G 系统需要提供 PMIC，该容器内详细定义了 TSN 数据业务的转发要求。当端口信息从 TT 端口转发到 TSN-AF 时，终端侧的 DS-TT 端口向 UE 提供 PMIC，激发 UE 发起 PDU 会话将该信息转发到 SMF，SMF 再将 PMIC 和相关以太网端口号一同转发到 TSN-AF；网络侧的 NW-TT 端口则将 PMIC 提供给 UPF，由 UPF 将信息转发到 SMF 再到 TSN-AF。当 TSN-AF 收到来自 CNC 的端口信息需要发送给 TT 端口时，TSN-AF 需要提供 PMIC，并将 PDU 会话的 MAC 地址和后续以太网端口号提供给 PCF，后者将 MAC 地址转发给 SMF，由 SMF 对比 MAC 地址是否与以太网端口号相关，并触发 PDU 会话修改过程将 PMIC 转发到 NW-TT/DS-TT。

12.4　5G 与 TSN 的 QoS 映射

TSN 与 5G 的 QoS 保障策略不同，TSN 是根据业务优先级为不同的业务流提供数据转发的控制和管理策略，其业务区分机制是通过 TSN 数据帧结构中的优先级代码进行。在 5G 系统中，虽然也是采用业务优先级区分机制，但其保障是通过 PCF 根据业务流特征配置不同的 QoS 模板，在整个系统中根据 5G QoS 标识符（5G QoS identifier，5QI）在核心网、无线网提供不同的速率保障。因此，为了实现 TSN 域相关 QoS 参数向 5G 系统的传递和转换，TSN-AF 需要与 CNC 进行相关 QoS 参数的协商与传递。

在 5G 与 TSN 关于时间敏感类业务流 QoS 参数的协商和转换过程中，TSN 网络可以将 5G 系统视作一个黑盒子，整体采用 5G 系统的指定 QoS 框架。5G 系统作为 TSN 网桥出现，使用完善的 5G QoS 框架接收与 TSN 相关的预订请求。然后，5G 系统使用 5G 内部信令来满足 TSN 预约请求，如 5G 系统使用 QoS 流类型 GBR、5QI、分配和预留优先级（allocation and retention priority，ARP）等 5G 框架来满足请求 QoS 属性。5G 与 TSN 的 QoS 协商过程及 5G 系统生成 QoS 文件的过程具体如下。

(1) TSN-AF 计算 TSN QoS 参数。

TSN-AF 根据从 CNC 接收 PSFP 信息和传输门控调度参数，计算业务模式参数（入口端口的突发到达时间、周期性和流向），通过建立映射表来决定 TSN QoS 参数，并将 QoS 信息与相应的业务流描述相关联。如果 TSN 流是同一业务类别、使用相同的出口端口、周期性相同、突发到达时间兼容，TSN-AF 将这些流聚合到相同的 QoS 流，使其具有相同的 QoS 参数。此时，TSN-AF 为聚集的 TSN 流创建一个 TSC 辅助容器。

(2) PCF 执行 QoS 映射。

CNC 经由 TSN-AF 向 PCF 发起的 AF 会话中包含分配给 5G 网桥的 TSN QoS 需求和 TSN 调度参数，PCF 接收的相关信息包括：①以太网包过滤器的流描述，如以太网 PCP、VLAN ID、TSN 流终点 MAC 地址；②TSN QoS 参数，即 TSC 辅助容器信息：突发到达时间、周期性和流的方向；③TSN QoS 信息，即优先级、最大 TSC 突发大小、网桥延迟和最大流比特率；④端口管理信息容器及相关端口编号；⑤网桥管理容器信息。

PCF 接收到上述信息之后根据 PCF 映射表设置 5G QoS 配置文件，触发 PDU 会话修改过程建立新的 QoS 流。

5G QoS 配置文件包含参数：ARP、保证流比特率(guaranteed flow bit rate，GFBR)、最大流比特率(maximum flow bit rate，MFBR)、5QI。其中，ARP 被设置为预配置值，MFBR 和 GFBR 可由 5GS 网桥接收的 PSFP 信息导出[80]。

PCF 使用 DS-TT 端口 MAC 地址绑定 PDU 会话，基于 TSN QoS 信息导出 5QI。根据从 TSN-AF 接收的信息和导出的业务流的信息，PCF 生成策略与计费控制(policy and charging control，PCC)规则，SMF 和 AMF 通过控制面信令交互，获取 PCF 输出的规则，一方面由 AMF 通过 N2 接口将其携带给 RAN，另一方面由 SMF 通过 N4 接口将其携带给 UPF，由 UPF 和 UE 将不同 QoS 需求的业务流映射到合适的 PDU 会话和 QoS 流中，实现 5G 系统区分不同业务流的差异化 QoS 调度。

12.5　小　　结

时间敏感网络与 5G 在现代工业控制系统中的融合，旨在确保信息传输的精准性、确定性和可预测性。TSN 的设计基于有线以太网架构，提供了稳定的信息传输通道，其可控性和低变化性是实现时间敏感传输的关键。然而，5G 系统的引入，尤其是其空口无线传输特性，给传输的确定性带来了新的挑战。

本章重点分析了无线信道时变特性、5G 网络的时间感知能力提升，以及 5G 与 TSN 系统间的协同与融合三大挑战。无线信道的时变性，特别是移动终端导致的快速衰落和慢速衰落，对数据传输的稳定性和可靠性构成了威胁。为应对这一挑战，5G 技术在物理层和高层协议进行了增强和改进，如子载波间隔配置、微时隙设置和上行免授权调度等。

5G NR 的物理层帧结构设计具有灵活性，使得不同应用场景可以采用不同长度的帧周期和子载波间隔，进而降低空口传输时延。此外，5G 通过时延敏感通信辅助信息和半持续调度等机制，提高了网络周期性调度和低时延调度的效率。为了提升数据传输的可靠性，5G 系统采纳了多种冗余传输方案，包括 PDCP 层的重复传输、N3/N9 接口的冗余传输以及基于双连接的用户面冗余传输。这些策略的目的是通过多路径传输和空间分集增益来提高数据传输的可靠性。5G 和 TSN 在前传应用方面的协同，特别是 IEEE 802.1CM 标准的应用，展现了两种技术的协作潜力。标准中定义的两个配置文件分别涉及前传的路由和调度要求，以及帧抢占的使用。

　　时间同步是 TSN 和 5G 协同工作的核心技术之一。跨网时间同步是实现两种技术融合的关键，主要有边界时钟补偿方案和时钟信息透明传输方案。在边界时钟补偿方案中，5G 网络中的终端和网关同时感知两个时间域的时钟消息，通过补偿措施实现同步。而时钟信息透明传输方案则要求在每个节点记录时间戳，并在 PTP 事件消息中修正，以实现时间同步。网桥管理方面，涉及网桥预配置、信息上报和端口管理信息交换，确保 TSN 业务流的端到端传输。此过程需要全面掌握网络拓扑结构和网桥节点能力，以及 5G 网桥与 TSN 域的通信。QoS 映射技术是实现 5G 与 TSN 系统之间协同的另一关键技术。通过 PCF 执行 QoS 映射，将 TSN 域的 QoS 参数映射到 5G 系统，并生成 PCC 规则，实现 5G 系统内不同业务流的差异化 QoS 调度。这一过程不仅保障了 5G 系统内不同业务流的差异化 QoS 调度，还确保了 TSN 业务在 5G 网络中的优先传输和性能保障，进一步提升了跨域业务融合的服务质量和用户体验。

第 13 章 5G-TSN 解决方案

在工业自动化和智能制造的背景下,5G 与时间敏感网络的结合预示着一场通信技术的革命。这种融合承诺将 5G 网络的高速、大容量和低延迟特性与 TSN 的严格时间确定性结合起来,以满足工业应用中对可靠性和实时性的严苛要求。然而,这一创新的技术融合并非没有挑战。尤其是,5G 网络中无线信道的时变特性可能会对 TSN 的时间确定性造成影响,这需要通过精确的时间同步和延迟预算等技术手段来克服。

本章将讨论端到端同步解决方案的设计原则,包括时间戳协议、5G 的时域同步技术,以及如何实现 TSN 对 5G 网络的无缝同步。通过实例分析,展示这些技术如何在实际工业环境中实现精准的同步和稳定的数据传输,从而为读者提供一种全面的视角,以理解 5G 和 TSN 融合的技术细节和实际应用。

13.1 端到端同步解决方案的体系结构

端到端同步解决方案的可视化如图 13-1 所示。5GS 时域以灰色表示,几个 TSN 时域以白色表示,应注意这两个域可在 NW-TT 和 DS-TT 中共存。

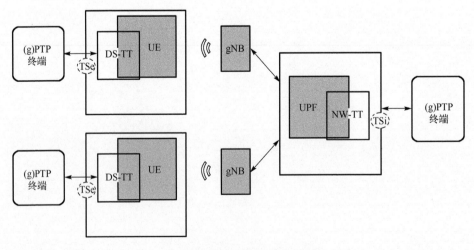

图 13-1 端到端同步解决方案

(1)时间戳建模。

5G 集成 TSN 系统涉及两个时域：5GS 时域和 TSN 时域。TSN 时域将在 5GS 时域上同步。5GS 时域与 5GS GM 同步。协议中的速率估计和远程控制(remote control，RC)模型可以与锁相环(phase-locked loop，PLL)一起使用或组合，以实现真实的时间时钟(real-time clock，RTC)定时算法。在图 13-2 的右下角，表示本地时间通过闭环控制跟踪 5GS GM 时钟，其作为 TSN 时域的参考时钟，TSN 时域应与 TSN GM 同步，提供 IEEE 802.1Qci 和 IEEE 802.1Qbv 过程中使用的时间戳，并通过 IEEE 1588 和 IEEE 802.1AS 协议中描述的结合速率估计和 RC 建模实现 RTC 定时算法。

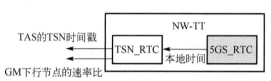

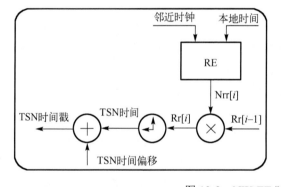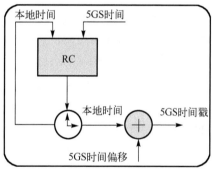

图 13-2　NW-TT 时钟算法

(2)5G 时域同步解决方案。

如果没有适当的 5GS 时域同步，则无法实现端到端同步。5GS 时域中的时间同步可以进一步分为三个部分：

①NW-TT/UPF 和 gNB 通过标准 PTP 协议同步；

②UE 通过无线信令从 gNB 获得 5GS 绝对时间；

③DS-TT 直接从 UE 获取 5G 时间。

(3)支持 TSN 的 5G 端到端同步解决方案。

图 13-3 为鹏城实验室和香港应用科技研究院联合开发的支持 TSN 的 5G 系统端到端同步解决方案。NW-TT 位于 UPF 中，使用运行在 x86 服务器上的 TSN 网卡，而 DS-TT 使用带有内置 TT 端口的 TSN 交换机。

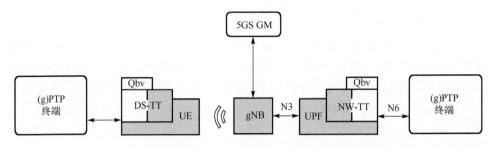

图 13-3　支持 TSN 的 5G 系统端到端同步演示解决方案

图片灰色矩形框表示 5GS GM、gNB 和 TSN 网卡之间通过标准 PTP 协议同步的域，gNB 通过无线信令向 UE 发送时间信息，标准 PTP 协议用于 UE 和 TSN 交换机之间的同步。白色矩形框表示外部端到端时间域，其满足的时间同步具体如下：5GS 配置 NW-TT、DS-TT 以支持 IEEE 802.1AS 中定义的所有同步模型，分别包括 PTP 边界时钟、PTP 端到端透明时钟、PTP 对等透明时钟和 gPTP 中继实例。

gPTP 中继实例的同步模型如图 13-4 所示。5GS 被认为是 TSN 虚拟交换机，并且出端口被命名为 TSN 转换器(TT)端口。还有其他几种同步模型的机制，如 PTP 边界时钟、PTP 端到端透明时钟和 PTP 对等透明时钟，它们不在本书的讨论之中。

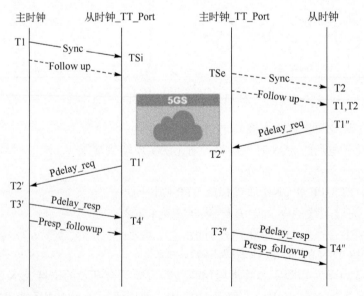

图 13-4　gPTP 模型

gPTP 时延实例模型的同步机制的细节描述如下。

（1）5GS 外部的主端口在时间戳 T1 向从端口 TT 发送同步/同步、后续分组消息。

（2）在 5GS 从 TT 端口接收到步骤 1 中由主端口发送的分组时，其将在 Sync、Follow-up 分组报头内的关键流（critical flow，CF）中添加从主端口到从 TT 端口的链路延迟，以及使用 5GS 时间戳记录 Sync 分组的到达时间 TSi。TSi 然后将被编码在 3GPP 类型长度值字段中，并且同步/跟随消息中的累积速率比字段根据邻居速率比被更新。

（3）Sync、Follow-up 报文将通过 5GS 转发到 Master TT 端口，出端口由 5GS 中的相关转发配置决定。

（4）Master_TT 端口记录出口时间戳 TSe，并与入口时间戳 TSi 进行计算，得到报文在 5GS 中的停留时间（在 5GS 中的停留时间需要转换到 PTP GM 时钟域）。在累积 CF 域中的停留时间之后，移除 TSi 类型长度值（type-length-value，TLV）字段，Sync/Sync、Follow-up 分组将被转发到下游节点。

（5）下游从端口通过同步后续消息检索时间戳 T1 和 T2。

（6）下游从节点基于时间戳 T1 和 T2、CF 域和链路延迟来执行时间同步。

13.2　端到端确定性调度方案

（1）5G 和 TSN QoS 映射。

在控制平面中，为了允许 gNB 调整 TSC 分组的调度，引入了 TSCAI。TSCAI 相关参数从 TSN-AF 提供给 PCF。在流建立期间，当在信令中配置 QoS 时，SMF 将包括该信息。TSN QoS 参数，即 TSN 流的最大突发大小和最大流比特率，最终被映射到 5GS 中的最大数据突发量和 QoS 流级保证流比特率。在接收到这些参数时，gNB 将相应地调整和适配 TSC 分组的调度，以实现 TSN 服务流更有效的周期性调度。

在鹏城实验室和香港应用科技研究院联合开发的支持 TSN 的 5G 系统评估中，重点关注数据路径的实现。因此，对基站以及控制平面网络元素（如 AMF、SMF、PCF 和 TSN-AF）进行了模拟。5G QoS 配置文件和到 TSN QoS 配置文件的映射已根据所研究的场景在系统中预配置。其中，上下行数据的保证比特率和最大比特率均配置为 2Gbps，满足业务流的 QoS 要求和干扰背景流的 QoS 要求。在 TSN 侧，已经通过调整 GCL 来配置和调整 TSN QoS。

（2）端到端确定性流量调度。

5G 虚拟 TSN 交换机的确定性流量调度机制与普通 TSN 交换机保持不变。一般的机制可以描述为以下步骤。

步骤 1：报告交换机的转发延迟和端口链路传播延迟。

步骤 2：从 CNC 接收业务流标识、优先级映射和转发规则，并将上述信息配置给 UPF/NW-TT 和 UE/DS-TT。

步骤 3：从 CNC 接收 TSN 端口（DS-TT、NW-TT）的 GCL 配置。

但考虑到时延较大、5GS 网桥引入的抖动以及 TSN 基于队列的时间调度等特性，CNC 的 TSN 流量调度应考虑采用以下机制。

①增强型多队列调度机制能够有效解决聚合 TSN 流的调度的复杂性和资源利用率低的问题。在极端情况下，如果将每个 TSN 流分配给独占队列，则可以完全消除抖动的影响。

②增强型循环排队转发通过结合 IEEE 802.1Qci 入口策略和 IEEE 802.1Qbv 时间感知整形器的循环排队转发机制，将帧保持在一定的延迟范围内，并在分配的时间内发送。开发与 TAS 集成的 CQF 解决方案是为了调节传输选择，以便为出端口处的时间触发流提供受保护的传输窗口，如图 13-5 所示。针对 5GS 网桥时延大、抖动大等问题，进一步改进了多 CQF 和多队列 CQF 的循环排队转发机制，解决了聚合 TSN 流的调度问题。

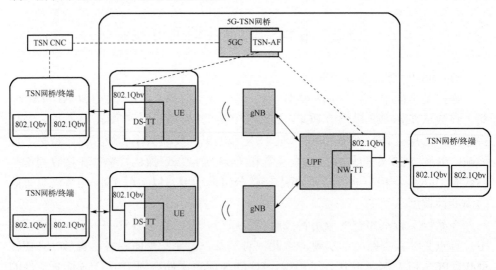

图 13-5　流量调度过程

(3)支持保持和转发缓冲机制（DS-TT/NW-TT）。

3GPP R16 将 5GS 定义为虚拟 TSN 交换机。类似地，对于普通的 TSN 交换机，5G TSN 交换机需要在 TSN 出口端口上实现 IEEE 802.1Qbv TAS 机制（即

NW-TT 和 DS-TT)来实现确定性转发,此外,TT 的每个出口端口应该支持最多 8
个队列。根据 IEEE 802.1Qcc 的定义,5GS 虚拟交换机需要上报交换机转发时延
(bridge delay)和链路传播时延(propagation delay),以便 TSN CNC 据此配置业务
路径上 GCL 的 Hold-Forward 时间调度(GCL switch gate)。

　　①链路传播延迟:每个端口的传播延迟(processing delay),即 5GS 交换机的
出站端口与下游 TSN 设备之间的链路传播延迟。NW-TT 和 DS-TT 向 5GC TSN-AF
上报每个端口的 processing delay,TSN-AF 向 TSN CNC 上报。

　　②交换机转发延迟:网桥延迟是 5GS 虚拟交换机内部的转发延迟。它被定
义为每个业务类的每个端口对的延迟,例如,在 1 个 DS-TT 端口和 1 个
UPF/NW-TT (N6)端口之间,或者 2 个 DS-TT 端口形成端口对(端口对),其中
端口对可以承载多个服务级别(业务类)的服务。5GS 为每个端口对上的每个服
务类提供 1 个交换机延迟参数。切换延迟由两部分组成:UE 与 UPF/NW-TT
之间的延迟(N6)和 UE-DS-TT 之间的延迟停留时间。切换延迟捕获如下:
UE-DS-TT 驻留时间由 DS-TT 以设备能力的形式报告给 5GC TSN-AF,并且
UE 与 UPF/NW-TT 之间的延迟(N6)在 TSN-AF 中预先配置。在 UE-UPF PDU
会话已经成功建立时,5G TSN-AF 将两者相加并将其报告给具有桥接延迟参数
的 TSN CNC。例如,如果它是 DS-TT 到 DS-TT 的转发,则它是 2 个 DS-TT
到 UPF/NW-TT 延迟的总和。

13.3　实　际　案　例

　　(1)香港应用科技研究院和鹏城实验室提出了一个支持 TSN 的 5GS 整体架构
(图 13-6),成功验证了 5G-TSN 的核心概念。5GS 由香港应用科技研究院提供,作
为 TSN 网桥连接到 TSN 网络。香港应用科技研究院第五代地面站系统是通过位于
UPF 网络端的 NW-TT 及位于用户设备端的 DS-TT,连接至对外的 TSN 网络。来
自 TSN 网络的配置通过 TSN-AF 从 CNC 提供给 5GS。NW-TT 和 DS-TT 负责与 5GS
内的 5G GM 的 PTP 同步,因此这两者在 5GS 域中时间同步。

　　对于由 NW-TT 接收的 gPTP 同步分组,将基于从 5G GM 同步的时钟添加入
口时间戳。类似地,当 DS-TT 发送 gPTP 同步数据包时,它将基于从 5G GM 同
步的时钟标记出口时间戳。由于 NW-TT 和 DS-TT 处于时间同步状态,因此 DS-TT
可以根据同步包中的传入时间戳和传出时间戳获得整个 5G 系统的驻留时间。

　　除了计算驻留时间之外,NW-TT 和 DS-TT 还需要支持 TSN 网桥的其他功能,
如 IEEE 802.1Qbv 和 IEEE 802.1Qbu。香港应用科技研究院和鹏城实验室在这项
研究中有不同的重点。香港应用科技研究院专注于 5G 协议研究和 5G 网络中 TSN

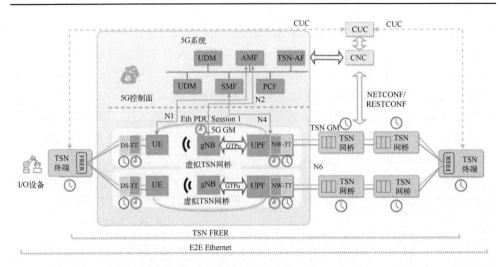

图 13-6　具备 5G 网络功能的鹏城实验室和香港应用科技研究院提出的完整解决方案架构

功能的实现，而鹏城实验室的专长在于 TSN，从而将 5G 集成到 TSN 环境中。香港应用科技研究院的设计和实施符合 3GPP 规范，以支持 5G 中的 TSN 功能，包括以太网 PDU 会话管理，与 TSN CNC 接口的 TSN-AF，增强的 PCF、SMF、UPF 和 AMF，更重要的是开发驻留在 UPF 中的 NW-TT。鹏城实验室研究 5G 协议和 IEEE TSN 协议，开发 NW-TT 和 DS-TT，并提供 TSN 网络中的其他组件，如用于与 TSN-AF 接口的 CNC。此外鹏城实验室还牵头制定 TSN 集成。

(2) 实际部署评估演示。该演示的目标是将 TSN 技术与现有的 5G 网络集成，使其具有确定性。图 13-7 描述了演示的整体架构，由包括 5G 和 TSN 网络在内的几个主要组件组成，其中 5GS 将在整个启用 TSN 的 5G 网络中充当单个 TSN 交换机，与各种终端设备(如摄像头和同步机械臂)互连。大带宽的视频流将由摄像机传输，而抖动/延迟敏感的控制流将被传输到两个同步机械臂。对于后台流量，这两种类型的不同流将通过包含 5GS 和 TSN 交换机的启用 TSN 的 5G 网络传输。示波器用于观察网络中 TSN GM 的两个 TSN 转换器的精度偏移。

考虑到市场上的商用 5G 基站和 5GS 内的客户端设备都具有完全启用 TSN 技术的限制，因为它们支持常见的 IP 类型 PDU 会话而不是所需的以太网 PDU 会话类型。因此，已经实现了以太网 LAN 来缓解这种情况，使得可以通过建立 IP 型 PDU 会话在 NW-TT 和 DS-TT 之间构建以太网网络。TSN 业务流和 gPTP 同步数据包通过以太网隧道传输，使 TSN 支持的 5G 网络具有精确同步和抖动的特性。另一方面，市场上商用的 5G 基站和 CPE 的同步精度无法满足 TSN 网络的要求。为了仿真 5GS 时间同步的结果，直接使用 GPS 进行说明。因此，有必要集成 GPS 时间同步机制，通过与 GPS 的通信，实现 DS-TT 与 NW-TT 的时间同步，以提高时间同步的精度。

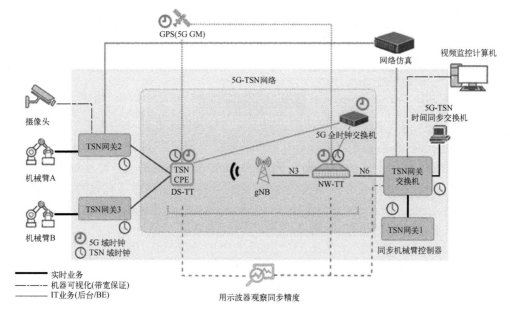

图 13-7 支持 TSN 的 5G 系统的实际架构演示架构设置

13.4 小 结

本章分析了 5G 与时间敏感网络协同所面临的挑战，在端到端同步解决方案的体系结构方面，详细阐述了 5GS 时域与多个 TSN 时域的互操作性。时间戳建模、5G 时域同步解决方案以及支持 TSN 的 5G 端到端同步解决方案构成了同步体系结构的核心。这些方案确保了 5G 集成 TSN 系统中不同时域的同步，并采用锁相环和速率估计模型等技术手段实现真实时间时钟定时算法。

同步机制的细节描述涉及了 5GS 内部的主从端口之间的同步操作，包括同步分组的时间戳记录、延迟补偿以及下游从节点的时间同步执行。这些同步机制有助于 5GS 在作为 TSN 虚拟交换机时，确保时间同步的精度和一致性。

端到端确定性调度方案的讨论中，5G 和 TSN QoS 映射、端到端确定性流量调度以及支持保持和转发缓冲机制(DS-TT/NW-TT)是关键。通过这些机制，5G 系统能够适应 TSN 业务流的调度需求，确保服务流的周期性调度，并提高 TSN 流量的调度效率。此外，5G 虚拟 TSN 交换机的确定性流量调度机制与普通 TSN 交换机保持一致，通过报告转发延迟和端口链路传播延迟，支持 IEEE 802.1Qbv 和 IEEE 802.1Qbu 等 TSN 网桥功能。

实际案例部分，展示了支持 TSN 的 5G 核心概念验证解决方案架构，突出了

5GS 在 TSN 网络中作为单个 TSN 交换机的角色，并描绘了实际部署评估设置的协同结果。演示目标是将 TSN 技术与现有的 5G 网络集成，以实现确定性网络通信。演示架构包括 5GS、TSN 网络和各种终端设备，并使用包含 TSN 的 5G 网络传输大带宽的视频流和抖动/延迟敏感的控制流。

最后，本章讨论了实际部署中的同步精度问题，提出了集成 GPS 时间同步机制来提高时间同步的精度。这种集成对于实现精确同步和抖动特性至关重要，尤其是在商用 5G 基站和客户端设备(CPE)尚未完全支持 TSN 技术的情况下。

5G-TSN 协同网络的构建面临着空口时变特性带来的挑战，而本章提出的解决方案和机制为实现高可靠、低延迟的 5G-TSN 协同网络提供了有效的技术路径。通过精确的时间同步、时延预算管理以及端到端的确定性调度，5G-TSN 协同网络能够满足工业自动化和其他时间敏感应用的需求。

第四部分　场景化应用

　　随着科技的日新月异，工业 5G 与 TSN 技术已找到了它们独特的应用舞台。本书接下来将以车辆远程驾驶技术和智能物流为例，详细阐述工业 5G 与 TSN 的实战应用。

　　远程驾驶，其精髓在于利用视频传输、传感器反馈以及控制接口等高科技手段，赋予驾驶员在遥远的地方对车辆进行实时操作的能力。得益于 5G 与 TSN 技术的融合，数据传输的速度和实时响应能力获得了质的飞跃，为远程智能驾驶提供了稳固的通信基石。此技术不仅可以在自动驾驶系统面临难以应对的复杂局面时，让人类远程介入，确保行车无虞，还能在特种作业车辆执行高风险任务时，显著降低操作人员的安全隐患。

　　在智能物流领域，我们正迈入一个数字化、自动化的新纪元。智能物流以其独特的吸引力和巨大的发展潜力，正在逐步改变传统的物流格局。通过 5G 技术与 TSN 的结合，智能物流体系中的重要组成部分，如 AGV（自动导引运输车）、智能仓储系统和工业视觉系统，正在显著提升物流运作的效率。这些系统能够实现数据的实时传输与自动化管理，从而极大地提高了物流的精准性和可靠性，为企业提供了更加高效、灵活的解决方案。

　　同时，智能物流体系中的重要组成部分——智能设备和信息系统，也在物流运作中扮演着愈发关键的角色。物联网设备、射频识别技术、各类传感器以及先进的供应链管理软件，共同构建了一个高效、精准的物流网络。这些技术不仅增强了物流的可视性和实时反馈能力，还使得整个供应链的活动更加协调和高效。

　　值得一提的是，5G 技术的崛起为智能物流的飞速发展提供了强大的助推力。5G 技术以其低延迟、大带宽和广泛的连接能力，有效解决了物流智能化升级过程中的技术瓶颈。它确保了物流各环节数据的实时、准确流通，为智能物流的蓬勃发展提供了坚实的技术后盾。

第 14 章　远程驾驶场景

远程驾驶，作为一种创新的车辆操控方式，允许驾驶员通过网络连接，在远离车辆的位置利用视频、传感器和控制接口等技术进行实时操作。在这种模式下，驾驶员通过接收来自车辆的视频和数据流，使用专门的控制台来精准驾驭车辆，而无须身处车内。

5G+TSN 技术的突飞猛进为远程智能驾驶的应用场景注入了新的活力。5G 网络带来高速、低延迟的数据传输，而 TSN 则确保了数据传输的实时性和确定性[117]。这两大技术的融合，为远程智能驾驶构建了一个坚实可靠的通信基石。如今，在高度自动化和智能化的车辆中，远程驾驶的重要性日益凸显。在特种作业、高位环境等场景下的应用，不仅提高了操作效率和安全性，还有助于降低人力成本和提升服务质量。随着技术的不断成熟，远程智能驾驶将在未来的交通系统中扮演更加重要的角色。本章依次介绍远程驾驶系统组成、5G 和 TSN 赋能远程驾驶以及一些典型应用。

14.1　远程驾驶系统组成

远程驾驶架构涵盖了车端、舱端、云平台和网络四大核心组件，其典型构架如图 14-1 所示。在工作状态下，车端的传感器会精准捕捉周边环境的感知数据，同时收集车辆自身的状态和位姿信息。这些信息会通过网络无缝传输到舱端的显示系统，实现实时显示和位姿随动。在舱端，远程驾驶员根据这些信息进行决策，并通过操作方向盘、油门踏板、刹车踏板以及挡位模拟器等设备发出驾驶指令。这些指令会先经过云平台的智能处理，然后再通过网络迅速传达给车端。车端的远控主机在接收到指令后会进行精准的控制命令解算，并将解算结果发送给车端执行器，从而驱动车辆进行相应动作。这一系列流程构成了一个完整、高效的远控驾驶闭环。

车端配置颇为全面，涵盖了感知、控制、通信及执行等多个核心设备。现今的远程驾驶系统中，感知设备以高清摄像头为主，并辅以毫米波雷达、激光雷达和组合导航等先进装备，这些设备共同为远程驾驶员提供车辆周边环境的实时动态信息，确保其拥有开阔且清晰的驾驶视野。控制设备，即车上的远控主机，担负着双重任务。一方面，它需要将云平台传达的车辆操作指令转化为车辆可以直接执行的线控指令，如方向盘转角、油门踏板开度等；另一方面，它还负责整合感知设备收集的数据以及车辆自身的状态和位姿信息，并将其处理打包后发送给云平台。此外，控制设备还具备自动驾驶、远程驾驶和有人驾驶模式的灵活切换功能。通信设备则扮演着数据传输的枢纽角色，它既可以是一个独立的部件，也可以将功能融入车辆的其他控制器中，其主要职责是将车端数据上传到云平台，并接收云平台下发的各类数据。执行设备则是远程操作指令的最终执行者，包括线控转向、线控制动、线控挡位以及车身的喇叭和灯光等设备，确保远程驾驶指令能够精确无误地得到执行[118]。

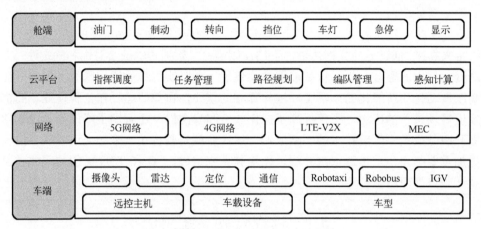

图 14-1　远程驾驶架构

图 14-2　远程驾驶舱示意图

舱端的配置主要包括方向盘、油门踏板、刹车踏板、挡杆等全套驾驶设备，为远程驾驶员提供了与真实驾驶无异的操作体验，如图 14-2 所示。信号采集系统则负责将驾驶员的操作转换为车辆可以执行的信号，并发送给舱端服务器。显示系统则为驾驶员提供了一个全方位的车辆环境感知展示，包括 360°的感知数据以及车辆的状态和姿态信息，使驾驶员能够根据这些信息做出准确的驾驶决策。舱端服务器作为整个舱端的大脑，不仅负责处理摄像头捕捉的感知数据，还需要对图像进行解码渲染、去畸变、拼接等高级处理，以确保驾驶员能够观看到清晰、友好的视频画面。同时，它还负责处理并下发驾驶员的操纵指令。最后，备份急停系统采用独立的通信链路，确保在主网络出现故障时，能够迅速且安全地将车辆远程停止，从而大大提升了远程驾驶系统的安全性和可靠性。

云平台在远程驾驶系统中发挥着核心作用，主要负责任务调度和信息转发。其强大的调度功能使得一个远程驾驶模拟舱能够灵活接管多辆车的远程驾驶任务，从而显著提高远程驾驶的工作效率。云平台的服务场景设计灵活多变，可以根据目标车辆的实际作业需求进行定制，涵盖单车接管、车队调度中的接管等多种策略，以满足不同场景下的远程驾驶需求。作为应用的总入口，云平台不仅承担着各类信息的回传和指令的下发，还需要对网络质量进行全面的监测。通过实时规划业务网络路径，云平台为远程驾驶提供了坚实可靠的网络保障，确保信息的顺畅传输和远程驾驶的安全稳定。

网络是基于车对外界的信息交换（vehicle to everything，V2X）和 5G 系统构建的车与车、车与云平台之间的信息传输。作为信息处理主要节点，5G 系统基于基站、核心网、MEC 等节点实现控制数据、状态数据的传输。5G 利用新增的 QoS 参数以及网络切片技术，并配合 5G 空中接口上新增的业务数据协议子层、5G NR 系统可以为远程驾驶应用提供更高的资源调度优先级以及时延预算，以满足远程驾驶的超低时延需求。远程驾驶中使用到的 V2X 车联网技术集成了车辆到车辆、车辆到行人、车辆到基础设施和车辆到网络四类关键技术。V2X 技术广泛应用于交通运输尤其是自动驾驶及远程驾驶领域。5G R16 中对远程驾驶网络通信指标做了如表 14-1 所示要求。

表 14-1　远程驾驶通信指标

用例	时延/ms	可靠性/%	速率/Mbps
车辆编队	10	99.99	65
远程驾驶	5	99.99	UL:25，DL:1
高级驾驶	3	99.99	53
传感器驾驶	3	99.99	1000

14.2　远程驾驶网络性能需求

1. 5G 网络需求

远程驾驶场景涵盖了以远程驾驶员或平台程序为控制端的多种应用，如远程接管车辆驾驶、自动泊车等。这类场景对通信网络有着特定的要求：它们通常需要连续、大带宽的上行传输和低时延的下行传输，以适应高速移动性和大数据存储的需求。部分高级场景还对时延和计算能力提出了更高要求。具体来说，为了确保流畅且及时的远程控制，上行时延需控制在 100ms 以内，下行时延不超过 20ms。在数据传输速率方面，上行速率应达到或超过 60Mbps，而下行速率则约为 400kbps，以满足实时视频流和数据传输的需要。此外，系统的可靠性也是关键，上行通信的可靠性通常要求高于 99.9%，而下行通信的可靠性则需超过 99.999%，以确保指令和数据的准确传达。对于定位精度，远程驾驶场景要求非常严格，误差需控制在 1 米以内，以保证车辆能够精确执行远程指令。同时，考虑到业务连续性的需求，系统需能够在车速不超过 70km/h 的情况下稳定运行。最后，这类场景对平台的存储和计算能力有较高要求，以支持大量数据的处理和分析。

根据业务的多样性和特定需求，5G 远程遥控驾驶可以清晰地划分为实时监控、驾驶指引和驾驶接管三种主要的业务状态[119]，详见表 14-2。实时监控是车辆行驶过程中的核心环节，车端通过 5G 网络将状态及环境信息实时上传，使得平台端能够通过大屏展示并监控车辆的运行状态和道路交通环境。在复杂交通情境下，驾驶指引功能发挥作用，平台端通过 5G 网络向车辆发送路径优化、行驶速度建议等信息，以协助车辆安全高效行驶。而当平台端检测到车辆驾驶状态异常，或车辆主动发出远程接管请求时，驾驶接管状态被激活，此时远程端的驾驶人员或机器将直接接管驾驶任务，确保行车安全。值得注意的是，实时监控作为远程遥控驾驶的基础业务状态，始终贯穿于整个过程中，并可根据实际情况灵活转变为驾驶指引或驾驶接管状态。此外，不同业务状态下，平台与车辆之间的感知与控制功能分工以及数据交互内容均有所不同。若某一高等级业务状态所需的 5G 服务质量无法满足其数据交互需求，系统会智能地进行应用状态降级或退出，以保障作业的安全性。

表 14-2　5G 远程驾驶业务状态特征及要求

业务等级	业务特征	平台与车辆信息交互内容
第一类 实时监控	平台端不需要参与车辆驾驶控制，仅接收车端上传的感知监控数据以及车辆状态数据，完成对车辆行驶状态及周围交通环境信息的监控。平台端可根据接收到的多源数据判断是否需要进入驾驶指引或者驾驶接管状态	上行：车辆上报的状态信息、车内外驾驶环境等信息； 下行：无
第二类 驾驶指引	平台端除了实时收集车辆驾驶数据和道路交通数据，还可以根据融合处理后的多源数据，为车辆提供轨迹优化、行驶速度建议、停车位推荐、地图导航等驾驶建议，但驾驶动作的执行仍由车端自行负责	上行：车辆上报的状态信息、车内外驾驶环境等信息； 下行：平台端依据上述数据进行分析规划后下达的驾驶指引建议
第三类 驾驶接管	平台端协作，在实时收集车辆驾驶数据和道路交通数据的同时，能够及时发现车辆/驾驶员异常状况，或根据车端请求，接管车辆驾驶行为。此时，车辆驾驶行为完全由平台端负责操控	上行：车辆上报的状态信息、车内外驾驶环境等信息； 下行：平台端下达的一系列远程遥控驾驶操控指令

由于 5G 远程遥控驾驶的各个应用场景对可靠性、数据传输速率、应用层数

据传输时延、远程遥控车辆密度等性能指标有着多样化的需求，这些指标与车端实际部署的传感器设备、清晰度以及支持的业务状态等紧密相关。在实际应用场景的部署过程中，必须综合考虑场地的地理和电磁环境特征、典型场景的业务交互特点、与其他 5G 业务的优先级关系，以及多接入边缘计算平台的布局等诸多因素，从而进行系统设计和必要的优化，确保系统能力能够满足具体的业务需求。

以驾驶接管状态为例，平台端下发的遥控指令通常需要达到 1Mbps 的数据传输速率，同时要保证 99.999% 的高可靠性，且通信时延必须控制在 20ms 以内。此外，在远程遥控驾驶过程中，平台端还需采集详尽的车辆和路况数据。具体的性能指标会受到部署方案的影响，如在矿山环境下，如果需要上传两路 1080P 的视频信息，数据传输速率可能要求达到 10Mbps，可靠性需达到 99.99%，且通信时延要小于 80ms。

端到端服务级延迟的需求受多种因素影响，包括远程驾驶的类型和车辆的行驶速度。相较于间接控制的远程驾驶和低速行驶，直接控制的远程驾驶和高速行驶往往对服务级延迟有更为严格的要求。根据 5G 汽车联盟的研究数据显示，在车速达到 50km/h 时，直接控制远程驾驶的典型端到端服务级延迟需求大约为120ms，这个延迟涵盖了从车辆到远程驾驶操作员（上行）以及从远程驾驶操作员到车辆（下行）的双向传输。为了满足这样的远程驾驶需求，无线通信网络应提供 50～60ms 的往返通信延迟。而对于间接控制的远程驾驶和较低车速（如 10km/h）的场景，其对延迟的要求则相对宽松，端到端服务级延迟可达到 300ms。

2. 车载 TSN 需求

①高带宽数据传输：自动驾驶系统中，涉及大量的传感器数据传输需求[120]，最典型的是摄像头图像数据和激光雷达点云数据。②实时性与确定性：在高带宽数据传输下，如何保证数据在不同控制器、控制器与传感器间的传输时延、波动尽可能小以及部分控制指令满足实时性要求。③高精度时间同步：不同传感器、控制器需要时间同步来满足算法对时空同步的需求。例如，在自动驾驶解决方案中的技术应用，要求传感器与域控制器之间高精度的时间同步，同时对时间同步的可靠性要求很高，为达到 ASIL_D 安全等级需要冗余备份主时钟。远程驾驶应用对车辆控制报文的需求如表 14-3 所示。

表 14-3　远程驾驶对车辆控制报文的需求

需求	当前方案	方案缺陷
时延尽可能少	采用 DDS 通信解决方案中的 QoS 技术，控制报文优先发送	尽管 DDS 尝试通过有效的二进制协议来采用"尽力而为"的通信策略，但它无法保证信息一定可达
报文不丢包	通过丢包重传的机制来保证	可以保证不丢包，但是包的重传会带来时延

14.3　5G 和 TSN 赋能的远程驾驶

本节分析远程驾驶的应用场景及 5G 和 TSN 赋能方式，并对具体应用案例进行介绍。

14.3.1　5G 赋能远程驾驶

车联网 C-V2X(cellular-V2X) 技术正迎来前所未有的发展浪潮。该技术家族目前涵盖了 LTE-V2X 与 5G-V2X 两大技术分支，前者源于 LTE 移动通信技术的深化应用，后者则基于 5G 技术的平滑演进。与 LTE-V2X 技术相似，5G-V2X 同样支持基于 Uu 接口的网络通信模式以及基于 PC5 接口的终端直通通信方式。通过充分利用 5G 蜂窝网络技术所具备的大带宽、低时延和高可靠性的卓越特性，5G-V2X 的 Uu 接口能够确保车辆、交通基础设施、人员以及云端平台之间实现信息的极速传输[121]。同时，PC5 接口的引入则确保了无网络覆盖环境下依然能够实现互联互通，从而极大地拓展了车联网技术的应用范围。

值得一提的是，Uu 接口还具备对 PC5 接口资源进行高效调度的能力，这有助于合理分配直连通信传输资源，进而显著提升 PC5 通信传输的可靠性。在 2020 年 7 月，3GPP R16 标准正式定稿，该版本为 V2X 提供了更为灵活、可靠、快速且高数据速率的服务。它实现了最低 3ms 的端到端时延，最高 99.999%的可靠性，以及最高 1000Mbps 的传输速率。这些突破性的技术特性使得 V2X 技术能够支持车辆编队、高级自动驾驶、传感器信息共享和远程驾驶等多样化且富有创新性的车联网应用场景。与此同时，全球化车联网产业组织——5G 汽车联盟也对 C-V2X 技术的部署路线进行了深入研究和预测。随着技术的不断进步和市场的持续扩大，我们有理由相信，车联网 C-V2X 技术将在未来为智能交通和自动驾驶领域带来革命性的变革。

车联网的体系架构包括终端层、网络层和应用平台层，如图 14-3 所示。终端层是智能交通系统的神经末梢，负责对道路状况进行全面感知与实时监测，常被称为感知层。它能将所感知的数据进行结构化处理，以便后续分析与应用。网络层连接终端层与应用平台层，起到桥梁作用[122]。它不仅能够传输结构化数据至应用平台层，还能根据业务需求提供灵活、安全的网络资源，确保高效数据传输。应用平台层相当于系统的大脑，负责数据管理、业务控制及应用服务。通过智能分析与决策，它为车联网提供了强大的"思考"能力。车联网依托"端-管-云"架构，实现了地面交通的数字孪生映射，并通过人工智能技术增强，推动智能交通的发展与广泛应用，为未来的智能交通注入了强大的动力。

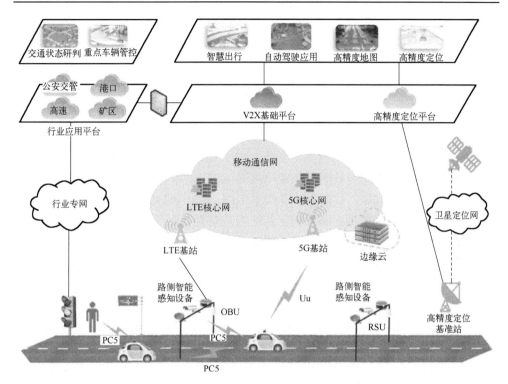

图 14-3 车联网系统架构

为满足车联网业务如远程驾驶等对低时延、大带宽的严苛需求，V2X 通信技术在车联网系统中扮演着举足轻重的角色。该技术不仅依赖于 5G Uu 提供的大带宽、广泛连接、低时延以及高度可靠的广域通信能力，还依赖于 5G PC5 实现车与车、车与路之间近距离的直接通信。因此，在 5G-V2X 中，Uu 蜂窝网络与 5G PC5 的紧密协作与融合至关重要，它们共同实现了网络的无缝覆盖，从而有效满足了"车-路-云"之间高速信息交互与传输的需求。这种融合带来了多方面的优势：首先，它显著增强了网络覆盖能力，5G PC5 的直连通信覆盖与 5G 网络的广泛覆盖相互补充，确保了车联网在任何天气、任何路段都能保持稳定的网络连接；其次，通过优化网络资源的使用，针对需要云端交互或边缘计算支持的特殊数据需求场景，如远程驾驶和高清娱乐信息服务，可以通过 5G Uu 来高效实现；而对于时空特性较强的业务数据，如车车协作和高精度区域地图下载，则通过 5G PC5 进行广播或组播，从而实现 Uu 与 PC5 的资源互补和高效利用；最后，5G-V2X 还支持 Uu 对 PC5 的资源进行调度，从而在拥塞情况下也能保障 PC5 直连通信的可靠性，满足了自动驾驶对通信安全性和可靠性的高要求。

14.3.2 TSN 车载网络

车载 TSN 技术对推动 IVN 的发展具有深远影响。IVN 作为连接汽车内部电子电气设备的数据通信系统，涵盖了现场总线和以太网等多种技术。随着汽车电子化的不断演进，IVN 对于更大的传输带宽和更低的线束成本提出了迫切需求。现场总线的应用简化了线束布线，并显著提升了通信效率[123]。而车载以太网则能实现高达 1Gbps 的数据传输速率。然而，由于其带宽通常由多个设备共享，当数据冲突发生时，它可能无法满足关键流量对低时延的需求。

为了解决这一问题，数据链路层技术 TSN 采用了时间同步、流量调度、系统配置等先进机制。这些机制确保数据包传输具有有界时延、低抖动和低丢包率，从而大大提升了数据传输的可靠性和效率。TSN 的核心思想在于，它根据不同需求的网络流量设定优先级，将具有确定性需求的时间敏感流量划分为高优先级流量。类似于时分复用的原理，TSN 通过流量整形机制为高优先级流量提供确定的传输时隙，以确保其传输的确定性。

IEEE 802.1AS 时间同步标准是 TSN 的基石，为整个系统提供了精确的时间参考。同时，一系列的标准如 IEEE 802.1Qav、IEEE 802.1Qbv 等，通过流量整形和帧抢占等机制，保障了低时延的数据包传输。在网络对故障的预防和恢复方面，TSN 采用了帧复制与消除、路径控制和预留，以及每流过滤和管理等技术，这些技术通过 IEEE 802.1CB、IEEE 802.1Qca 等标准得以实现，大大增强了网络的稳健性和可靠性。对于管理和配置网络资源，TSN 主要依赖于流预留协议和 YANG 模型，相关标准包括 IEEE 802.1Qat 和 IEEE 802.1Qcc，这些协议和模型为网络资源的动态分配和高效管理提供了有力支持。

值得一提的是，IEEE P802.1DG 是 TSN 任务组针对汽车领域制定的应用规范。它为设计者和实施者提供了详尽的指南，指导如何根据应用的不同要求建立、部署和配置车载 TSN 通信网络。这一规范涵盖了通信架构、流量类别介绍、组件生命周期管理、TSN 协议功能和配置、通信性能评估以及实际用例等多个方面，为车载网络的发展提供了全面的支持。

车载 TSN 的可靠性是指在面临软硬件故障等突发情况时，系统能够确保数据不丢失，并迅速恢复到正常工作状态。为了提升这一可靠性，可以引入弹性队列引擎，动态地适应网络中的流量变化，从而有效地保障数据传输的稳定性。同时，采用基于整数线性规划的可靠性感知路由技术，这项技术通过时间冗余策略来确定 AVB 流的传输路径和必要的复制数量，确保每一条数据流都能满足其特定的可靠性要求。

此外，5G-V2X 技术需要车辆与其外部环境进行大规模的数据交换。为了确保车内外数据联动的实时性和安全性，必须将 TSN 与车辆对外通信技术相融合。目前，TSN 主要应用于特定范围内的车内网络，如支持传感器连接以及 IVN 音频视频传输的网络。通过与 5G 等外部网络的融合，TSN 和 5G 的能力都将得到显著提升。

5G 网络能够为不同的业务提供独立的资源，而 TSN 则能确保数据的确定性传输。以采石场中的自动驾驶车辆为例，这些车辆配备了大量的传感器，每秒需要传输数百兆字节的数据，通过 TSN，这些车辆可以与其控制中心实现可预测的低时延通信。同时，自动驾驶中的各种应用需求也可以通过邻近的 TSN 进行共享。

另外，多个 TSN 网络之间可靠且低时延的通信对于支持广泛的应用场景至关重要。通过采用 TSN 互连方法，可以为自动驾驶系统创建一个安全可靠的通信平台，从而支持大规模应用中的多个 TSN 网络。更进一步地，将 TSN 与 5G-V2X 相结合，能够在一个统一的网络中同时传输确定性流量（如 V2X 控制信号）和非确定性流量（如多媒体流量），从而确保确定性流量的网络时延和可靠性。这将使得车辆无须再携带沉重且复杂的计算设备。为了更有效地管理这一复杂的网络环境，可以采用基于 SDN 的 TSN 管理方案，并利用分层控制器设计将管理范围从局部的 IVN 扩展到外部的 V2X 网络。此外，未来的定制车载 TSN 仿真框架应具备本地化和外部网络交互的能力，以更好地支持自动驾驶业务的发展。

14.3.3　远程驾驶应用案例

1. 5G 远程驾驶应用

在车联网规模化部署和推广的背景下，部分场景已临近商用化落地，各类新场景新应用也在不断成熟。在港口远程驾驶场景中，包括水平运输货物的无人集卡远程遥控和垂直运输货物的港机设备远程遥控两大类[124]。

无人集卡远程遥控，主要是指通过 5G 对港口智慧型引导运输车、自动引导运输车的智能化、网联化遥控管理和紧急接管控制。无人集卡的远程遥控过程也会覆盖三种业务状态。在实时监控状态下，需要平台端全面掌握无人集卡的作业状态，对设备及网络等性能参数进行监控。在驾驶指引状态下，需要平台端给无人集卡下发路径规划，无人集卡将根据收到信息实现自动导航和精准定位，对于行驶中的障碍物具备自动识别及自动避让功能。在驾驶接管状态下，平台端的远程驾驶员可以通过 5G 实现对无人集卡车辆的直接遥控操作。其中，驾驶指引状态主要发生于路况正常或不存在其他突发事件时，驾驶接管状态主要发生于无人集卡行驶异常时。

　　港机设备远程遥控，主要是指通过 5G 对龙门吊、桥吊、岸桥、轨道吊、轮胎吊等港口设备的远程作业。根据港机设备的智能化、自动化程度可分为远程手动操作、全自动操作、半自动操作等三种模式，港区将结合工况环境的复杂情况选择不同的模式部署。远程手动操作模式，需要远程驾驶员全程负责操作港机设备的移动、抓取、落放。半自动操作模式，需要远程驾驶员负责设备抓取、落放等动作，但设备移动可以由平台端完成，该模式主要适用于集卡车辆与港机设备交互作业的情况。全自动模式，由平台端自动完成设备的移动、抓取、落放，适用于全程无人化作业的港区环境。其中，远程手动模式下的全运输过程均处于驾驶接管状态，全自动操作模式下的运输过程可以理解为处于驾驶指引状态，半自动操作模式下可以理解为驾驶指引与驾驶接管两个状态交替存在。

　　对于无人集卡的远程遥控驾驶系统，车端方面，无人集卡在 L4 级以上自动驾驶能力的基础上，可通过在车体外部部署 5G-CPE 等形式来实现 5G 通信。同时，无人集卡车身周围需要部署多路摄像头、毫米波雷达、激光雷达等传感器，获取正前、左前、右前、左后、右后、正后等全方位图像。无人集卡可依托 5G 网络实时上传至少 6 路且清晰度不低于 720p 的视频画面，以及车辆编号、状态、告警等信息用于远程端管理、规划使用。此外，无人集卡也应具备驾驶指引、驾驶接管等指令的执行能力。平台方面，结合港口业务特点，可分为港口集团层面及港口码头层面。港口集团层面将建立顶层平台负责统一监管，实现对设备的管理与运维。港口码头层面的平台主要负责所属港口的业务管理、运行分析以及实时监控、驾驶指引、驾驶接管等遥控驾驶任务的执行，并支持高精地图的构建与分发。

　　对于港机设备的远程遥控驾驶系统，其与上述无人集卡的整体架构类似。但是，结合港机设备远程遥控的业务特点，在远程手动操作及全自动操作模式下，其对驾驶接管或驾驶指引的需求也会有所提高。针对车端方面，港机设备一般将在其顶部安装工业级的 5G-CPE 设备，并结合港口需求差异化部署摄像头、毫米波雷达等传感器来实现对周围环境的采集。针对平台端，平台可具备高精地图的分发和处理能力，以便更有效地支持港机设备的操作。

　　2. TSN 车载以太网应用

　　针对新一代车型的车辆控制，利用域控制器的交换机功能可实现大规模实时周期性数据的传输。借助 IEEE 802.1Qbv 和 IEEE 802.1Qbu 标准，可以实现分批分时的数据传输，确保了确定的带宽和延迟，从而满足了 100 微秒至 1 毫秒的严格延时要求。这种数据传输方式不仅满足了传统 CAN 的需求，同时也为车联网应用(如地图)提供了及时的响应保证。此外，在线音视频应用也能流畅播放，标志着以以太网为基础的多域融合已成功实现。

图 14-4 中高级辅助驾驶系统域控制器需要接收海量的传感器数据，对数据时延和网络带宽的要求高，配置 IEEE 802.1Qbu 和 IEEE 802.1Qbv 功能，可以保证以上数据传输链路的确定性和可靠性。

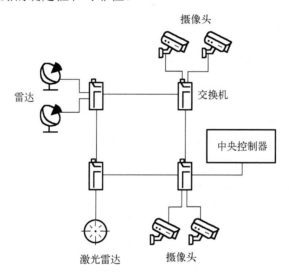

图 14-4　高级辅助驾驶系统域控制器示意图

针对 TSN 在电子电气架构(electrical and electronic architecture，EEA)中的研究，我们主要聚焦基于域控制器(domain control unit，DCU)的 EEA、基于区域的 EEA，以及新型 EEA 架构。在基于 DCU 的 EEA 中，TSN 作为骨干以太网，能确保数据在交换机中的传输时延满足自动驾驶的严格要求。而在基于区域的 EEA 里，TSN 则负责车载中央计算机(vehicle central computer，VCC)与区域控制器之间的实时信号传输，通过引入冗余设计来确保传输的可靠性[120]。新型 EEA 架构融合了多项前沿技术，如 SDN 和基于网络互联协议的可扩展面向服务的中间件等。结合 SDN 架构与 TSN 的实时传输功能，可以实现按需配置和中央监控。此外，车载信息娱乐系统、远程信息处理和监控功能域都可以通过 TSN 与 VCC 无缝连接，从而支持远程加速等多样化场景。

TSN 等技术的融合不仅推动了 IVN 的标准化，还显著增强了系统的互操作性。当前，汽车电子电气架构正朝着基于域控制器的架构演进，这通常包括自动驾驶域、车身电子域、整车控制域、多媒体域和信息域等。这些域之间的协同工作要求更高效的数据传输和处理机制，而车载时间敏感网络正是满足这一新需求的有效解决方案。

对于 EEA，应全面分析需求并准确认识 TSN 在其中的作用，TSN 将为 EEA 提供如下能力。

(1)大规模网络需要高精度、高可靠的时间同步来确保其稳定运行。在 EEA 中，传感器数据融合的功能对于精确的时间基线有着极高的依赖性。一旦时间基线出现偏差，就可能导致诸如相机帧偏移等严重错误。为了解决这一问题，引入时间同步系统，它不仅为通信流提供了共同的时间基线，还通过同步路径和时钟冗余机制来进一步增强容错性，从而确保功能的安全性。时间同步系统的应用范围十分广泛，它不仅可以用于对汽车中所有节点进行精确的时间同步，还能实现车载信息娱乐系统的多屏联动功能。此外，针对配置问题，时间同步系统的修正案 IEEE P802.1ASdn 可以在汽车生产或保养升级时轻松部署，有效解决了这一难题。同时，IEEE P802.1ASds 通过适配通用精确时间协议到半双工上，使得在汽车中进行廉价且简便的部署成为可能。

(2)异构网络确定性时延传输是确保 EEA 中传感器融合低时延需求的关键[125]。以自动驾驶为例，转向和制动等功能的电子控制单元对车辆的横向和纵向控制至关重要，特别是在车辆高速行驶时，端到端的时延必须保持在极低水平。为了满足这些多样化的传输需求，我们采用了一系列 IEEE 标准。其中，Qav 标准为车载娱乐信息(in-vehicle infotainment，IVI)系统的多媒体传输提供了有力支持。而 Qbv 标准则在精确时间同步的基础上，根据数据流的 QoS 要求，在网络桥接器的不同队列中进行分离处理，它不仅适用于处理器间的通信和周期性的传感器数据传输，还可用于面向服务的架构传输控制信号。此外，Qch 标准通过交替存储和传输的方式，进一步简化了 Qbv 的调度机制，适合处理来自传感器的周期性或零星流量。对于激光雷达传感器等产生的零星或非周期性流量，Qcr 标准提供了异步传输的解决方案。而 Qbu 标准的帧抢占机制则能将保护带减少到一个固定值，特别适用于转向和制动驱动等关键应用。这些标准的配合使用，为各类应用提供了低时延的通信保障，确保了异构网络中的确定性时延传输。

(3)为了支持功能安全和信息安全，EEA 需要一个高度可靠的 TSN 环境。为此，我们引入了控制块，它通过无缝冗余技术确保了链路的可靠性，特别适用于安全关键型应用和环网架构。同时，Qca 标准被应用于带有运行时路径预留功能的自适应架构中。将 Qca 与控制块结合，我们可以提供冗余的路径控制和预留能力，从而进一步增强网络的稳健性。此外，Qci 在车联网和信息安全方面发挥着重要作用。它能够保护 IVN 免受恶意流和设备的影响，确保在车辆发生故障时，关键应用仍能继续运行。

14.4 未来展望

随着科技的不断发展，5G 网络和 TSN 技术的日益成熟为远程驾驶提供了前所未有的可能性。这两者的结合，不仅将改变我们的出行方式，还可能对交通运输、物流、矿山作业等多个领域产生深远影响。

5G 网络的高速度、低延迟和大连接特性为远程驾驶提供了坚实的网络基础。通过 5G 网络，驾驶员可以实时接收并处理车辆传回的高清视频流和各种传感器数据，从而实现对车辆的精准操控。这种高速的数据传输能力确保了驾驶员在远程位置时仍然能够获得与在车内相似的驾驶体验。

而 TSN 技术的引入，则进一步提升了远程驾驶的可靠性和安全性。TSN 能够确保网络中数据传输的实时性和确定性，有效避免数据拥堵和延迟。在远程驾驶场景中，这意味着驾驶员的控制指令能够准确、及时地传达给车辆，而车辆的反馈数据也能够实时回传给驾驶员，从而形成一个闭环的控制系统。

结合 5G 与 TSN 的优势，未来的远程驾驶将在更广泛的场景中得以应用。例如，在极端恶劣环境下，远程驾驶可替代人工完成危险作业；在智能城市规划中，远程驾驶可以优化交通流量，提高道路使用效率；在物流领域，远程驾驶有望实现无人货运，降低成本并提升运输安全性。

此外，随着 5G 与 TSN 技术的深度融合及不断创新，远程驾驶系统的性能将进一步提升，包括更高的操作精度、更强的环境适应能力和更完善的法规。我们有理由相信，5G 与 TSN 技术将共同推动远程驾驶进入一个全新的发展阶段，深刻改变我们的出行方式和生活方式。

5G 和 TSN 作为网络通信的核心驱动力，正在以前所未有的速度推进远程驾驶技术的成熟与应用。未来，它们将在构建安全、高效、智能的远程驾驶体系中扮演愈发重要的角色，助力开启无人驾驶的新纪元。

第 15 章 智能物流场景

物流在促进国际贸易和区域发展中发挥着重要作用。在工业 4.0 和 Internet+ 的推动下，物流逐步从传统的单点信息化应用向互连的数字化、自动化、智能化转型升级[126]。传统的有线光纤和短距离 Wi-Fi 的通信技术，其网络部署、运营和维护成本很高，亟待新一代通信技术解决时延、连接规模、带宽和可靠性等问题，以实现各物流环节上来自设备、应用、使用者的数据及时、准确地流通。

5G 凭借其无线技术上可靠的低延迟、大带宽和大规模连接容量，支持不同场景化的灵活组网需求，随着 E2E 生态环境的日臻成熟，将解决物流向智能化升级进程中的技术挑战。

4G 改变生活，5G 改变社会。5G 最大的改变就是实现从人与人之间的通信走向人与物、物与物之间的通信，实现万物互联，推动社会发展。随着 2019 年的 5G 技术在全球商用帷幕的拉开，5G 技术在垂直行业的应用也随即展开了大量的验证和完善，促使人工智能(artifical intelligence，AI)、云计算、边缘计算、大数据、物联网、工业互联网等新一代信息技术加速突破。5G 技术将成为各行业数字化、自动化、智能化转型的重要引擎。

在 2019 年，京东物流率先在中国建设了第一个 5G 智能物流示范园区。依托 5G 网络通信技术实现大上行带宽、低控制时延、多设备接入的通信能力，满足了如 AI、物联网(internet of things，IoT)、仓储机器人等智能物流技术对连接的要求，实现人、车、园区管理的异常预警和实时状态监控，最终实现所有人、机、车、设备的一体互联、整体调度及管理。园区无人仓作为 5G 技术发挥作用的一个重点场景，可以实现自动入仓及出仓匹配、实时库容管理、仓储大脑和机器人无缝衔接、AR 作业、包裹跟踪定位等场景，5G 技术发挥重要作用。

15.1 智能物流重要设备和信息系统

智慧物流的重要设备和信息系统通常包括一系列技术和工具，以提高物流管理和运输效率。物联网设备可以嵌入到货物、车辆和设备中，以实时监测和收集数据。这有助于提高物流的可视性和实时性。射频识别(radio frequency identification，RFID)是一种用于追踪和管理货物的技术。RFID 标签可以附加到物品上，并通过 RFID 阅读器进行扫描，实现快速而准确的库存管理。各种传感器，如温度传感器、湿度传感器和重量传感器等,用于监测货物的状态。这有助于确保货物在运输过程中处于良好的条件。供应链管理软件可以整合和协调整个供应链的活动,包括订单处理、库存管理、运输规划等,以提高整体效率。实时数据分析帮助企业实时了解物流和供应链的状况,以便及时做出决策并做出调整[127]。运用人工智能和机器学习技术,可以预测需求、优化路线规划,并提高货物运输的效率。

15.1.1　立体仓库和堆垛机

立体仓库是一种采用多层结构,充分利用垂直空间的仓储设施。它通过高效利用垂直空间,最大限度地提高仓库的存储容量,从而优化物流和库存管理[128],由以下几部分组成。

(1)主体结构:立体仓库的主体结构通常由坚固的框架构成,支撑整个仓库的多层建筑。这些框架可以采用钢结构或其他强化材料,以确保足够的承重能力和结构稳定性。

(2)垂直升降设备:为了在不同层之间高效移动货物,立体仓库配备了垂直升降设备,如电梯、提升机或自动堆垛机。这些设备使货物能够迅速而安全地在仓库的不同层之间移动。

(3)货架系统:每个仓库层都配备了货架系统,用于存放货物。这些货架系统可以采用不同的设计,如重型货架、流利式货架或自动化存储系统。货架的设计和布局旨在最大限度地提高存储密度和可访问性。

(4)自动化拣选系统:为了提高拣选效率,立体仓库通常配备自动化拣选系统,包括拣选机器人、自动化输送带和智能拣选设备。这些系统可以减少人工介入,提高拣选速度和准确性。

(5)安全系统:立体仓库的结构还包括各种安全系统,如火警报警系统、监控摄像头和应急疏散通道。这些系统确保在紧急情况下能够迅速采取适当的安全措施。

(6)信息管理系统:为了实现对仓库操作的精确控制,立体仓库通常配备信息管理系统。这些系统整合了仓库内各种设备和技术,提供实时的仓储数据,帮助优化库存管理和物流流程。

(7)外部结构:立体仓库的外部结构设计考虑了货物的进出,通常包括货物装卸区、货车停车区和交货通道。这些设计使得货物能够方便地进出仓库,保证物流的顺畅进行。

立体仓库的结构是为了实现高效的垂直存储和智能化的仓储操作。这种结构的设计旨在提高存储容量、降低运营成本,并适应快速变化的市场需求。立体仓库如图 15-1 所示。

图 15-1　立体仓库

　　堆垛机的主要作用是通过水平与竖直运动，将车辆运送至货架处。重载堆垛机常采用双立柱形式，地面有地轨，顶部有天轨，可沿着地轨与天轨实现大车方向的运动。堆垛机底部有横梁，上部为联系梁，载货台在立柱之间进行上下运动，货叉机构布置在载货台上，可以实现双向伸缩叉，将货物存取于两侧的货架上。

　　堆垛机上的主要安全装置有车辆限长、限宽、限高、重量检测等，并且有超速开关、松绳检测、货叉伸叉前探物检测、防坠落安全钳、缓冲器等，保护车辆不受损。根据堆垛机的速度情况，其大车供电方式目前主要采用滑触线形式，载货台供电主要为拖链形式。滑触线可以根据需要布置在天轨或地轨附近堆垛机运行的稳定性，在很大程度上取决于轨道的安装精度。轨道安装的水平度、直线度、接头的连接要求可参照欧洲机械搬运协会标准 FEM9.831 的相关内容。常见的堆垛机的主要结构有以下几部分。

　　(1)底盘：堆垛机的底盘是整个机器的基础，通常由坚固的金属材料构成，如钢。底盘上安装有轮子或履带，使堆垛机能够在仓库内自由移动。

　　(2)立柱和支撑结构：堆垛机的立柱是垂直支撑结构，负责承受垂直负荷和支持货物搬运部分。支撑结构连接立柱，增加整体结构的稳定性。

　　(3)提升机构：堆垛机的提升机构负责垂直移动货物。它通常包括液压缸、电动螺杆或链条系统，通过这些机构使货物升降到不同的高度。

　　(4)货叉：堆垛机上安装有货叉，用于抓取和搬运货物。货叉的设计取决于货物的尺寸和形状，可以是单货叉或双货叉。一些先进的堆垛机还配备了旋转货叉，以便更灵活地处理货物。

　　(5)驱动系统：驱动系统负责推动和引导堆垛机在仓库内移动。这可能包括电动马达、液压系统或其他动力传动装置。

(6)控制系统：堆垛机配备了智能控制系统，用于监控和调整堆垛机的运动。这些系统通常使用传感器、编码器和计算机控制单元，确保堆垛机的运行是精准、安全且高效的。

(7)安全装置：为了确保仓库和操作人员的安全，堆垛机通常配备有安全装置，如防撞传感器、急停按钮和紧急制动系统。

(8)能源供应系统：堆垛机需要能源来驱动其运动和提升机构。这可能包括电力、液压系统或其他能源供应方式。

堆垛机的结构是为了实现垂直存储和搬运货物的高效性。其自动化和智能化的设计使得堆垛机成为现代仓储和物流系统中不可或缺的设备，提高了仓储效率和操作的准确性。堆垛机的结构如图 15-2 所示。

图 15-2　堆垛机

15.1.2　AGV 装卸搬运设备

AGV 在物流中扮演着至关重要的角色，作为一种自主移动的搬运设备，它极大地促进了物流行业的自动化和效率。AGV 通过激光雷达、摄像头等导航系统，能够实时感知周围环境，进行路径规划，并无须人工干预穿越仓库内的各种障碍物，实现货物的自动搬运。其主要作用之一是自动化搬运，通过配备各种搬运装置，如机械臂或滚筒传送带，AGV 能够高效地完成货物的装卸任务，降低了人工劳动成本，提高了操作的速度和准确性。

AGV 在物流中的作用还体现在路径规划和导航的高度智能化[129]。通过与中央控制系统的实时通信，AGV 能够在复杂的仓库环境中灵活适应不同的布局，避免碰撞，并按照最优路径自主移动，从而提高搬运效率。此外，AGV 的实时监控和通信系统使得操作人员能够迅速响应变化的需求，进行任务调度，实现更加灵活和高效的物流管理。

通过引入 AGV，物流企业能够降低运营成本、提高仓储效率，同时减少了对人工的依赖，降低了潜在的错误发生率。其灵活适应性和自动化特点使得物流流程更为流畅，缩短了交货周期，为企业提供了更为可靠、快速的物流解决方案。总体而言，AGV 的应用为物流业注入了新的动力，推动了物流领域的现代化和智能化发展。AGV 物流车如图 15-3 所示。

图 15-3　AGV 物流车

15.1.3　WMS 仓库管理系统和 WCS 仓库控制系统

仓库管理系统(warehouse management system，WMS)是一种致力于优化仓库运营和提高物流效率的关键工具。该系统通过整合自动化技术、实时数据采集和智能分析，提供了对仓库内部流程的全面控制和可视性。WMS 系统的主要目标是最大化库存利用率、降低运营成本以及提高订单处理速度。

WMS 系统涵盖了仓库管理的方方面面。首先，它能够实时追踪和管理库存。通过条形码、RFID 等自动识别技术，WMS 系统能够精确记录每个货物的位置、数量和状态。这不仅提高了库存准确性，还简化了库存盘点过程。其次，WMS 系统通过智能的订单处理和分拣功能，实现了高效的订单执行。它能够优化拣货路径，提高拣货速度，并减少拣货错误的发生。第三，WMS 系统能够优化仓库布局和货架管理，确保货物的合理存储和快速检索。这有助于提高仓库容量利用率，减少仓储空间的浪费。此外，WMS 系统还能够进行出入库管理、货物跟踪、质量管理等多方面的综合控制。

WMS 系统的优势不仅在于提高了仓库运营的效率，还在于提供了对仓库数据的实时监控和分析。通过仪表盘和报告功能，管理人员能够全面了解仓库绩效、订单处理情况以及库存状况。这使得管理者能够及时做出决策，优化仓储流程，并适应市场变化。

仓库控制系统（warehouse control system，WCS）是现代物流管理中的关键组成部分，旨在实时监控和控制仓库内部自动化设备和流程，以提高仓库运营的效率和灵活性。WCS 系统通常与 WMS 协同工作，共同构建起一个完整的仓储管理体系。

WCS 系统的核心功能之一是协调和优化仓库内的自动化设备，如输送机、拣选机器人、堆垛机等。通过实时掌握设备状态、任务进度和系统性能，WCS 系统能够对设备进行智能调度，确保它们高效协同工作，提高搬运和分拣的速度，最大程度减少空闲时间。这使得仓库能够更灵活地应对不同任务和订单的处理需求，提高了整体运营的灵活性和适应性。

WCS 系统还负责仓库流程的实时监控和控制。通过与 WMS 系统的紧密集成，WCS 系统能够获取订单信息、库存状态和任务要求，然后将这些信息传递给相应的自动化设备，以实现精确的任务执行。这种实时的信息交流确保了订单处理的准确性和及时性，降低了出错的可能性，提高了整个仓库的运营效率。

WCS 在现代物流中扮演着关键角色，通过实时控制、智能调度和设备监测，提高了仓库的运营效率，使其更具竞争力和可持续性。这种综合性的仓储管理系统为企业提供了更强大的工具，以适应不断变化的市场需求和提升整体供应链的效能。

15.2　5G 和 TSN 赋能智能物流

5G 网络作为下一代无线通信技术，具备了极高的带宽、低时延和大连接密度的特点，为物流行业提供了强大的数据传输能力。在智慧物流中，物流系统涉及大量的数据交互，包括货物追踪、库存管理、运输调度等各个环节。通过 5G 网络，这些数据可以实现实时传输和远程访问，使得物流企业能够更加精准地监控和管理整个供应链过程。其次，5G 网络的网络切片技术为物流行业提供了更灵活和定制化的网络资源分配。不同的物流应用场景对网络的需求各不相同，有些需要低时延、高带宽的支持，有些则需要更稳定和可靠的连接。通过网络切片，物流企业可以根据自身需求将网络资源进行划分和配置，以满足各种不同的业务要求，从而提高物流系统的整体效率和性能。

另外，TSN 技术主要应用于有线网络，通过精确的时间同步和流量控制机制，实现了低时延、高可靠性和灵活性的数据传输和控制。在智慧物流管理中，TSN 可以保证各个设备之间的数据同步和协调，确保整个系统的稳定性和可靠性。例如，在仓储管理中，通过 TSN 技术可以实现对各个传感器和执行器的精确控制，确保货物的准确入库和出库，同时提高仓储操作的速度和精确度。

15.2.1　基于 5G+TSN 网络的智能物流仓储

随着 IEEE 802.1 TSN 的出现，IEEE 802.1 和 IEEE 802.3 引入了一套确定性通信标准，以支持以太网的实时通信需求。TSN 使得大规模以太网能够实时传输适用于工业应用的关键数据，从而显著减少了对特定现场总线协议和特定供应商通信系统的需求。

5G 与 TSN 的集成可为工业生产带来显著的优势。其中，通过 5G 的 uRLLC 技术，可以提供低时延和高可靠性的网络能力，满足 TSN 架构的时间同步、低时延传输、高可靠性和资源管理等严苛的功能需求。通过 5G 与 TSN 的融合，可以使用 5G NR 无线网络替代仓储内的有线网络，从而增强了系统的柔性化和扩展性。

在智能物流仓储系统中，设备通过无线网络技术实现连接，并形成云端数据库从而使工作人员能够实时获取相关数据，提高工作效率。为了构建完善的智能物流仓储信息系统，除了依赖 5G 技术，还需要应用区块链和全程数据化技术。这两项技术是系统建设中最重要的组成部分，涉及多个领域，并基于这些领域进行延伸。它们的综合应用能够实现去中心化和不可篡改性的特点，提高数据的安全性和保障性。

区块链技术的引入使得物流信息可以以分布式的方式存储和验证，实现信息的可追溯性，确保数据的真实和完整性，避免被篡改。同时，区块链的去中心化特性可以增强系统的抗攻击性，提高整个物流系统的稳定性和安全性。

全程数据化技术则能够实现对整个物流过程的端到端监管和管理。通过对物流环节的数据采集、记录和分析，可以实现对物流运输、仓储和配送等各个环节的实时监控和优化。这样一来，管理人员可以更有效地进行决策和资源调配，提高物流运作的效率，同时也为客户提供更准确、可靠的物流服务。

5G 网络可以提供低时延、高带宽和广覆盖的通信服务，支持大规模数据传输和实时控制。同时，TSN 网络可以提供高度可靠和确定性的通信服务，保证关键数据的及时传输和处理。这两种网络结合使用，可以满足智能物流仓储领域对实时通信的要求，提高物联网设备的响应速度和数据传输效率从而实现智能化管理和控制。5G 技术在仓储管理环节的应用，加快仓储运作的速度，减少仓储操作环节的误差，从而在供应链上达到供需节奏一致。在仓储中，机器人代替人力已成为行业内大多数企业的选择，不同于高成本的人力和人为性的失误，精细的自动化设备既能控制物流成本，更能提高仓储内运转的精确程度。AGV 与 5G、MEC 及 AI 技术结合，通过将 AGV 激光雷达导航向基于 5G 上行大宽带的视觉导航迁移，从而降低其单机功能复杂度，提高其智能化和标准化水平，提高企业的仓储运转效率。堆垛机也可通过 5G 通信，实现实时、高精度的控制，相关培训教学也可 VR 化，在提高运行效率的同时，降低成本且安全可靠，增大操作的容错率。5G 网络在物流上的应用如图 15-4 所示。

图 15-4 5G 网络在物流上的应用

通过 5G 网络连接多个传感器和设备，收集数据并进行分析和处理。通过 TSN 网络，将数据传输到仓库管理系统，实现对物流过程的实时监控和优化。同时，TSN 网络还可以实现对满足实时通信需求的关键数据进行快速传输和处理，确保物流过程中的关键数据不会受到延迟或丢失的影响，提高整个物流系统的可靠性和稳定性。在货物入库环节，企业可以使用接入 5G 网络的 VR 扫描监控设备，实时将入库信息传输到终端，并形成云端数据库，方便进行数据交互和工作进度监督。这样可以大大提高货物入库的效率和准确性，减少人工操作和人为错误的风险。在盘点环节，如遇销售旺季退换货品时，采用传统盘点方式容易出现实际库存与系统录入数量信息误差，产生信息不对称等问题，且重新盘点时间长将直接影响销售环节的衔接。而在货物盘点托盘中接入具有海量接入特性的 5G 网络，将实现货物线上线下实时清算、智能搜索、按期归类等高效盘点作业，为盘点工作提供有力的数据传输帮助。这样可以大大提高盘点的效率和准确性，避免了传统盘点方式的种种弊端。在出库环节，利用 5G 网络技术的可靠性、低时延、高速传输、海量接入等特性能保证自动巷道堆垛机进行科学的仓储布局、AGV 小车能合理推理规划路径等，并按照客户订单信息快速准确地进行装车发货工作。这样可以大大提高出库的效率和准确性，避免了人为错误和不必要的等待时间。

　　智能物流仓储的应用，将进一步推动物流行业的数字化转型和智能化发展，进一步提升物流效率和质量。它可以帮助企业实现供应链的优化和协调，提高客户满意度，同时还可以为企业提供更好的收益。在未来，随着技术的不断发展和完善，智能物流仓储将会成为物流企业的标配，也将会为人们的生活带来更多的便利和舒适。

15.2.2　基于 5G 网络的物流工业级视觉系统

　　目前，作为工业级视觉系统一部分的 3D 视觉物流分拣技术正在不断研发，除了能提供人所能识别的物体形状和距离信息，接入 5G 网络使其传感维度提升后还可使机器人具备柔性环境的作业能力，以更高精度、更快速度执行更复杂的分拣工作。可见，计算机视觉技术与 5G 网络的紧密结合是推动物流业高效智能化的加速器。计算机视觉技术具有高适应性、高传输率以及超高精度分辨率，在物流系统繁忙作业时，人类由于自身或外界环境的影响会导致工作效率下降，而计算机视觉技术完全可代替人的视觉进行低成本且高效的作业。而计算机视觉技术作业时需要进行相关信息的处理，如物流分拣环节的图像识别、生产线作业中的物品目标监测、货物配送过程的流程跟踪等，这些复杂的处理过程是在低时延、高带宽的 5G 网络技术辅助下进行高层语义操作的。5G 网络的接入使工业化视觉系统能有效迅速地应对多变的外界环境，降低工作流水线的事故发生率，提高物流业各环节视觉分析的准确率和实时性。

　　5G 作为稳定的高带宽通信技术，在工业级的智能监控中可以以稳定带宽将运输和仓储过程中出现的问题以视频或者图像等数据形式及时反馈到数据中心[130]，因此相比传统的通信技术，5G 将会使得物流监控这一核心环节变得更加高效智能。实时监控和智能分析功能还提高了物流过程的安全性，减少了货物丢失、损坏等风险。

　　工业级视觉系统作为新一代物流行业的关键技术之一，将在未来得到广泛应用。借助 5G 网络作为传输通信方式，视觉分析的准确率和实时性将大幅提升。在物流的分拣环节，基于图像识别技术的视觉系统能够快速定位物流的基本信息，为智能分拣提供支持。同时，在监控环节中，人脸识别技术可以对从事物流工作的员工进行身份确认和记录，增强了安全管理和追溯能力。在生产线作业过程中，目标检测技术能够高效完成物品的检测和标注，提高生产效率和质量控制水平。而在配送过程中，图像识别技术则可以帮助员工进行表单识别和电子录入，提高操作的准确性和效率。此外，通过视频分析技术员工还能得到更多关于快递动作合理性方面的指导，进一步提高配送效率。

　　工业级视觉系统最大的特点在于其低时延，它能够快速准确地对外界环境进行识别。这种特性使得该系统成为整个工作流水线中的关键环节，一旦出现问题，将会影响整个产业链的工作效率甚至导致工作事故。虽然目前 5G 技术在满足工业化视觉系统要求方面还有一些挑战，但随着 5G 技术的推广和优化，超低时延的要求将会得到满足，系统也能更好地应对外界临时出现的突变环境。

工业化视觉系统结合深度学习等智能学习技术以及高带宽的 5G 通信技术，能够实现物流作业的高效实时化。这将大幅提升新一代物流行业的工作效率，并在各个环节实现全自动化的工作流水线。

15.2.3　案例：京东物流 5G 智能物流园区

2019 年京东物流在北京建成了首个高智能、自决策、一体化的 5G 智能物流示范园区。在该园区中，5G 技术得到了充分应用。园区内的车辆可以通过智能实时调度系统进行调度，实现最优车位匹配和满载率计算，从而提高运输效率。同时，仓库内的仓储大脑和机器人实现了无缝衔接，实现了搬运、拣选、码垛等环节的机器人互联互通与调度统筹。这种全面的机器人协同工作方式，大大提高了仓库的运作效率。另外，园区还采用了机器视觉立体监控技术，实现了全园区和全仓库的无人化安防和质量保障。通过机器视觉设备的覆盖，可以实时监控人员、作业和安防情况，保障园区的安全性和工作质量。这种 24 小时全天候的安防和质量保障机制为物流园区的运行提供了可靠的保障。

除了车辆调度的智能化、仓库机器人的协同工作和无人化安防及质量保障，5G 技术的应用还能够大幅度提升订单处理能力。据悉，此次 5G 技术的引入将显著提升京东物流旗下已投入运营的 25 座智能物流园区以及遍布各地的 70 多个不同层级的机器人仓内智能化设备的协同能力。这将进一步促进高效的协同作业和统筹管理，使得整个物流体系更加高效、智能和协同，同时，5G 技术的应用也将大幅度提高各分拣中心的日订单处理能力。通过数字化和智能化的手段，可以实现更高效的订单处理和作业调度，从而提高物流运营效率和客户满意度。这样，京东物流可以更好地应对快速变化的市场需求，为用户提供更快捷、高效的物流服务。智能物流园区如图 15-5 所示。

5G 技术在智能物流园区的应用还可以优化资源配置，进一步

图 15-5　智能物流园区

提高效率。物流园区的场地通常是有限的，如何提高货车和仓库的协同作业效率对于整个园区的吞吐量至关重要。通过 5G 技术的应用，京东物流可以实现所有人、机、车设备的一体互联，实现自动分拣和人机交互的整体调度与管理。具体来说，5G 技术可以帮助园区智能识别预约车辆，并引导货车前往系统推荐的月台进行作业。通过实时信息传输和智能调度系统的支持，可以让园区内的车辆更加高效有序地进行货物装卸、入库和出库作业。这样一来，货车到达园区后就可以迅速找到合适的装卸点，避免了排队等待的时间浪费，提高了作业效率。此外，5G 技术还可以实现园区内各种设备的互联互通，包括机器人、传感器等通过实时数据的采集和传输，可以实现设备之间的无缝协同工作。例如，机器人可以根据传感器的数据进行智能路径规划和作业调度，提高仓库内的货物分拣和搬运效率。这种高度的自动化和协同作业，将极大地提升园区的整体效率。

基于 5G+机器视觉立体监控应用能够提升安防和质量管理能力[131]，可以实现更加高效准确的安防监控。通过高速低延迟的 5G 网络传输，监控摄像头可以实时传输高清视频流，并利用机器视觉技术进行实时分析和识别。这样一来，系统可以快速发现异常情况，如入侵或货物丢失，并及时触发相应的警报和处理措施。通过快速响应和低延迟的异常处理可以最大限度地减少潜在的人员、场地和货物损失。5G 技术还可以支持低成本、高效率的安防和质量保障。相比传统的人工巡逻和检查方式，5G+机器视觉立体监控应用可以实现全天候、全方位的监控覆盖，不再需要大量的人力资源投入。同时，机器视觉技术可以自动识别和记录异常情况，提高了监控的准确性和效率。这样一来，物流园区可以以最低的人员和成本投入，实现可靠的安防和质量保障。

15.2.4　案例：基于 5G 的港口物流

上港集团与中国移动联合打造的 5G 智慧港口，利用高带宽、低时延的 5G 网络实现了集装箱作业机械的自控系统状态信号和视频监控图像信号的实时传输。同时，后方调度人员下达的作业指令也可以快速回传到机械上，实现生产机械的合理调配，降低了大型机械自动化改造的成本和难度。此外，该系统基于 5G 虚拟专网和网络覆盖，可以实现随时随地的远程监测，操作员可以在港区内远程查看集装箱上下船数据，并对集装箱数量进行统计。还可以通过可视化自动化理货管理，检查集装箱残损情况和指导装舱积载等工作。这些功能的实现，大大提高了港口的作业效率和精度，为港口运营注入了新的活力。

传统的集装箱理货方式存在效率低、成本高和作业环境艰苦等问题，而结合 5G 和智能理货技术可以改善这些问题，提高理货效率并减少错误。通过借助 5G 的低延时、高清视频回传特点，可以实现对集装箱吊装过程中的实时监控。在吊装过程中,可以使用高清摄像头将整个过程实时传输到智能理货信息平台。同时,结合 AI 识别和大数据等技术,可以对视频进行分析和处理,准确提取出箱号和箱损情况等信息,并自动记录和核查。

智能理货信息平台可以集中管理和统计理货数据。通过对实时监控视频的分析可以实时获取各个集装箱的位置、状态和损坏情况等信息,并自动记录在系统中。通过大数据,可以对理货数据进行统计和分析,提供更全面的报告和决策支持。相比传统的人工拍照和汇报方式,5G 与智能理货的结合可以显著提高理货效率和准确性,不仅可以实现实时监控和数据记录,还可以减少人工操作和通信成本。同时,由于无须人工直接参与吊装过程,也可以降低作业环境的艰苦程度。5G 港口物流如图 15-6 所示。

传统港机作业通常需要依赖有丰富经验的操作员进行线下作业,而借助 5G 和智能操控技术,可以实现远程在线办公。通过 5G 超低时延和超高清视频回传,操作员可以远程监控和控制港机作业,不再需要亲自到现场进行操作。这样一来,港机作业可以由原来的线下 1 对 1 的模式变为线上 1 对多的模式,提高了作业效率。智能操控技术还可以降低对天气环境的要求,并减少对操作员熟练程度的依赖。通过人工智能的指引和支持,智能操控系统可以自动识别和适应各种复杂的天气环境,保证作业的稳定性和安全性。同时,智能操控系统可以提供实时的指导和建议,帮助操作员更好地完成作业任务,减少对操作员熟练程度的要求。通过将港机作业由线下转为线上,借助 5G 和智能操控技术,作业效率可以大大提高。操作员可以通过远程在线办公,实时监控和控制多个港机作业,提高工作效率和灵活性。同时,智能操控系统的应用也可以降低对天气和操作员熟练程度的要求,增加了作业的稳定性和安全性。

图 15-6　5G 港口物流

15.3　未　来　展　望

随着科技的日新月异，智慧物流正在成为物流行业变革的核心驱动力。通过整合先进的信息技术、物联网技术和人工智能技术，智慧物流将为物流行业带来前所未有的效率和便利。

(1)自动化与智能化：在未来，智慧物流将更加依赖自动化和智能化技术。从仓库管理到配送，各个环节都将实现高度的自动化和智能化。无人驾驶车辆、无人机配送和智能机器人将在物流运作中发挥重要作用，显著提高物流效率，降低人力成本。

(2)5G 技术的应用：随着 5G 技术的普及，智慧物流将进一步受益于高速、低延迟的网络连接。5G 技术将提升物流信息的传输速度和准确性，为智能驾驶、无人配送等应用场景提供更可靠的技术支持。这将进一步提升智慧物流的运作效率和安全性。

(3)数据驱动决策：在大数据技术的支持下，智慧物流将实现数据驱动的决策模式。通过对海量数据的实时分析和挖掘，企业将能够更准确地预测市场需求和流量峰值，从而优化库存管理和运输调度。这将有助于减少资源浪费，提高物流运作的效率和准确性。

(4)供应链协同：智慧物流将促进供应链各环节的协同合作。通过实时共享信息、优化资源配置，实现供应链的透明化和可视性。这将加强各环节之间的合作与协调，降低信息不对称带来的风险，提高整体供应链的效率和响应速度。

(5)绿色可持续发展：面对全球环境挑战，智慧物流将注重绿色可持续发展。通过优化运输路线、减少空驶率、使用清洁能源等方式，智慧物流将降低碳排放，实现环境友好的物流运作。这不仅是企业社会责任的体现，也将有助于企业的长期可持续发展。

参 考 文 献

[1] Wollschlaeger M, Sauter T, Jasperneite J. The future of industrial communication: Automation networks in the era of the internet of things and industry 4.0[J]. IEEE Industrial Electronics Magazine, 2017, 11(1): 17-27.

[2] Xia D, Jiang C, Wan J, et al. Heterogeneous network access and fusion in smart factory: A survey[J]. ACM Computing Surveys, 2022, 55(6): 1-31.

[3] Kalan R S, Clayman S, Sayıt M. vDANE: Using virtualization for improving video quality with server and network assisted DASH[J]. International Journal of Network Management, 2022, 32(5): e2209.

[4] Zhang X, Ming X. Implementation path and reference framework for industrial internet platform (IIP) in product service system using industrial practice investigation method[J]. Advanced Engineering Informatics, 2022, 51: 101481.

[5] Huang R, Xiao R, Zhu W, et al. Towards an efficient real-time kernel function stream clustering method via shared nearest-neighbor density for the IIoT[J]. Information Sciences, 2021, 566: 364-378.

[6] 赵峰, 朱声浩, 吕宗辉, 等. 基于5G技术的智能车间故障预测与健康管理系统[J]. 电子制作, 2020, (15): 34-35.

[7] Wang M, Xu C, Lin Y, et al. A distributed sensor system based on cloud-edge-end network for industrial internet of things[J]. Future Internet, 2023, 15(5): 171.

[8] Varga P, Peto J, Franko A, et al. 5G support for industrial IoT applications——challenges, solutions, and research gaps[J]. Sensors, 2020, 20(3): 828.

[9] 肖子玉, 韩研, 马洪源, 等. 5G网络面向垂直行业业务模型[J]. 电信科学, 2019, 35(6): 132-140.

[10] Cuozzo G, Cavallero S, Pase F, et al. Enabling uRLLC in 5G NR IIoT networks: A full-stack end-to-end analysis[C]//2022 Joint European Conference on Networks and Communications & 6G Summit (EuCNC/6G Summit). IEEE, 2022: 333-338.

[11] Zhao S. Energy efficient resource allocation method for 5G access network based on reinforcement learning algorithm[J]. Sustainable Energy Technologies and Assessments, 2023, 56: 103020.

[12] 李伯虎, 柴旭东, 刘阳, 等. 工业环境下信息通信类技术赋能智能制造研究[J]. 中国工程

科学, 2022, 24 (2): 75-85.

[13] 田辉, 贺硕, 林尚静, 等. 工业互联网感知通信控制协同融合技术研究综述[J]. 通信学报, 2021, 42 (10): 211-221.

[14] Oyekanlu E A, Smith A C, Thomas W P, et al. A review of recent advances in automated guided vehicle technologies: Integration challenges and research areas for 5G-based smart manufacturing applications[J]. IEEE Access, 2020, 8: 202312-202353.

[15] Baskaran S, Kaul S, Jha S, et al. 5G-connected remote-controlled semi-autonomous car trial[C]//2020 IEEE International Conference on Machine Learning and Applied Network Technologies (ICMLANT). IEEE, 2020: 1-6.

[16] Uitto M, Hoppari M, Heikkilä T, et al. Remote control demonstrator development in 5G test network[C]//2019 European Conference on Networks and Communications (EuCNC). IEEE, 2019: 101-105.

[17] Ranjha A, Kaddoum G, Dev K. Facilitating uRLLC in UAV-assisted relay systems with multiple-mobile robots for 6G networks: A prospective of agriculture 4.0[J]. IEEE Transactions on Industrial Informatics, 2021, 18 (7): 4954-4965.

[18] Ayvaşık S, Babaians E, Papa A, et al. Remote robot control with haptic feedback over the munich 5G research hub testbed[C]//2023 IEEE 24th International Symposium on a World of Wireless, Mobile and Multimedia Networks (WoWMoM). IEEE, 2023: 349-351.

[19] Duan Y, Luo Y, Li W, et al. A collaborative task-oriented scheduling driven routing approach for industrial IoT based on mobile devices[J]. Ad Hoc Networks, 2018, 81: 86-99.

[20] Peterhansl M. Remote control of a collaborative robot with virtual reality and joystick in a 5G Network[C]//2023 13th International Conference on Advanced Computer Information Technologies (ACIT). IEEE, 2023: 473-478.

[21] Brueckner C, Patino-Studencki L, Nan T, et al. Simulation of communication network latency effects on vehicle teleoperation[C]//2023 IEEE 26th International Conference on Intelligent Transportation Systems (ITSC). IEEE, 2023: 1733-1740.

[22] Marszałek K, Domański A, Cupek R, et al. Testing quality of service of communication system for AGV fleet with software-defined network[C]//2023 IEEE International Conference on Big Data (BigData). IEEE, 2023: 5078-5086.

[23] Larranaga A, Lucas-Estan M C, Martinez I, et al. Analysis of 5G-TSN integration to support Industry 4.0[C]//2020 25th IEEE International Conference on Emerging Technologies and Factory Automation (ETFA). IEEE, 2020: 1111-1114.

[24] 张丹, 王磊, 王晓琦, 等. 5G 网络中 NSA 控制面和用户面时延性能分析[J]. 电信科学, 2020, 36 (9): 141-147.

[25] Huang L, Chen T, Gao Z, et al. System level simulation for 5G ultra-reliable low-latency communication[C]//2021 International Conference on Communications, Computing, Cybersecurity, and Informatics (CCCI). IEEE, 2021: 1-5.

[26] Hao Y, Li F, Zhao C, et al. Delay-oriented scheduling in 5G downlink wireless networks based on reinforcement learning with partial observations[J]. IEEE/ACM Transactions on Networking, 2022, 31 (1): 380-394.

[27] Moto K, Mikami M, Serizawa K, et al. Field experimental evaluation on 5G V2N low latency communication for application to truck platooning[C]//2019 IEEE 90th Vehicular Technology Conference (VTC2019-Fall). IEEE, 2019: 1-5.

[28] Liu R, Kwak D, Devarakonda S, et al. Investigating remote driving over the LTE network[C]//Proceedings of the 9th international conference on automotive user interfaces and interactive vehicular applications, 2017: 264-269.

[29] Tan Z, Zhao J, Li Y, et al. Device-based LTE latency reduction at the application layer[C]//18th USENIX Symposium on Networked Systems Design and Implementation (NSDI 21), 2021: 471-486.

[30] Coll-Perales B, Lucas-Estañ M C, Shimizu T, et al. End-to-end V2X latency modeling and analysis in 5G networks[J]. IEEE Transactions on Vehicular Technology, 2022, 72 (4): 5094-5109.

[31] Lucas-Estañ M C, Coll-Perales B, Shimizu T, et al. An analytical latency model and evaluation of the capacity of 5G NR to support V2X services using V2N2V communications[J]. IEEE Transactions on Vehicular Technology, 2022, 72 (2): 2293-2306.

[32] Lee K, Kim J, Park Y, et al. Latency of cellular-based V2X: Perspectives on TTI-proportional latency and TTI-independent latency[J]. IEEE Access, 2017, 5: 15800-15809.

[33] Ashraf S A, Aktas I, Eriksson E, et al. Ultra-reliable and low-latency communication for wireless factory automation: From LTE to 5G[C]//2016 IEEE 21st international conference on emerging technologies and factory automation (ETFA). IEEE, 2016: 1-8.

[34] Grammatikos P V, Cottis P G. A mobile edge computing approach for vehicle to everything communications[J]. Communications and Network, 2019, 11 (3): 65-81.

[35] Choi S, Kwon D, Choi J W. Latency analysis for real-time sensor sharing using 4G/5G C-V2X Uu interfaces[J]. IEEE Access, 2023, 11: 35197-35206.

[36] Turchet L, Casari P. Latency and reliability analysis of a 5G-enabled internet of musical things system[J]. IEEE Internet of Things Journal, 2024, 11 (1): 1228-1240.

[37] 左旭彤, 王莫为, 崔勇. 低时延网络: 架构, 关键场景与研究展望[J]. 通信学报, 2019, 40 (8): 22-35.

[38] 赵庶旭, 元琳, 张占平. 多智能体边缘计算任务卸载[J]. 计算机工程与应用, 2022, 58(6): 177-182.

[39] 周一青, 李国杰. 未来移动通信系统中的通信与计算融合[J]. 电信科学, 2018, 34(3): 1-7.

[40] 陈宏. MIMO-OFDM 系统原理及其关键技术[J]. 中国无线电, 2006, (10): 57-62.

[41] 张中山, 王兴, 张成勇, 等. 大规模 MIMO 关键技术及应用[J]. 中国科学:信息科学, 2015, 45(9): 1095-1110.

[42] 李忻, 黄绣江, 聂在平. MIMO 无线传输技术综述[J]. 无线电工程, 2006, (8): 42-47.

[43] 雷秋燕, 张治中, 程方, 等. 基于C-RAN的5G无线接入网架构[J]. 电信科学, 2015, 31(1): 106-115.

[44] 赵圣隆. 5G 背景下计算机网络关键技术的应用研究[J]. 信息记录材料, 2023, 24(8): 131-133.

[45] 支敏慧, 元鑫, 张华伟. 5G网络架构中SDN和NFV的应用策略[J]. 数字通信世界, 2023, 1: 66-68.

[46] 胡颖. 5G 网络切片关键技术综述与应用展望[J]. 数字通信世界, 2023, 9: 111-113, 116.

[47] 陈端云, 苏素燕, 陈锦山, 等. 基于5G端到端网络切片技术的配网差动保护方法[J]. 微型电脑应用, 2024, 40(2): 81-84.

[48] 刘德鑫, 徐茹枝, 龙燕, 等. 基于CNN的5G网络切片安全分配研究[J]. 计算机仿真, 2024, 41(3): 419-425.

[49] 冯毅雄, 杨晨, 胡炳涛, 等. 基于5G多接入边缘计算的云化 PLC 系统架构设计与应用[J]. 计算机辅助设计与图形学学报, 2024, 36(1): 33-46.

[50] 易芝玲, 崔春风, 韩双锋, 等. 5G 蜂窝物联网关键技术分析[J]. 北京邮电大学学报, 2018, 41(5): 20-25.

[51] 齐彦丽, 周一青, 刘玲, 等. 融合移动边缘计算的未来5G移动通信网络[J]. 计算机研究与发展, 2018, 55(3): 478-486.

[52] 邓爱林, 冯钢, 刘梦婕. 5G+工业互联网的关键技术与发展趋势[J]. 重庆邮电大学学报(自然科学版), 2022, 34(6): 967-975.

[53] 张斌, 张鹏, 薛超粤. uRLLC 业务时延分析及低时延网络部署探讨[J]. 邮电设计技术, 2022, 5: 37-41.

[54] 宋光敏, 王群青, 黄占兵, 等. 端边协同保障时延确定性技术研究[J]. 电信科学, 2022, 38(5): 26-37.

[55] 李富强, 周华, 宋晓伟. 行业用户 5G 无线专网组网方案及其技术实现[J]. 电信科学, 2020, 36(10): 134-139.

[56] 高陈强, 朱向阳, 喻敬海. 基于 OMNeT++的大规模确定性网络仿真实践[J]. 电信科学, 2023, 39(11): 59-68.

[57] Giovanni N, Dario S ,Giovanni S , et al. Simu5G-An OMNeT+ plus library for end-to-end performance evaluation of 5G networks[J]. IEEE Access, 2020, 8: 181176-181191.

[58] 刘扬, 李泽亚, 龚龙庆, 等. 时间敏感网络研究现状及发展趋势[J]. 微电子学与计算机, 2022, 39(6): 1-11.

[59] 张彤, 冯佳琦, 马延滢, 等. 时间敏感网络流量调度综述[J]. 计算机研究与发展, 2022, 59(4): 747-764.

[60] 宋小庆, 王海生, 赵梓旭, 等. 时间敏感网络流量调度机制研究综述[J]. 兵器装备工程学报, 2023, 44(1): 11-19.

[61] 王家兴, 杨思锦, 庄雷, 等. 时间敏感网络中多目标在线混合流量调度算法[J]. 计算机科学. 2023, 50(7): 1-11.

[62] 曹志鹏, 刘勤让, 刘冬培, 等. 时间敏感网络研究进展[J]. 计算机应用研究, 2021, 38(3): 647-655.

[63] 刘宝明, 冯振乾. 时间敏感网络关键技术与应用研究[J]. 工业控制计算机, 2021, 34(11): 1-4.

[64] 王敬超, 高先明, 黄玉栋, 等. 时间敏感网络的控制架构[J]. 北京邮电大学学报, 2021, 44(2): 95-101.

[65] Deng L, Xie G, Liu H, et al. A survey of real-time ethernet modeling and design methodologies: From AVB to TSN[J]. ACM Computing Surveys, 2023, 55(2): 1-36.

[66] Yuan Y, Cao X, Liu Z, et al. Adaptive priority adjustment scheduling approach with response-time analysis in time-sensitive networks[J]. IEEE Transactions on Industrial Informatics, 2022, 18(12): 8714-8723.

[67] Jiang J, Li Y, Zhang X, et al. Assessing the traffic scheduling method for time-sensitive networking (TSN) by practical implementation[J]. Journal of Industrial Information Integration, 2023, 33: 100464.

[68] Lu Y, Yang L, Yang S X, et al. An intelligent deterministic scheduling method for ultralow latency communication in edge enabled industrial internet of things[J]. IEEE Transactions on Industrial Informatics, 2023, 19(2): 1756-1767.

[69] 王新蕾, 周敏, 张涛. 时间敏感网络流量调度算法研究综述[J]. 电讯技术, 2023, 63(11): 1-10.

[70] 蔡岳平, 姚宗辰, 李天驰. 时间敏感网络标准与研究综述[J]. 计算机学报, 2021, 44(7): 1378-1397.

[71] 裴金川, 胡宇翔, 田乐, 等. 联合路由规划的时间敏感网络流量调度方法[J]. 通信学报, 2022, 43(12): 54-65.

[72] 全巍, 杨翔瑞, 孙志刚, 等. 面向 TSN 的同步网络模型及应用[J]. 计算机工程与设计,

2021, 42(4): 914-919.

[73] Wang Y, Yang S, Ren X, et al. IndustEdge: A time-sensitive networking enabled edge-cloud collaborative intelligent platform for smart industry[J]. IEEE Transactions on Industrial Informatics, 2022, 18(4): 2386-2398.

[74] Xue J, Shou G, Li H, et al. Enabling deterministic communications for end-to-end connectivity with software-defined time-sensitive networking[J]. IEEE Network, 2022, 36(2): 34-40.

[75] Chen Z, Lu Y, Wang H, et al. Flow ordering problem for time-triggered traffic in the scheduling of time-sensitive networking[J]. IEEE Communications Letters, 2023, 27(5): 1367-1371.

[76] Demir Ö K, Cevher S. Multi-topology routing based traffic optimization for IEEE 802.1 time sensitive networking[J]. Real-Time Systems, 2023, 59: 123-159.

[77] Feng Z, Wu C, Deng Q, et al. ReT-FTS: Re-transmission-based fault-tolerant scheduling in TSN[J]. Journal of Systems Architecture, 2023, 142: 102959.

[78] Wang J, Liu C, Zhou L, et al. DA-DMPF: Delay-aware differential multi-path forwarding of industrial time-triggered flows in deterministic network[J]. Computer Communications, 2023, 210: 285-293.

[79] Wang X, Yao H, Mai T, et al. Reinforcement learning-based particle swarm optimization for end-to-end traffic scheduling in TSN-5G networks[J]. IEEE/ACM Transactions on Networking, 2023, 31(6): 1-15.

[80] Wei M, Liu C, Wang J, et al. A network scheduling method based on segmented constraints for convergence of time-sensitive networking and industrial wireless networks[J]. Electronics, 2023, 12(11): 2418.

[81] Wei M, Yang S. A network scheduling method for convergence of industrial wireless network and TSN[C]//2023 17th International Conference on Ubiquitous Information Management and Communication (IMCOM). IEEE, 2023: 1-6.

[82] Chang S H, Chen H, Cheng B C. Time-predictable routing algorithm for time-sensitive networking: Schedulable guarantee of time-triggered streams[J]. Computer Communications, 2021, 172: 183-195.

[83] Prados-Garzon J, Taleb T, Bagaa M. Optimization of flow allocation in asynchronous deterministic 5G transport networks by leveraging data analytics[J]. IEEE Transactions on Mobile Computing, 2023, 22(3): 1672-1687.

[84] Alghamdi W, Schukat M. A security enhancement of the precision time protocol using a trusted supervisor node[J]. Sensors, 2022, 22(10): 3671.

[85] Bezerra D, de Oliveira Filho A T, Rodrigues I R, et al. A machine learning-based optimization

for end-to-end latency in TSN networks[J]. Computer Communications, 2022, 195: 424-440.

[86] Feng Z, Gu Z, Yu H, et al. Online rerouting and rescheduling of time-triggered flows for fault tolerance in time-sensitive networking[J]. IEEE Transactions on Computer-Aided Design of Integrated Circuits and Systems, 2022, 41(11): 4253-4264.

[87] Li E, He F, Li Q, et al. Bandwidth allocation of stream-reservation traffic in TSN[J]. IEEE Transactions on Network and Service Management, 2022, 19(1): 741-755.

[88] Mahfouzi R, Aminifar A, Samii S, et al. Stability-aware integrated routing and scheduling for control applications in ethernet networks[C]//2018 Design, Automation & Test in Europe Conference & Exhibition (DATE). IEEE, 2018: 682-687.

[89] Fedullo T, Morato A, Tramarin F, et al. A comprehensive review on time sensitive networks with a special focus on its applicability to industrial smart and distributed measurement systems[J]. Sensors, 2022, 22(4): 1638.

[90] Luo F, Wang B, Yang Z, et al. Design methodology of automotive time-sensitive network system based on OMNeT++ simulation system[J]. Sensors, 2022, 22(12): 4580.

[91] Mohammadpour E, Stai E, Boudec J Y L. Improved network-calculus nodal delay-bounds in time-sensitive networks[J]. IEEE/ACM Transactions on Networking, 2023, 31(6): 2902-2917.

[92] Xu J, Wang J, Gao S, et al. Research on path selection and flow scheduling of time-sensitive networks for power substations[J]. Energy Reports, 2023, 9: 1042-1048.

[93] Zhu Y, Sun L, Wang J, et al. Deep reinforcement learning-based joint scheduling of 5G and TSN in industrial networks[J]. Electronics, 2023, 12(12): 2686.

[94] Nie H, Li S, Liu Y. An enhanced routing and scheduling mechanism for time-triggered traffic with large period differences in time-sensitive networking[J]. Applied Sciences, 2022, 12(9): 4448.

[95] Pei J, Hu Y, Tian L, et al. A hybrid traffic scheduling strategy for time-sensitive networking[J]. Electronics, 2022, 11(22): 3762.

[96] Pérez H, Gutiérrez J J. EDF scheduling for distributed systems built upon the IEEE 802.1AS clock-A theoretical-practical comparison[J]. Journal of Systems Architecture, 2022, 132: 102742.

[97] Messenger J L. Time-sensitive networking: An introduction[J]. IEEE Communications Standards Magazine, 2018, 2(2): 29-33.

[98] Chi Y, Zhang H, Liu Y, et al. Flow-based joint programming of time sensitive task and network[J]. Electronics, 2023, 12(19): 4103.

[99] Reusch N, Barzegaran M, Zhao L, et al. Configuration optimization for heterogeneous time-sensitive networks[J]. Real-Time Systems, 2023, 59(4): 705-747.

[100] Zhai H, Zhang Q, Tang R, et al. Hybrid traffic security shaping scheme combining TAS and CQSF of time-sensitive networks in smart grid[J]. EURASIP Journal on Wireless Communications and Networking, 2023, （1）: 106.

[101] 卢俊, 李斌, 韩昀, 等. 基于 SDN 与 NFV 的航空信息网虚拟化体现结构研究[J]. 信息记录材料, 2024, 25（1）: 209-212.

[102] 杨旭, 周维, 徐彬, 等. NFV 网络云智能网卡关键技术方案及引入策略[J]. 电信工程技术与标准化, 2023, 36（10）: 57-61, 80.

[103] 郲磊. 面向工业应用的时间敏感软件定义网络时延优化技术研究[D]. 济南: 山东大学, 2022.

[104] Häckel T, Meyer P, Korf F, et al. Secure time-sensitive software-defined networking in vehicles[J]. IEEE Transactions on Vehicular Technology, 2022, 72（1）: 35-51.

[105] Thomas L, Mifdaoui A, Le Boudec J Y. Worst-case delay bounds in time-sensitive networks with packet replication and elimination[J]. IEEE-ACM Transactions on Networking, 2022, 30（6）: 2701-2715.

[106] Yang D, Gong K, Ren J, et al. TC-Flow: Chain flow scheduling for advanced industrial applications in time-sensitive networks[J]. IEEE Network, 2022, 36（2）: 16-24.

[107] Zhang Y, Xu Q, Guan X, et al. Wireless/wired integrated transmission for industrial cyber-physical systems: Risk-sensitive co-design of 5G and TSN protocols[J]. Science China Information Sciences, 2022, 65（1）: 110204.

[108] Gärtner C, Rizk A, Koldehofe B, et al. Fast incremental reconfiguration of dynamic time-sensitive networks at runtime[J]. Computer Networks, 2023, 224: 109606.

[109] Guidolin-Pina D, Boyer M, Boudec J Y L. Configuration of guard band and offsets in cyclic queuing and forwarding[J]. IEEE/ACM Transactions on Networking, 2024, 32（1）: 598-612.

[110] Luo F, Wang Z, Zhang B. Impact analysis and detection of time-delay attacks in time-sensitive networking[J]. Computer Networks, 2023, 234: 109936.

[111] Peng Y, Shi B, Jiang T, et al. A survey on in-vehicle time-sensitive networking[J]. IEEE Internet of Things Journal, 2023, 10（16）: 14375-14396.

[112] Yao M, Liu J, Du J, et al. A unified flow scheduling method for time sensitive networks[J]. Computer Networks, 2023, 233: 109847.

[113] Zhao Z, Gao L, Pan W, et al. Access mechanism for period flows of non-deterministic end systems for time-sensitive networks[J]. Computer Networks, 2023, 231: 109805.

[114] Mahmood A, Beltramelli L, Fakhrul A S, et al. Industrial IoT in 5G-and-beyond networks: Vision, architecture, and design trends[J]. IEEE Transactions on Industrial Informatics, 2022, 18（6）: 4122-4137.

[115] Val I, Seijo O, Torrego R, et al. IEEE 802.1AS clock synchronization performance evaluation

of an integrated wired-wireless TSN architecture[J]. IEEE Transactions on Industrial Informatics, 2022, 18(5): 2986-2999.

[116] 李晓辉, 王先文, 樊韬, 等. 5G-TSN 系统下的高精度时间同步[J]. 系统工程与电子技术, 2023, 45(2): 559-565.

[117] 杨良义, 邓长祯, 刘飞洋. 面向 5G 远程自动驾驶的 CPSS 控制系统研究[J]. 重庆理工大学学报(自然科学), 2022, 36(2): 20-27.

[118] 唐雄, 赵津, 韩金彪, 等. 一种面向远程驾驶数据传输的拥塞控制算法[J]. 重庆理工大学学报(自然科学), 2023, 37(9): 198-207.

[119] Li B, Li V, Li M, et al. An adaptive transmission strategy based on cloud computing in IoV architecture[J]. EURASIP Journal on Wireless Communications and Networking, 2024, (1): 1-18.

[120] 葛雨明, 廖臻, 康陈, 等. 自动驾驶出租车远程遥控驾驶研究. 移动通信, 2022, 46(4): 50-54.

[121] 刘惜吾, 王笃炎, 陈华旺, 等. 基于 5G 网络切片的远程驾驶应用解决方案及验证[J]. 数据通信, 2022, (4): 8-11.

[122] Saez-Perez J, Wang Q, Alcaraz-Calero J M, et al. Design, implementation, and empirical validation of a framework for remote car driving using a commercial mobile network[J]. Sensors, 2023, 23(3): 1671.

[123] Li S, Zhang Y, Edwards S, et al. Exploration into the needs and requirements of the remote driver when teleoperating the 5G-enabled level 4 automated vehicle in the real world——A case study of 5G connected and automated logistics[J]. Sensors, 2023, 23(2): 820.

[124] Kallioniemi P, Burova A, Mäkelä J, et al. Multimodal warnings in remote operation: The case study on remote driving[J]. Multimodal Technologies and Interaction, 2021, 5(8): 44.

[125] 张凯, 王学谦, 张煜, 等. 自动化集装箱码头远程驾驶控制系统设计[J]. 起重运输机械, 2022, (6): 65-68, 72.

[126] 罗莎, 高智楠, 李思桦, 等. 基于 5G+TSN 的智能仓储物流网络架构研究[J]. 电信工程技术与标准化, 2023, 36(8): 88-92.

[127] 张建忠. 智能仓储 5G 应用场景及网络部署方案[J]. 江苏通信, 2021, 37(4): 18-22.

[128] 董石磊, 赵婧博, 黄鹏. 物流智能仓储的 5G 专网性能[J]. 电信科学, 2021, 37(9): 153-158.

[129] 吕小兵, 李守卿, 罗飞, 等. 基于 5G 和边缘计算技术的智能仓储数字化管理平台[J]. 装备制造技术, 2020, (12): 195-198.

[130] 王会峰, 储乐平, 张良轩, 等. 高端海洋油气装备制造"5G 智能工厂"解决方案[J]. 自动化博览, 2023, 40(2): 94-97.

[131] 孙永武. 基于物联网技术基础的智慧仓储系统建设与应用分析[J]. 数字通信世界, 2022, (6): 147-149.